LE SENS DES CHOSES

JACQUES ATTALI
en collaboration
avec Stéphanie Bonvicini

LE SENS DES CHOSES

avec

Christophe Aguiton, Claude Allègre, Henri Atlan, Michèle Barzach, Boutros Boutros-Ghali, Roland Castro, Vincent Champain, Malek Chebel, Daniel Cohen, Jean-Philippe Courtois, Jean-Michel Darrois, Claude Durand, Xavier Emmanuelli, Max Gallo, Marcel Gauchet, Christophe Girard, René Girard, Denis Kessler, Nathalie Kosciusko-Morizet, Éric Lecerf, William Lowenstein, Daniel Mesguich, Dominique Meyer, Bernard Miyet, Cedric du Monceau, Erik Orsenna, Marc Perrin de Brichambaut, Michel Rocard, Philippe Sollers, Jean-Claude Trichet, Simone Veil, Patrick Zelnik

ROBERT LAFFONT

QU'EST-CE QU'UN HYPERLIVRE ?

Au détour d'une phrase, l'auteur cite une chanson. Et si on pouvait l'écouter tout de suite ? Il évoque un tableau, une vidéo, un film. Et si on pouvait le voir ? Il fait référence à un sondage. Et si on pouvait voter aussi ? Il tient des propos étonnants, provocateurs. Et si on pouvait en discuter avec lui et avec tous les autres lecteurs ?

Par l'envoi d'un SMS ou d'un code imprimé dans le texte du livre, le lecteur peut accéder via son téléphone mobile à des hypercontenus, c'est-à-dire une information (texte, image, son, vidéo) venant directement enrichir les lignes qu'il est en train de lire.

COMMENT ÇA MARCHE ?

Une condition : votre téléphone doit pouvoir se connecter à Internet (75 % du parc mobile en France[1]).

Votre téléphone lit les flashcodes[2]

Certains téléphones mobiles sont déjà équipés d'un lecteur de flashcodes. Il suffit de photographier avec votre mobile les flashcodes qui parsèment le livre pour découvrir chaque hypercontenu.

Pour les autres, le lecteur flashcode est téléchargeable très simplement en envoyant « flashcode » au 30130 (prix d'un SMS non surtaxé) ou en saisissant votre numéro de téléphone sur le site www.flashcode.fr.

Votre téléphone ne lit pas les flashcodes

Pour accéder à chaque hypercontenu, envoyez au 31014 (prix d'un SMS non surtaxé) « lsdc » (pour *Le Sens des choses)* suivi du numéro de la page où se trouve le flashcode que vous voulez décoder (ex : « lsdc84 »). Vous recevrez aussitôt en retour une adresse internet. Cliquez sur ce lien pour accéder à l'hypercontenu.

Ce service fonctionne quel que soit votre opérateur, en France métropolitaine. Il est disponible jusqu'à la fin du mois de février 2010. Ensuite, vous pourrez retrouver la plupart des hypercontenus sur le site www.hyperlivre-lesensdeschoses.com.

www.hyperlivre-lesensdeschoses.com

L'hyperlivre, c'est aussi une Web TV, un site où vous pouvez trouver des interviews vidéos des auteurs du livre, les discussions entre lecteurs, les résultats des sondages auxquels vous avez répondu, l'actualisation des contenus du livre et bien d'autres choses encore.

1. Un conseil : si vous n'avez pas de forfait internet mobile, vérifiez auprès de votre opérateur les conditions de votre accès.
2. Voir un exemple de flashcode p. 9.

ISBN 978-2-221-11160-4

Le sens des choses

Depuis 2006, chaque été, nous avons le privilège de converser, autour des micros de France Culture, avec quelques-uns des meilleurs esprits, sur le sens des choses.

Le propre de la condition humaine est de ne jamais accepter qu'un événement, un phénomène naturel, une mort, reste inexpliqué. Jamais l'homme n'a pu, en effet, tolérer qu'une seule facette, même dérisoire ou quelconque de son histoire, lui soit incompréhensible : ne pas comprendre, c'est ne pas pouvoir prévoir et en particulier ne pas pouvoir prévoir les menaces. Bien trop risqué !

Alors, pour échapper à cet inconnu, l'homme a inventé des cosmogonies, des théologies, des mythologies, puis des théories, des enchaînements de causalités. Et si quelque chose reste irréductiblement énigmatique (comme la mort si souvent), chacun s'efforce de lui donner malgré tout un sens, d'une façon ou d'une autre. Il invente alors des mots divers pour dissimuler cette impossibilité d'expliquer les choses. Il la nomme Destin, Dieu ou Hasard : telle est d'abord la fonction du religieux, puis celle de la science, dans tous les cas celle du pouvoir.

Le sens, les sens, l'essence des choses s'éclairent souvent lors d'un échange. De conversations. Ainsi est né ce livre... Et les énigmes qu'il rapporte, qu'elles aient trait à la nature, la politique, la science ou les hommes, tournent autour d'une seule question qui les englobe toutes : comment donner du sens au cours de l'histoire ?

Ces conversations donnent justement à penser que le sens sous-jacent à tous les autres, en tout cas dans le monde des hommes, renvoie à une seule dynamique, celle de la conquête de la liberté. Sous toutes les formes : la liberté de choix politique, la liberté du métier, la liberté des relations amoureuses, la liberté du lieu de vie.

Cependant, qui dit liberté, dit réversibilité de choix. Et, qui dit réversibilité, dit précarité. Cette précarité est donc l'autre nom de la liberté. Trop de liberté et c'est le chaos, l'absence de sens. À l'inverse, trop d'ordre et c'est le sens unique, la dictature. Trop de liberté, et c'est le vacarme. Trop d'ordre, et c'est le silence.

Que trouve-t-on alors entre le vacarme et le silence ? Entre le sens et le non-sens ? La conversation, d'où justement peut surgir un sens commun. Les conversations de ce livre nous apprendront ainsi comment la confrontation des regards sur un pan du monde peut y créer du sens ; comment, malgré l'immensité du vacarme de l'histoire, ses grands enjeux restent désespérément invariants ; comment des moments de rupture du sens, qu'on nomme « crises », peuvent donner un sens nouveau à ce qui semble l'avoir perdu ; comment la compréhension d'un sens est la condition de l'action. Le sens par le non-sens. L'ordre par le bruit : tel est le grand secret de la vie.

Sur tous ces sujets, les personnalités dont nous partageons, dans ce livre, la conversation, ne sont pas des spectateurs du monde mais des acteurs de son Histoire. Et lorsqu'on leur demande si elles sont optimistes ou pessimistes, toutes répondent, à leur façon, que la question n'a pas d'intérêt : un spectateur est optimiste ou pessimiste, alors qu'un acteur lui, n'est ni l'un ni l'autre : il doit jouer de son mieux, et pour cela, il doit connaître ses forces, celles de ses adversaires, celles de ses partenaires et faire de son mieux pour gagner. Il doit trouver le sens des choses, pour les maîtriser.

À notre tour donc, selon notre situation sur l'échelle du temps, de prendre en charge le monde pour tenter d'abord de comprendre son sens. Et s'il nous paraît intolérable, de le changer.

Tel est sans doute le seul message ici modestement véhiculé par ces textes : le sens des choses est ce qu'en fera l'humanité, ultime joueur de l'univers.

Stéphanie Bonvicini et Jacques Attali

flashcode

Jacques Attali : « Bienvenue dans l'hyperlivre »

web

I

SOCIÉTÉ

flashcode

Interview de Simone Veil

web

Le statut de la femme se dégrade-t-il dans le monde ?

Simone Veil

Il est très difficile de parler de l'évolution du statut de la femme sans faire de distinction entre les pays. Dans certains d'entre eux, on note une nette évolution vers une situation égalitaire ; dans d'autres, au contraire, la situation s'est aggravée.

Prenons le cas de l'Amérique latine, qui a toujours été un continent pauvre, où les femmes ont connu, pour des raisons diverses, des situations très difficiles. Avec la démocratie, les choses se sont améliorées de façon notable. Il n'en reste pas moins que, pour des raisons économiques, les femmes demeurent très en retrait par rapport aux hommes. Elles font des enfants, elles travaillent éventuellement, parfois beaucoup, quelquefois même plus que les hommes, mais elles ne sont pas pour autant dans le circuit économique.

Dans les pays africains, et dans les pays agricoles en général, ce sont très souvent les femmes qui travaillent, sans rémunération, et leur travail n'est pas comptabilisé.

Enfin, dans un certain nombre de pays comme les pays d'Islam, étant donné le statut légal, les femmes n'ont droit à rien, le transfert des richesses se fait entre les hommes. Lorsqu'une femme se marie, elle donne tout ce qu'elle a à son mari, elle est complètement dépouillée. Tout s'accumule pour enraciner les femmes dans une situation inégalitaire.

Pour résumer, les femmes sont là pour faire des enfants et s'en occuper, mais ce qui concerne l'enrichissement, la vie économique, la vie culturelle, la vie tout court, les relations avec l'extérieur est, dans beaucoup de pays, réservé au sexe masculin.

Féminisation et prolétarisation

Il y a trente ans, un journal m'a demandé d'analyser la situation des femmes à travers le monde. J'ai regardé ce qu'il en était non seulement dans les pays que l'on savait très en retard en matière de parité, mais aussi aux États-Unis et en Union soviétique, pour pouvoir faire quelques comparaisons. Il était alors tout à fait extraordinaire de constater que, dans certaines professions, les femmes étaient très nombreuses. Ainsi, en Union soviétique, dans le domaine médical, à l'exception des professeurs d'université, les praticiens avaient des salaires très bas, ce qui explique que la majorité des médecins étaient des femmes. En France, certaines professions sont aujourd'hui peu valorisées alors qu'elles exigent des diplômes importants. Du coup, elles sont peu à peu abandonnées par les hommes. Dès qu'une profession semble en difficulté, ce sont les femmes qui l'occupent, les hommes y vont moins volontiers, et l'on y constate des effets boule de neige. La féminisation est donc, en quelque sorte, un facteur de prolétarisation ! On l'a constaté avec le métier d'infirmière ou celui de magistrat…

La parité

Aujourd'hui, la France demeure « lanterne rouge » de la parité dans nombre de domaines d'activités, à commencer par la vie politique – c'est-à-dire les problèmes de société. Si la situation est loin d'être satisfaisante, il y a cependant quelques progrès au Sénat, où

flashcode

Les femmes dans les parlements nationaux

web

la loi sur la parité est pour partie appliquée, il y a aujourd'hui près de 22 % de femmes pour seulement 18,5 % à l'Assemblée nationale. Mais à l'Assemblée – où le système uninominal ne permet pas d'imposer la parité des élus –, les partis politiques préfèrent payer de lourdes pénalités plutôt que de mettre en œuvre la parité ! C'est fort inquiétant.

Nous sommes donc en retard, comparés aux autres pays européens. Et nous le sommes peut-être, très précisément et paradoxalement, parce que le pouvoir politique est chez nous beaucoup plus dominant que chez nos partenaires européens. Ici et là, à travers le monde, une dizaine de femmes sont à la tête de leur pays en 2009. Dix femmes pour quelque deux cents États, c'est bien peu.

Histoire d'un combat

Il y a bien longtemps que les femmes se battent, notamment depuis la Première Guerre. Dès cette époque, les hommes ayant été mobilisés, aussi bien aux États-Unis que dans les pays européens, les femmes ont été obligées de travailler dans les usines, d'occuper des postes importants, dans l'éducation ou d'autres domaines. À la fin de cette guerre, en dépit des pertes considérables qu'a entraînées ce conflit, les femmes ont dû rentrer à la maison. C'est comme ça que sont nés, aux États-Unis et ailleurs, les grands courants féministes. En France, il a fallu attendre la fin de la Seconde Guerre mondiale pour que les femmes aient le droit de vote, alors que, dans la plupart des pays européens, ce droit était déjà acquis.

En ce temps-là déjà, beaucoup de Françaises exerçaient de vraies activités professionnelles, mais sans être déclarées. Très souvent, les femmes travaillaient avec leurs maris, que ce soit dans l'agriculture, l'artisanat, le commerce ou les petites entreprises industrielles. Comme il y avait des charges sociales, et que les hommes n'avaient pas envie de payer les cotisations nécessaires pour qu'elles soient considérées comme des professionnelles, ils ne les déclaraient pas. Elles étaient simplement associées. Ce n'est que bien plus tard, lorsque je suis entrée au gouvernement, que les représentants des syndicats eux-mêmes sont venus me dire qu'on ne pouvait pas laisser les femmes dans cette situation, qu'elles devaient avoir les mêmes conditions que les autres salariés, ne serait-ce qu'afin de bénéficier de la retraite…

Les femmes ont eu à remonter un handicap philosophique et culturel. Pendant des millénaires, on a considéré que les femmes étaient surtout là pour assurer la procréation avec, de fait, l'idée que la femme qui reste à la maison n'est pas en contact avec des étrangers. C'est encore un peu l'idée qui prévaut dans beaucoup de pays, où les femmes restent très dépendantes d'une situation qui les isole.

Même l'accès à l'éducation a été extrêmement difficile. En France, aux XVIIIe et XIXe siècles, un certain nombre de femmes se sont affranchies, ont pris part à la vie culturelle. Certaines, comme Mme de Staël, ont été très brillantes. Mais c'est resté le phénomène d'une classe tout à fait privilégiée, qui vivait autrement, où les femmes menaient une existence beaucoup plus libre. Une exception.

Le Code Napoléon a bien longtemps régné : la femme mariée ne disposait pas de l'argent de sa famille dont elle avait hérité normalement. C'est son mari qui en jouissait et qui gérait les biens. Les femmes avaient bien peu de droits. Il a fallu attendre les grandes réformes des années 1970 pour que le Code civil soit profondément modifié. J'étais, à l'époque, au ministère de la Justice, avec Jean Carbonnier, brillant professeur de droit, et Jean Foyer, garde des Sceaux. Ensemble, nous avons profondément modernisé le Code civil.

J'ai un souvenir précis de cette époque où j'étais magistrat. La loi de 1907 permettait aux femmes, exception à leur incapacité, de se faire ouvrir un compte en banque pour recevoir leur salaire. Quand je suis allée à ma banque pour demander à en bénéficier, place Saint-Michel à Paris, après 1968, on m'a dit : « Pour ouvrir un compte, il vous faut une autorisation de votre mari.

— Vous ne pouvez pas légalement exiger une telle autorisation.

— Alors, on ne l'ouvre pas. »

Deux ans plus tard, ils ont reçu mon bulletin de salaire ou je ne sais quel document de mon bureau et m'ont dit : « Vous êtes magistrat, vous auriez dû le dire ! » Ce à quoi j'ai répondu : « Ce n'est pas parce que je suis magistrat que j'ai droit à ça, toutes les femmes y ont droit ! »

Inscrite dans le droit, la parité a permis et permettra de gagner du temps. J'ai souvenir d'une première tentative pour l'instaurer, mais il fallait d'abord modifier la Constitution. En 1995, au lendemain de l'affaire des « Juppettes », nous nous sommes réunies, une dizaine de femmes de droite et de gauche, pour réfléchir à la situation. Je n'étais pas encore au Conseil constitutionnel et je pouvais donc prendre des positions. Certaines d'entre nous avions siégé au Parlement européen et ainsi mesuré le retard de la France. Nous avons constaté que, même s'il nous paraissait regrettable que la parité ne puisse progresser qu'à travers le droit, il n'existait aucun autre moyen d'avancer. Nous avons alors repris ce dossier, travaillant ensemble de façon très solide.

À l'avenir, on pourrait imaginer des actions internationales, plus fortes, pour accélérer les choses, en particulier dans les pays où les religions pénalisent les femmes. On pourrait imaginer, par exemple, une charte internationale de droit social, comme celle qui régit les conditions de travail des enfants. Il y avait eu, en 1994, une grande conférence au Caire sur les droits sociaux, présidée par Mme Brundtland, à l'époque Premier ministre de Norvège. Beaucoup de femmes y ont assisté et ont formulé des revendications sur le plan social, aussi bien dans le domaine de la contraception qu'en matière économique. Cette réunion a été très importante, malgré des résistances extrêmement fortes.

Aujourd'hui, dans beaucoup de secteurs, de milieux, il y a plutôt plus de résistance qu'il n'y en avait à l'époque. On voit très bien les liens qui se tissent avec certains réseaux de la société. Dans tous les courants fondamentalistes, quelle que soit la religion, la femme est faite pour faire des enfants, pour rester à la maison. En France, même si on a dit que l'IVG pénalisait la démographie, nous sommes en avance sur les autres pays européens. La Pologne, très attentive au statut de la femme, a une loi très rigoureuse en matière d'avortement, afin d'en limiter le recours. Et la Pologne continue à se méfier et à dire que les femmes doivent rester à la maison. Je trouve inquiétant que beaucoup de femmes, qui ont fait des études similaires à celles des hommes, qui sont prêtes à s'engager, à s'organiser pour élever leurs enfants tout en travaillant, aient plus de difficultés pour trouver du travail, obtenir des promotions et améliorer leur carrière. Il y a encore beaucoup, beaucoup d'inégalités.

À l'échelle mondiale, cependant, dans les pays où la démocratie s'est installée ou s'est amorcée, on constate un réel progrès, à l'image de l'Amérique latine. Dans les pays démocratiques, d'une façon générale, les choses ont évolué pour faciliter le travail des femmes. Elles sont de plus en plus nombreuses à avoir des diplômes équivalents, à accéder à des fonctions importantes, même si ce n'est pas dans la même proportion que les hommes. Et puis, il y a ces grands pays qui sont en train de naître, ces pays-continents, la Chine, l'Inde, le Brésil, où l'on voit vraiment une très grande évolution du statut de la femme. L'Afrique n'est malheureusement pas en bonne situation, mais je voudrais saluer les femmes africaines. Depuis trente ans, j'en ai rencontré beaucoup et je les trouve vraiment formidables, parce que ce sont elles, souvent, qui sont leaders. Les hommes, pendant très longtemps, ont été obligés d'émigrer pour pouvoir nourrir leur famille. Les femmes sont restées en Afrique avec les enfants, elles ont dû poursuivre l'exploitation mais, en même temps, localement, se sont fait des positions, ont acquis une influence, notamment sur la vie politique. Elles sont aujourd'hui très présentes dans les organismes internationaux. En fait, elles sont présentes partout où il y a une réflexion sur la société : à l'OMS et dans toutes les associations internationales. Il ne faut pas oublier que les femmes africaines, comme les autres femmes à travers le monde, jouent un rôle essentiel en matière de nutrition et de sécurité alimentaire.

Si j'évoque l'Afrique, je ne peux pas ne pas parler aussi des conséquences des conflits. Je préside actuellement à La Haye le Fonds des victimes des crimes contre l'humanité, au sens du nouveau traité de Rome, et on voit bien que les plus grandes victimes des conflits, celles qui sont violées, assassinées, dont on tue les enfants, ce sont les femmes. Les hommes, eux, sont au combat, où ils ont la possibilité de se défendre. Les femmes, elles, sont dans des camps, regroupées, dans une situation dramatique, essayant seulement de faire en sorte que leurs enfants ne meurent pas de faim, se dévouant pour eux, et essayant de se défendre elles-mêmes. Pour l'instant, nous n'avons pas été saisis par des femmes. Il y a les premiers cas de gens qui sont poursuivis au Congo, au Darfour, mais nous aurons bientôt à nous occuper en priorité d'un certain nombre de femmes, comme cela a été le cas après le Rwanda.

Le pouvoir et les femmes

J'observe autour de moi, dans les relations que j'ai eues avec des femmes à travers beaucoup de pays, qu'elles manient le pouvoir différemment. Elles n'ont pas les mêmes priorités, et elles n'ont pas les mêmes méthodes. Si je suis féministe – et je m'assume comme telle – c'est parce que je pense que les femmes sont différentes et qu'elles apportent autre chose. C'est une complémentarité. Une société dans laquelle les femmes sont intervenantes, ont une influence, ont un rôle au Parlement mais aussi dans la vie économique, est une société qui bénéficie d'une richesse supplémentaire. Les femmes ont un regard différent. Je ne dis pas que dans cinquante ans, lorsque nous aurons exercé le pouvoir longtemps, nous n'aurons pas la même éducation que les hommes – car l'éducation est très proche maintenant entre les filles et les garçons. Peut-être nous rapprocherons-nous, mais pour moi ce serait un malheur que les femmes et les hommes soient identiques. Je trouve cette diversité formidable, c'est une richesse pour la société. Quand j'entends certains dire qu'ils rêvent d'un monde dans lequel il n'y aurait plus qu'un seul sexe et imaginent les hommes pouvant avoir des enfants ! C'est une société qui serait à l'encontre de ce que je souhaite, de ce que je trouve équilibré, mais il y a des gens qui espèrent cela, qui travaillent pour cela. Je crois que naturellement nous avons des goûts, des intérêts, un regard différents sur la politique, mais aussi sur l'économie, sur un certain nombre d'initiatives comme l'éducation des enfants. Et s'il y a l'un et l'autre pour les élever, c'est une bonne chose.

La violencc ct les femmes

Est-ce que les violences ont beaucoup augmenté ou est-ce que, simplement, on ose enfin en parler ? Je pencherais pour la deuxième hypothèse. Autrefois, quand les femmes étaient victimes, elles en étaient honteuses. Je me souviens avoir eu la confidence de femmes, il y a très longtemps. C'était particulièrement triste. Il existait encore le prix Cognacq qui était remis à des femmes qui avaient dix, douze, voire quinze enfants. Quand j'étais ministre, la première fois que je les avais félicitées, elles m'avaient dit :

flashcode

Les violences conjugales en France

web

« Madame, si vous saviez dans quelles conditions nous avons fait nos enfants, contraintes et forcées par des maris épouvantables qui nous battaient. » Elles n'étaient pas glorieuses d'avoir eu quinze enfants dans ces conditions...

Aujourd'hui, certaines osent parler, mais pas toujours ! Il y en a beaucoup qui ne voient pas d'issue de secours à leur situation, sauf à partir avec leurs enfants et à trouver un centre d'accueil. Encore faut-il qu'elles aient la possibilité d'assumer leur existence, de vivre, et ce n'est pas du tout évident. Elles hésitent à se plaindre car elles ont peur que leurs maris ou leurs compagnons les retrouvent. Il faut qu'elles soient très soutenues pour y arriver, qu'elles soient sûres également de trouver une maison où elles puissent être accueillies, puis par la suite avoir une formation professionnelle et pouvoir alors subvenir à leurs besoins et à ceux des enfants. Est-ce que c'est la société qui est plus violente aujourd'hui ? Il n'y a pas à faire le procès de qui que ce soit. Les femmes en général sont dans des situations très difficiles. Comment lutter contre cela ? Par l'éducation, par l'explication. Dans les quartiers, l'ambiance dans laquelle vivent beaucoup de jeunes est très violente, même si la violence, quelle que soit la forme qu'elle prend, touche tous les milieux socio-économiques. Et puis il y a des milieux où l'on n'en parle pas.

Combattre la violence conjugale reste très difficile. On ne peut pas être dans chaque foyer à regarder ce qui se passe. Les services sociaux ne fonctionnent peut-être plus comme autrefois, ou il y en a moins, ou ils sont plus prudents. Je crois qu'autrefois on trouvait normal d'intervenir dans les ménages, même d'une façon assez intrusive, contraignante. Aujourd'hui, on lit dans certains rapports que les gens ont refusé l'aide sociale. C'est étonnant, car cela ne concerne pas seulement le couple, mais des enfants, lesquels sont dans un état épouvantable. Il y a des enfants affamés, mal nourris, très mal traités, alors que le couple avait des moyens et, en apparence, une vie normale – mais personne n'a osé intervenir.

Aider les femmes

La question qui est liée à toute cette évolution est celle de la reconnaissance du travail féminin. Les allocations familiales reconnaissent le travail de la maternité mais le travail domestique, de façon plus générale, n'est, lui, pas rémunéré. Il y a certes le congé parental. Mais peut-on considérer que les congés que prennent les femmes après la naissance, pendant un certain temps et qui sont peu remboursés par les allocations familiales, sont une bonne voie dans ce chemin ? Quand ces congés ont été accordés, ils ont été très critiqués, on disait que cela démobilisait les femmes, qu'ensuite il était très difficile pour elles de reprendre leur travail. Difficile de savoir ce qu'il faut faire. En les rémunérant pour rester à la maison, on ne les pousse pas à rentrer dans la vie du travail non plus.

Le congé parental pour les hommes existe aussi... Il permet à un père de prendre un an pour s'occuper de ses enfants, à la place de sa femme. Je trouve que dans certains ménages, ça peut être tout à fait opportun. En France, je ne crois pas qu'il y ait tellement d'hommes qui en aient envie, ne serait-ce que pour la raison précise qu'en général les hommes sont mieux rémunérés que les femmes. Cependant, j'observe que, depuis quelques années, la nouvelle génération des pères s'occupe beaucoup plus de ses enfants. Même des hommes qui ont une activité professionnelle très accaparante et qui rentrent tard. Il y a un vrai sursaut de sentiment paternel pour les petits. Autrefois, quand on parlait d'un homme qui voulait rentrer chez lui pour être présent à l'heure du bain, cela faisait rire. Et d'ailleurs dans beaucoup de milieux, les hommes allaient plutôt au café à l'heure du bain ! Dans les cabinets ministériels, on était content de rester un peu travailler le soir, pour arriver à la maison quand les enfants étaient couchés... Ça se voit de moins en moins : les hommes veulent être là. Et en semaine, ils vivent beaucoup plus avec leurs enfants. D'ailleurs, maintenant qu'il y a plus de séparations, les pères demandent davantage à ce que la garde soit partagée.

Lorsque la loi sur l'IVG et la contraception a été votée, il y a eu plus de réticence de la part des hommes en ce qui concerne la contraception qu'en ce qui concerne l'IVG. L'interruption volontaire de grossesse, c'était l'affaire des femmes, qu'elles se débrouillent ! Mais avec la contraception, ils se sont dit que les femmes allaient vraiment tout décider. Maintenant, dans beaucoup de couples, la décision se prend ensemble. On choisit, après x années de vie commune, d'avoir un enfant ou de ne pas en avoir. Je trouve que c'est un progrès formidable et que les pères sont bien meilleurs pères qu'autrefois. Je ne dis pas qu'ils aiment plus leurs enfants qu'avant, mais ils ont plus envie de s'en occuper et ils trouvent cela normal. On croit souvent que ce changement est une demande des femmes. C'est ambigu. Certes, les femmes veulent que les hommes soient davantage à la maison, s'occupent des enfants, fassent preuve d'autorité. Qu'ils fassent ce qu'elles-mêmes ne se sentent pas aptes à faire ou qu'elles ne veulent pas faire pour des raisons de mode de relation avec leurs enfants. Mais, si on dépasse le cadre des enfants, elles veulent être aidées, tout en restant celles qui savent, qui décident, tout en gardant ce statut de maîtresses de maison. La maison, c'est un peu « leur » maison. Elles ne voudraient pas que les maris y prennent trop de place ! Les femmes aiment ça et les Françaises tout particulièrement, même si elles ont peu de temps. Au Parlement européen, nous avions cette réputation : les Françaises veulent tout, à la fois travailler, faire de la politique et être élégantes. Quand je vois les jeunes femmes d'aujourd'hui, les choses sont compliquées, pour garder les enfants, s'organiser, arriver à travailler et avoir les promotions qu'elles souhaitent… C'est difficile, mais c'est très largement leur aspiration et elles ne disent pas qu'elles ont envie de s'arrêter !

Aujourd'hui pourtant, et cela m'attriste, j'entends beaucoup de femmes exprimer leur déception après toutes les promesses qui leur ont été faites. Pour nombre d'entre elles, leurs études sont équivalentes à celles des hommes, sinon meilleures, et malgré tout leur promotion reste en panne, elles ont plus de difficultés pour être nommées, elles n'ont pas les mêmes rémunérations et, surtout, elles n'ont pas les mêmes responsabilités. C'est d'abord cela qui les irrite, alors qu'elles ont le sentiment quelquefois de travailler, sinon mieux, en tout cas aussi bien. On parle de parité et on veut ignorer la réalité. La réalité, ce sont les chiffres du chômage, qui disent : « La formation que vous avez n'est pas identique à celle de l'homme qui se présente. »

Je lance un appel aux parents, je leur demande de faire attention à la formation de leurs filles, qu'elles aient plutôt un cursus scientifique qui mène à des diplômes, à des situations souvent mieux rémunérées que ces formations de sciences humaines, trop nombreuses, pour lesquelles il n'y a pas véritablement de métier au bout. Cependant, il y a toujours un prétexte pour embaucher un homme plutôt qu'une femme : on évoque la peur de l'absentéisme.

En ce qui concerne les minorités, le problème est plus profond, la plupart du temps, on peut vraiment parler de discrimination volontaire. Et là, je pense qu'il faut, d'une façon ou d'une autre, à l'exemple de certaines grandes écoles, que les employeurs fassent l'effort d'étudier toutes les embauches qui se présentent. Il y a certes beaucoup de fonctions en France auxquelles on accède sans concours et pour lesquelles seuls le curriculum vitae, la compétence, comptent. Mais l'employeur conserve néanmoins une marge de manœuvre importante et on devrait l'inciter à la diversité.

Je suis la femme-alibi

J'ai l'air de pleurer pour les femmes, alors que j'ai été très favorisée dans la vie. Mais j'avais dit au Premier ministre Édouard Balladur, qui en avait été très choqué, que j'étais la « femme-alibi » : je suis celle qui, justement, a obtenu les choses parce qu'elle était une femme. Très souvent, à l'époque, il n'y avait pas de femmes dans les institutions. Par exemple, il y avait au conseil d'administration de l'ORTF douze administrateurs, dont six administrateurs d'État, et il n'y avait pas une seule femme. Pourtant la télévision concerne les femmes, les programmes doivent concerner les femmes. Georges Pompidou était alors président de la République. J'étais secrétaire du Conseil supérieur de la magistrature et j'ai eu l'occasion de le rencontrer à ce sujet. Suite à notre entretien, il a barré le nom du dernier administrateur pour y mettre le mien, et c'est ainsi que j'ai siégé au conseil d'administration de l'ORTF. Sinon, on ne pensait jamais aux femmes. Un organisme de réflexion sur la retraite a été constitué en 1995 : il n'y avait pas une femme. Alors que s'il y a des gens qui sont concernés par la retraite, ce sont bien les femmes, puisqu'elles vivent plus longtemps que les hommes !

Hommage aux femmes de la diversité

Il se passe aujourd'hui la même chose en matière de diversité culturelle. Les femmes des minorités visibles ne sont pas celles qui s'intègrent le mieux, mais elles ont besoin de s'intégrer parce que c'est, pour elles, la seule façon d'échapper à certaines traditions familiales. Donc, elles se sentent poussées à faire des études, qu'elles font brillantes. Elles en ont besoin, sinon elles n'auront pas le choix de partir et elles deviendront comme leurs mères et leurs grand-mères, très tenues par les traditions du pays d'origine.

Vous verrez que ce sont peut-être ces femmes-là que nous retrouverons aux postes les plus haut placés, notamment en politique... Le combat qu'elles mènent, la façon dont elles considèrent à la fois leurs habitudes traditionnelles, et, en même temps, ce que représente la société française, leur donnent un élan particulier. Leur volonté de réussir est à la hauteur des difficultés auxquelles elles se sont heurtées. Ces jeunes femmes, qui sont les aînées de la famille, qui ont souvent beaucoup de petits frères et de petites sœurs dont elles se sont occupées, ont un mérite exceptionnel. Il y a, dans ce sens, des évolutions extraordinaires parce qu'elles savent ce que c'est, elles savent ce qu'elles ont à gagner à mener ce combat et elles ont le courage de le faire. Pour tous ces gens qui sont venus s'installer en France et ont eu à se battre à la première et la deuxième génération, les femmes ont été très présentes, très militantes. Je pense que cela a été, pour la France, un très grand enrichissement d'avoir ces femmes à la fois très attachées à leur pays d'origine et à la France, qui est devenue leur pays. Ce sont de vraies battantes. Aujourd'hui, elles jouent un grand rôle dans l'évolution des communautés.

Un XXIe siècle féminin ?

Jacques Attali

À la différence des hommes – qui souvent se croient éternels – les femmes savent – parce qu'elles ont la charge de ce qu'il y a de plus fragile au monde : les enfants – que tout est précaire, vulnérable si elles ne sont pas en permanence aux aguets.

Elles ont déclenché une évolution très profonde, qui les amènera au pouvoir, que seuls pourront retarder au cours des prochains siècles quelques événements anecdotiques.

Cette évolution sera lente : de très nombreux domaines seront encore longtemps considérés comme interdits aux femmes, comme les grands postes militaires ou religieux. Dans beaucoup de pays même, les droits des femmes reculent : c'est le cas des anciens pays de l'Est ou des pays tombant sous le contrôle du fondamentalisme. De plus, les droits ne sont pas les mêmes pour une femme riche que pour une femme pauvre.

Cette évolution sera d'abord quantitative et non qualitative : quand il y aura plus de femmes au pouvoir dans le monde, je ne pense pas qu'il y aura moins de barbarie ou moins de violence. Aucun homme n'aurait eu la force de caractère de Mme Thatcher, qui a laissé mourir de faim des dizaines d'indépendantistes irlandais, pour ne pas leur reconnaître le statut de prisonniers politiques.

Puis des femmes paysans, ouvriers, artisans, agriculteurs, artistes, scientifiques transformeront, en profondeur, la politique, l'idéologie, la culture et le religieux. Cette évolution fera surgir des valeurs de fraternité, de tendresse, de sérénité, pour le grand bien de l'humanité.

Cette évolution sera un jour dépassée, si les femmes tombent dans le piège de vouloir être des hommes comme les autres, de perdre le monopole de la maternité par le biais de l'utérus artificiel, dans une société devenue « hermaphrodite ».

Lorsqu'on me demande si je suis inquiet pour l'avenir de l'humanité si les femmes prennent le pouvoir, je réponds par une légende talmudique : « Un jour, un mécréant, s'adressant à un grand théologien, lui dit : "Maître, je ne crois pas dans votre Dieu, parce que votre Dieu est voleur. – Comment ça, voleur ? – Oui, Dieu est voleur, puisque pour faire la première femme, il a dû voler une de ses côtes à Adam endormi, donc Dieu est un voleur." Le grand théologien hésite ; sa femme intervient et dit : "Si quelqu'un entre dans une maison, prend un pot en étain et le remplace par un pot en or, est-il un voleur ?" »

flashcode

Réagissez à ce chapitre[1] !

web

1. Vous pouvez aussi envoyer votre commentaire par SMS au 31014. Votre message devra être précédé du code « lsdc » (pour *Le Sens des choses*) et du numéro de la page sur laquelle vous souhaitez réagir. Vous pourrez ensuite retrouver vos commentaires et discuter avec les internautes sur le site www.hyperlivre-lesensdeschoses.com.

flashcode

web

Interview de Malek Chebel

Le religieux, élément structurant de notre avenir ?

Malek Chebel

Une Église nouvelle ?

Les manifestations qui ont accompagné la mort de Jean-Paul II et le conclave qui a procédé à la nomination de Benoît XVI ont confirmé le fait que l'Orient se réinvestit un peu dans l'Église d'Occident. La chrétienté devient plus orientale, avec une sorte de panache, d'attente collective, celle d'une Umma chrétienne qui dépasserait l'individualisme – pour autant que celui-ci se serait imposé ici plus qu'ailleurs. Tout cela me paraît en effet relever non pas d'une eschatologie de type apocalyptique, mais plutôt de quelque chose qui est très immédiatement humain, dans sa singularité et dans son déroulement. C'est pourquoi j'utilise à dessein ce mot de communauté qui traduit la multitude musulmane en tant qu'elle est soudée quasi exclusivement par le référent religieux. Et dans cette dramaturgie-là, il y a eu une sorte de travail sur le temps très minutieux de la part de l'Église. Ce fut peut-être une façon de ritualiser la fin du règne de Jean-Paul II et d'installer celui de Benoît XVI. L'avènement d'une papauté nouvelle, peut-être aussi – mais de manière masquée – une Église nouvelle, différente pour le moins. En voyant cette foule immense autour du Saint-Siège, j'ai fait le lien avec le pèlerinage à La Mecque. Je suis assez profane en la matière, car je n'ai pas assisté à d'autres morts de pape, mais il y a eu une adhésion qui m'a semblé sincère et qui n'est plus l'affaire du seul clergé. Bien au contraire, en investissant l'agora romaine, le peuple chrétien a également investi l'Église. C'est tout simplement une sorte de dépassement de l'ordre formel qui était en jeu, tandis que le clivage qui sépare habituellement l'élite de la base s'est estompé le temps d'une communion.

L'intégrisme

Qu'est-ce que l'intégrisme en général, qu'est-ce que l'intégrisme musulman ? J'y ai répondu dans l'un de mes livres récents, *L'Islam expliqué*. Essentiellement, l'intégriste est celui qui s'approprie un credo et vous l'impose. Le fondamentaliste ne vous impose encore que les règles de surface, l'intégriste vous intime l'ordre de suivre sa voie en abandonnant la vôtre. Telle est la frontière, qu'il ne faut surtout pas franchir, dès lors que le principe fondateur de la vie en société (une société démocratique) est précisément la liberté individuelle. L'intégriste, lui, a une visée politique. Le fondamentaliste, l'intégriste, tous ceux qui font commerce de la religion et de la religion d'Allah en particulier – c'est la seule à ne pas établir une ligne distincte entre le religieux et le politique –, en usent adroitement, savamment, y compris en créant des situations de frayeur, en inquiétant les croyants, en menaçant l'ordre mondial. À partir de là, on ne peut pas dire que les fondamentalistes, les intégristes ou les islamistes, tous ceux qui se réclament d'un « -isme » particulier dans cette religion, puissent être de simples croyants, mais bien au contraire, ce sont des militants politiques d'une cause dont la religion est souvent l'étendard. Ils ont plus la conviction et la foi dans une action politique vis-à-vis de la société que dans un travail au service de Dieu. Et de ce point de vue, cela leur ôte une grande partie de leur crédibilité de croyants et de religieux.

Souvenez-vous de ces jeunes filles musulmanes qui avaient, en 2004, appelé en France à manifester en faveur de la liberté de porter le voile islamique. En réalité, elles ont été piégées par des prédicateurs, dans une visée tout à fait ordinaire et claire, autoritaire par certains côtés. Il suffit de voir à qui profite le crime, si crime il y a : ça ne profite ni à Dieu ni a fortiori à ces jeunes filles, des préadolescentes pour la plupart, puisqu'on les mettait en situation d'échec par rapport à l'école et au système français. Cela profite avant tout aux prédicateurs qui en ont tiré un bénéfice immédiat et un bénéfice à terme, celui de la construction d'une Église musulmane, d'une secte. J'ai toujours dit et écrit – c'est quand même une preuve tangible – que je suis contre la manifestation de toute religion dans l'espace public français. Par conséquent, je suis contre cet usage dévoyé du voile. Il aurait été question d'un usage paisible du voile, sans implication politique majeure, celui de nos grand-mères par exemple qui le mettaient pour des raisons de pudeur et de conventions sociales, je l'aurais compris. Mais je suis contre l'usage démagogique qui a été fait du voile, et qui se perpétue dans une large mesure dans cet autre avatar, plus problématique encore, qu'est la burqa, au départ simple vêtement matrimonial « afghistanais » (afghan et pakistanais).

Il y a en ces affaires de voile un déficit d'information ou de communication de la part de l'État et des services publics, un déficit d'intégration sûrement. J'y vois surtout un déficit en termes de représentation et d'estime de soi des citoyens français d'origine maghrébine. Y a-t-il de la part des jeunes filles auxquelles nous faisons allusion une quête identitaire, soudaine et urgente ? Considèrent-elles les formes abâtardies de la tradition comme une conséquence indiscutable de la révélation ? Qu'est-ce qui, en la manière, est susceptible de leur redonner de la gratification et que l'image ordinaire ne donne pas ? Comme nous travaillons sur des déficits et non sur des sens pleins, ni sur une conviction ferme, c'est par cet aspect, négatif le plus souvent et sûrement partiel, que les gens se sentent abordés. Les jeunes filles disent que l'école, et par conséquent la société française, ne leur fait pas de place, qu'elles vont donc l'attaquer, la détruire, la réformer. Inversement, les autorités publiques ont compris que c'était un mépris affiché de la laïcité à la française, et peut-être un refus plus souterrain de l'État de droit. Positions antagoniques ? Des deux côtés, le message n'a pas été compris et c'est un langage de sourds qui a été tenu.

Je tiens donc à rappeler ma position personnelle : j'ai été violemment pris à partie parce que je défendais l'école contre le voile. Dans mon esprit, l'espace de la transmission, à savoir l'école, surtout si elle est républicaine et laïque, doit poser comme vertu première d'être au-dessus des distinctions sociales, à commencer par la distinction d'image. C'est un processus lent et il faut s'y préparer : on ne peut faire l'évaluation d'une telle cohabitation en ayant un chronomètre sous les yeux, c'est plus une alchimie sociale qu'un plan militaire. Les personnes qui ont orchestré la cabale n'ont pas précisé que je visais uniquement les jeunes filles prénubiles et nubiles qui allaient au collège et éventuellement au lycée. Et que je sortais de mon panier les femmes majeures, les étudiantes, les employées, parce que, contrairement à mes détracteurs, je respecte la vraie volonté individuelle. Je ne suis pas pour le voile, mais je conçois que la personne en face veuille faire autrement et selon ses désirs propres. Je demande seulement de ne pas l'imposer à d'autres, ne pas faire de prosélytisme. Là-dessus au moins, nous avons partiellement réussi à délimiter le champ d'action, sinon territorial, du moins sémantique.

Moderniser les religions

La modernisation du religieux est la bonne voie. Mais il ne faut pas perdre de vue un élément qui n'est pas sans conséquence : 80 % de la population musulmane dans le monde doit survivre avec moins de 5 euros par jour. Il est nécessaire pour cette population d'avoir un cadre qui lui permette de « vivre civilement », si on peut utiliser ce terme dans ce cas de figure. La religion, souvent, joue ce rôle-là, que nous ne voyons pas ici, compte tenu de notre héritage fortement laïc. Là-bas, la religion se substitue souvent à l'absence d'État. Et quand il y a des États, pour la plupart, ce sont des royaumes héréditaires, des autocraties et des « démocraties militaires ». Pour beaucoup de gens, la religion devient le seul cadre protecteur des minorités qui autrement seraient complètement éclatées. Tel est le paradoxe : ici, la survie des minorités, c'est le cadre républicain ; là-bas, ce sont les systèmes ethniques, les solidarités transversales, les familles, les clans, et la religion. Cet organisateur collectif fonctionne à l'échelle de la sous-planète pauvre, source de toutes les instabilités. Car, en effet, le danger réside dans le dénivelé réel entre une minorité de pays riches, immensément riches, qui ont comme seuls objectifs d'acquérir encore de la matière et de la richesse, et une immense majorité de gens pauvres, immensément pauvres, qui par définition seront toujours dans une quête disproportionnée de ce qu'ils ne peuvent ni obtenir, ni offrir. Le même clivage se reproduit à l'interne : riches et pauvres, élites indépendantes et majorité dépendantes, élites sécularisées et masse des croyants. Au plan idéologique, le danger, c'est la tension entre l'Occident laïc ou athée, sinon multiconfessionnel, et la croyance univoque de pays comme ceux de l'islam ou de l'hindouisme où l'on pense encore que le matérialisme occidental sera neutralisé pour son impureté foncière. Tant qu'on a cette frontière-là – ce clivage à la fois idéologique, économique, politique –, le danger de la fracture est réel.

Il n'y a pas de retour du religieux, mais plutôt une manifestation différente de la religion, sans doute à cause de l'explosion des moyens médiatiques qui désormais caractérise notre monde postmoderne. La mondialisation des échanges a ouvert la voie à une mondialisation de la réflexion collective, non sans avoir généré une réelle inquiétude liée au religieux. Aujourd'hui, le centre de gravité géographique de l'islam se situe entre Téhéran et Kaboul, au point de vue démographique. Dans quinze ans, il sera plutôt du côté de Kaboul que de Téhéran, et dans cinquante ans il sera au-delà de Kaboul, au Pakistan, voire en Indonésie. Mon sentiment, c'est que l'islam va devenir de plus en plus asiatique alors qu'il a été jusqu'à maintenant fortement arabe.

flashcode

Les musulmans dans le monde

web

Les gens n'ont pas compris que si Le Caire avait perdu son leadership doctrinal, ce n'est pas parce que la mosquée al-Azhar abrite des fondamentalistes mous, des théologiens du consensus ou des réformistes stipendiés par le pouvoir. On a cru un moment que l'Égypte allait s'effondrer toute seule, parce qu'il n'y avait pas de leadership égyptien et que les élites égyptiennes avaient failli à leur mission. Non, la réalité est plus complexe, et en même temps plus profonde, plus lente. C'est que l'axe du leadership a bougé. Il s'est mis sur un méridien plus asiatique, plus démographique et peut-être plus théologique. Depuis le XIXe siècle, l'Asie musulmane n'arrête pas de se remettre en question. Au même moment, l'islam arabe était trop ethnocentré pour pouvoir mesurer les changements survenus dans son levant. Aujourd'hui, la vraie opposition à la mollarchie provient d'Asie. Les prix Nobel de la paix ou de littérature, ce sont les musulmans d'Asie qui les ont, à commencer par une Iranienne, Shirin Ebadi, et plus récemment un Turc. La riposte arabe, quant à elle, tarde à venir…

Le nouveau Luther

On m'a fait dire que le Luther de l'islam était en France, mais on ne peut pas être *le* Luther de quelque idéologie que ce soit quand on est à l'extérieur, comme c'est le cas pour l'islam périphérique de France (et d'Europe). Le Luther ne vient pas d'un groupe de musulmans de cinq millions de personnes sur un milliard trois cent millions de musulmans dans le monde. S'il y a un Luther un jour en islam, il naîtra au cœur de l'islam central, car il aura à faire bouger la citadelle du droit avant même de s'attaquer à celle de la société. Et je ne dis rien quant à la théologie fossile qui s'est emparée de la plupart des souverains actuels, parfaitement maîtres en effet de la situation politique, mais pour la plupart de fieffés menteurs quant à leurs convictions religieuses. Et il faut être dans une rupture qui sera à la fois doctrinale, idéologique, intellectuelle, humaine, voire économique. Si, par exemple, vous êtes un Luther en Arabie, pays central par définition, vous êtes en rupture au point de vue doctrinal avec le wahhabisme, mais vous ne redistribuez pas la richesse du pays, vous ne la partagez pas. Or la rupture sera aussi économique. Notre Luther de l'islam de demain sera high-tech, MIT,… et peut-être diplômé d'économie. Il faudrait qu'il soit à la fois branché sur la communication et en rupture doctrinalement, quelqu'un qui réfléchit, qui critique, qui a une liberté de jugement et qui soit un fin économiste. Ce Luther-là pourra devenir un bon Luther musulman, au sens doctrinal du terme. Mais s'il n'a pas ces trois capacités, s'il est juste un réformateur religieux, il ne touchera pas du tout les masses, seule l'élite se sentira concernée. Pour résumer, je pense que s'il y a une désidentification des populations musulmanes en Occident, au moins parce qu'elles subissent plusieurs flux d'aliénation et de marginalisation en même temps, il faut rapporter cela au fait que leur recherche n'a pas encore abouti. Les musulmans d'Occident disent : « Nous avons envie que vous nous écoutiez, nous avons envie d'exister pour vous, est-ce que vous nous avez vus ? » Pour moi, il n'y a pas rejet du modèle occidental, il n'y a pas rejet de la laïcité française, il n'y a même pas de rejet de la loi sur le voile, il y a une volonté de dire : « Je veux me réidentifier et je veux me repositionner dans ce contexte-là, puisque je ne le rejette pas. Entendez-vous ce que je dis, à ma façon ? » C'est dans ce travail qu'il faut que nous partagions nos expériences, que nous croisions nos visions, et cela au moyen d'une herméneutique plus ouverte que celle d'aujourd'hui.

flashcode

Les lieux de culte musulmans en France

web

La religion comme réponse à la mort

À chaque fois que, dans des colloques, j'évoque telle ou telle question de la réforme au sein de l'univers musulman, les protestants présents viennent me voir à la fin pour me dire : « Mais vous êtes protestant sans le savoir ! » On voit naître quelque chose comme une doctrine commune, une anthropologie de l'humanisme, quelque chose qui serait spécifique, et nouveau. Chaque fois, je pense à cela : l'islam est une religion incroyablement moderne. La question fondamentale reste toujours la même : au fond, le religieux est là pour apporter une réponse à la mort. Toute religion qui apportera une volonté de vivre par une absence de peur de la mort sera triomphante. De ce point de vue, l'islam est certainement la plus en avance, parce que la problématique de la mort a été réglée en amont, pratiquement dès le départ. L'islam inclut la mort dans la vie et la vie dans la mort. Il suffit d'aller visiter les pays arabes et musulmans. Au Caire, on a fini par construire une ville sur un cimetière. Pour moi c'est une image forte. Si on pouvait en photographier les strates, on établirait qu'il y a un lien direct entre la mort et la vie, il n'y a pas de hiatus possible. Quand je rentre chez moi, en Algérie, ma famille m'amène sur la tombe de mes grands-parents où l'on fait des pique-niques. On mange, on boit, on chante, on danse sur les tombes parce que les morts ont besoin de nous écouter… ils s'ennuient… ils sont seuls dans leurs tombes.

L'islam ayant réglé le problème de la mort, se pose pour lui le problème de la vie. Sa démographie est plutôt excédentaire, et nous ne pouvons pas, en tant que société organisée, offrir un cadre de vie à des mourants potentiels puisqu'ils sont nés pour mourir : c'est dans le Coran et dans la Bible, mais plus fortement dans le Coran. Et la figure du kamikaze japonais a pris racine dans l'univers désespéré de quelques jusqu'au-boutistes. La figure du kamikaze, il faut l'interroger un jour… En tout cas, aller le plus loin possible pour ne pas mourir, c'est une façon de refuser et la mort et la vie, sans compter que les despotes ne meurent pas, qu'ils vieillissent très longtemps, y compris politiquement. Il y a là une métaphore qui se transforme. Ce problème est majeur entre les trois monothéismes.

Je pense que ce qui fascine dans l'islam, ce qui attire et révulse en même temps, c'est qu'il s'agit d'une religion qui n'a pas de problème avec la mort, qui peut l'intégrer dans son système, elle l'investit, elle la provoque. Tout est quasiment similaire : le vieil homme de la montagne et le kamikaze des tours de New York ne sont pas éloignés, ils sont de la même famille. Parallèlement, l'islam est un appel immense à la vie, un cri de joie… et de paix : *Salam 'Alaïkûm*, Que la Paix soit sur vous ! À un autre niveau, on y retrouve évidemment les interdits majeurs que connaît le christianisme aujourd'hui, auxquels s'affronte difficilement cette religion avec les différents papes : le respect de la vie, la vie qui domine tout le reste, etc. Mais, si globalement l'islam est turgescent, réactionnel, parfois violent, c'est pourtant la religion qui recrute et qui convertit le plus, sans prosélytisme particulier. Les gens trouvent donc une sécurité dans cette religion, qui elle-même semble inquiéter les autres. C'est toute l'ambiguïté du système et je crois que le XXIe siècle nous apportera quelques réponses tangibles à ces questions. Pour résister à l'influence des grandes religions asiatiques qui ne sont pas monothéistes, l'islam va devoir soit les avaler, soit les combattre. La ligne d'affrontement se trouve aujourd'hui au nord du Rajasthan, et peut-être à Bombay, comme on a pu le constater encore récemment. Parce que l'islam est fondé sur une révélation. Peut-être ces religions vont-elles résister, ou ne pas se laisser faire ? Globalement, le point de friction est là, et je crois savoir qu'il y a toute une tendance de l'islam d'aujourd'hui qui veut islamiser les intouchables indiens. Ces derniers n'ont aucune chance d'avoir une existence digne, et l'islam, qui est à la fois sobre, explicite, universaliste et sécurisant, va leur dire : « Vous avez droit à cette dignité-là. » C'est une façon – comme le prophète Mohammed au VIIe siècle qui avait déclaré : « Je libère mes esclaves » – de dire aujourd'hui : « L'islam vous permet d'être des êtres humains à part entière. »

La religion Lego

Jacques Attali

Deux options s'offrent à notre avenir : une société où chacun peut vivre librement son engagement religieux, personnel ou communautaire, sans entraver le fonctionnement collectif laïc, républicain, démocratique. Ou une société où le religieux emporterait tout, jusqu'à la démocratie. Au fond, nos sociétés de marché sont tout à fait compatibles avec un religieux totalitaire. Parce que le marché lui-même s'accommode assez bien de ça. Allons-nous vers une dissolution du religieux fanatique, qui n'aurait été qu'une excroissance passagère d'une société déstructurée, ou au contraire vers un obscurantisme nouveau ? Et quelle est la meilleure façon de le combattre ? Dans l'affrontement, dans la modernisation du religieux, par l'œcuménisme, le rapprochement entre les monothéismes et les polythéismes ? Autrement dit, pour qu'une civilisation laïque dure, doit-elle affronter le religieux ou tenter de le faire sien ?

La généralisation de la démocratie et du marché engendrent la précarité. La démocratie en elle-même ne suffit pas à lui donner du sens : elle organise la liberté individuelle, mais elle ne constitue pas, en elle-même, un projet politique garant contre la vulnérabilité à la précarité. En conséquence ressurgit le besoin de trouver un sens à la durée, soit grâce à la nation, soit grâce à la religion.

Le carcan intégriste ne résistera pas, j'en suis convaincu, au désir de démocratie et de consommation de la jeunesse du monde. À l'inverse, en réaction à la société de consommation, la demande de religieux se fera plus forte.

Le XXIe siècle sera d'abord celui de l'affrontement concurrentiel entre religions et à l'intérieur du christianisme et de l'islam. En particulier, si le christianisme et l'islam refusent de prendre position pour le préservatif, c'est aussi parce qu'ils veulent maintenir un avantage démographique. Cette guerre d'influence, si tragique pour l'humanité, va, à mon avis, se dissoudre dans la multiplication des Églises.

flashcode

Sida : propos de Benoît XVI sur le préservatif,
18 mars 2009

web

Je crois, en effet, que nous n'allons ni vers un monde religieux, ni laïc, mais vers un individualisme, qui amènera progressivement à ce que j'appellerais la « religion Lego » ou « religion de l'ego », où chacun prendra du judaïsme, de l'islam, du christianisme, du bouddhisme, ce qui lui permettra de fonder sa propre religion personnelle.

La fin du rêve laïc

Aujourd'hui, l'utopie de l'immortalité est avec celles de l'égalité, de la fraternité, de la liberté, une utopie majeure de nos sociétés. Nous transmettons à nos enfants un sens de l'éternité. Nous cristallisons du temps en objets, ce qui nous donne un sentiment d'immortalité : nous ne pouvons mourir, croyons-nous, avant d'avoir utilisé ces objets. Et nous croyons que la science nous donnera l'immortalité par l'allongement de la durée de vie, et par le clonage.

Mais ces quêtes n'empêcheront pas les hommes d'avoir besoin, pour vivre, de passer un pacte avec la mort, d'imaginer un après-vie.

On le voit en particulier dans la société américaine, où la démocratie échoue à faire vivre un rêve laïc. Le religieux pourrait même mettre une telle chape de plomb sur le pouvoir politique qu'il enrayerait le fonctionnement démocratique. Aux États-Unis, depuis que Billy Graham a « consacré » Richard Nixon président des États-Unis, les prédicateurs jouent un rôle croissant dans la vie politique. George W. Bush lui-même a été élu grâce aux voix des évangéliques, qui ne cessent de s'étendre à travers le monde (ils sont aujourd'hui plus de 160 millions). Ces Églises, issues du protestantisme et du pentecôtisme, utilisent tous les moyens de communication pour convertir, promettant la richesse et le paradis. Pour l'instant, ce ne sont que des machines de conversion, pas des machines de prise de pouvoir politique. Tocqueville avait implicitement prévu une telle évolution vers la théocratie quand il avait dit que les États-Unis ne resteraient pas toujours une démocratie. L'uniformité que produisent la société de marché et la démocratie offrant, selon lui, une sorte de boulevard à la dictature et d'abord théologique. Si nos sociétés ne savent pas donner un sens lucide à la mort, et si les individus ne savent pas construire un rapport individuel à la vie, alors certaines religions imposeront des rapports collectifs à la mort. De ce point de vue, l'islam est le mieux placé pour le faire. Étant la plus abstraite des religions, il est la plus universelle : s'il existe une religion de la mondialité, c'est certainement l'islam.

La religion Lego

Nous assistons donc actuellement à une bataille entre l'uniformisation des religions, leur tentative d'emprise globale et leur diversification, leur morcellement, leur balkanisation. Un morcellement, aujourd'hui en plusieurs fractions, demain en une infinité de fractions, où chacun sera porteur de sa propre définition du religieux. La distinction entre sectes et religions deviendra de plus en plus floue.

Nous pourrions ainsi tendre vers une religion individualiste, par laquelle chacun traiterait de son propre rapport avec le monde, la nature et ce qu'il appelle – ou n'appelle pas – Dieu comme facteur explicatif du monde. C'est la religion Lego, du nom de ce jeu de construction.

Le XXIe siècle verra d'abord surgir toutes sortes de nouvelles religions. Certaines permettront à chacun de croire en une immortalité personnelle. D'autres apporteront aux hommes une morale collective. D'autres encore permettront de penser autrement le rapport à la nature. Toutes auront des durées de vie beaucoup plus brèves que les religions actuelles, dans une noria d'idéologies. Puis chacun agira à sa guise.

En musique, la création d'aujourd'hui ne repose plus sur l'écriture d'une partition avec des notes mais sur un mélange d'œuvres écrites par divers compositeurs antérieurs, avec différentes techniques. De la même manière, en matière de croyance cette victoire du « et » sur le « ou » fera du métissage des religions l'amorce d'un monde infiniment plus bariolé. Un monde où chacun se fabriquera sa propre religion, comme au jeu de Lego. Une religion personnelle. Une religion de l'ego.

Les religions d'Asie sont aussi très adaptées à cette modernité, dans la mesure où elles sont tout à fait compatibles avec la recherche personnelle, de lâcher prise.

flashcode

Réagissez à ce chapitre !

web

flashcode

web

Interview de Christophe Girard

Les bouleversements de la famille et des relations amoureuses

Philippe Sollers et Christophe Girard

Les évolutions du sentiment amoureux

Christophe Girard. – En matière de sentiment amoureux, nous vivons aujourd'hui une évolution de la tolérance, du respect, de la compréhension. N'oublions pas qu'il y a vingt ans, quand deux homosexuels, hommes ou femmes, passaient à la télévision, leurs visages étaient floutés ou on les présentait de dos. Néanmoins, je vois poindre des réactions d'une grande virulence avec le retour du religieux et des propos parfois très impressionnants dans les médias. De façon générale, le PACS semble un contrat honorable mais il reste insuffisant. Peut-être est-il une forme d'embourgeoisement ? C'est la remarque que faisait Ségolène Royal qui s'étonnait de voir les homosexuels souhaiter se marier comme leurs parents…

De mon côté, je réclame plutôt le droit de ne pas me marier, d'avoir le choix. Le mariage, finalement, est simplement une demande de sécurité, d'officialisation de l'amour, du projet de vie de deux personnes qui sont ensemble, hommes ou femmes. Il faut aussi prendre en compte l'épidémie du sida, qui a considérablement fragilisé les relations des homosexuels, celles des hommes majoritairement ; lorsque l'un des deux compagnons mourait, en général, la famille, qui désapprouvait cette homosexualité ou ne la comprenait pas, chassait le compagnon qui avait pourtant partagé la vie de leur fils pendant des années. Aujourd'hui, je vois une espèce de résurgence de l'affirmation de l'amour : ne plus s'aimer en cachette mais pouvoir s'aimer au grand jour, se tenir la main dans la rue, pouvoir s'embrasser comme tout le monde. Certains trouvent ça ostentatoire, voire dégoûtant, comme on me l'a dit récemment, mais je crois que l'amour n'a pas de sexe, pas de couleur, pas de race, pas de religion, pas de genre. Finalement, s'il y avait une raison de vivre, ce serait sans doute l'amour.

flashcode

Interview de Philippe Sollers

web

Philippe Sollers. – Je constate depuis quelque temps l'accélération d'une décomposition d'un monde antérieur qui trouve sa limite dans tous les domaines. L'histoire de la littérature elle-même est faite de ce genre de percées, parfois fortement contestées par la société en place ; *Madame Bovary* ou *Les Fleurs du mal*, les procès sont célèbres ! Ce qui me frappe, c'est que la société se retourne sur elle-même avec des convulsions que nous ne pouvons pas prévoir et qu'on ne sait pas encore de quoi l'avenir sera fait.

Je voudrais mettre un bémol sur l'avancée qu'évoque Christophe Girard. Je trouve qu'il est très bien que la société cesse d'être répressive et de formuler des comportements obligatoires. Je ne me sens pas du tout indexé par la formule « hétérosexuel », je ne sais pas de quoi on me parle, je ne me sens absolument pas solidaire du moindre hétérosexuel dans la mesure où je ne crois pas fonctionner selon un modèle précis. Je suis pour que chaque individu puisse échapper à une indication, à une assignation sexuelle. Il faut faire très attention, parce qu'il y a toujours des effets communautaristes, à partir du moment où on veut que la sexualité de X, Y et Z soit la même. Il faut absolument et sans arrêt rappeler à la société qu'elle n'a pas à dicter leurs comportements aux individus. C'est en ça que la littérature nous est très utile. Elle est toujours une voix singulière qui s'impose et certaines grandes voix singulières ont ainsi fait avancer la conception de l'amour.

Christophe Girard. – Je partage tout à fait le sentiment et même la conviction de Philippe Sollers sur la qualification sexuelle. C'est quelque chose qui me heurte personnellement depuis que je connais mon état naturel, depuis que la société a mis un mot dessus, depuis mon adolescence. Être qualifié d'homosexuel m'enferme dans une vie qui ne serait que sexuelle. C'est quelque chose de très étrange. On dit peu des hétérosexuels qu'ils sont hétérosexuels. Je rêve d'un monde où il n'y ait pas de mot. Comme m'a dit mon fils aîné : « C'est un non-sujet. » C'est vrai que je rêve d'être parmi des citoyens qui ont des opinions, des engagements, des croyances, des goûts, des dégoûts, mais c'est tout. Comme tout le monde ! Un jeune adolescent (fille ou garçon) n'est jamais allé voir ses parents lorsqu'il est hétérosexuel pour leur dire : « J'ai une nouvelle à vous annoncer, j'ai beaucoup réfléchi, vous êtes bien assis ? Je suis hétérosexuel, c'est une nouvelle incroyable, non ? » Alors que l'homosexuel, par l'exclusion, par la difficulté de vivre selon sa famille, selon l'école, le lycée, l'entourage, le milieu, la banlieue, la ville, la campagne, choisit soit de dissimuler, soit de se suicider – on sait qu'il y a un taux élevé chez les jeunes homosexuels –, soit d'assumer, avec les conséquences que cela comporte. Mais la violence commence là. Je me souviens de l'avoir dit à ma classe, au lycée, en province, j'avais alors 15 ans ; et je me souviens, plus tard, d'en avoir parlé dans ma famille, ce fut une épreuve. Et cette épreuve laisse une trace. Je rêve du jour où l'on ne dira plus rien. Ou on dira : « Il est homosexuel » comme : « Il est franc-maçon »... Comme une richesse, une particularité. Comme on apprend qu'untel descend de Cambacérès, ou qu'unetelle avait un arrière-grand-père archevêque. Quelque chose de riche et d'inédit.

Philippe Sollers. – Un jour où on ne sera plus devant un tribunal devant lequel on sera sommé de s'expliquer sur ses goûts, et encore moins en famille. L'adolescent qui va déclarer son homosexualité à sa famille, c'est d'une cocasserie totale ! C'est comme si moi j'étais allé dire à mes parents : « J'ai une liaison torride avec une femme, j'ai 15 ans, elle en a 30, est-ce que vous me le permettez ? » Je ne me vois pas disant quoi que ce soit à ma famille. Il ne faut rien dire aux familles. Jamais ! De la famille à la société il n'y a qu'un pas et, à ce moment-là, on est toujours dans la justification ! Cela dit, le drame vécu précisément à cause de cette caméra de surveillance, cette interpellation, cette indexation immédiate sur sa sexualité, notamment l'homosexualité, est terrible. Une aventure séculaire, millénaire ! Et c'est pour ça que nous vivons un grand tournant de la culture planétaire. Il y a quelque chose qui se passe, mais qui est lié aussi aux transformations techniques, aux transformations de la procréation. Tout se tient...

Les nouvelles parentalités

Christophe Girard. – L'homoparentalité existe de fait. Ce que je reproche à ceux que les citoyens ont choisis pour organiser leur vie : les élus, les députés, les maires ou tous ceux qui sont à la tête des collectivités, c'est de ne pas prendre en compte la réalité, mais de partir uniquement de leur propre point de vue. Une chose me frappe : il y a très peu de curiosité, finalement. Moi, je suis très intéressé de découvrir et comprendre une vie différente de la mienne. Ça m'intéresse de savoir que des femmes et des hommes vivent selon un système de communauté, par exemple, à plusieurs. Ça m'intéresse de savoir qu'il y a des couples de femmes qui construisent des familles en niant le père, des personnes tout à fait structurées, éduquées. J'ai rencontré deux jeunes femmes qui ont fait un premier enfant par insémination artificielle, avec un donneur anonyme, un deuxième enfant va arriver, et elles expliquent au premier qu'elles nient volontairement le père. C'est très impressionnant cette démarche, de ne pas laisser le choix à l'enfant de pouvoir chercher qui est son père. Mais ça m'intéresse, j'essaie de ne pas porter de jugement de valeur et de considérer que le monde n'est pas simplement fait d'un homme et une femme qui se reproduisent. Je pense que le monde est plus complexe que jamais. Et je reproche à beaucoup de politiques de ne pas être curieux.

La majorité des députés était contre le PACS ! Or la société française était pour. C'est ce qui s'est passé avec François Mitterrand et la peine de mort. Les Français étaient contre ! Par exemple, il est impératif que l'école s'ouvre à l'homoparentalité comme une réalité familiale, ce qui est déjà le cas à New York, à Bruxelles et à Amsterdam. Il y a des villes où les professeurs, où l'Éducation nationale, où les responsables éducatifs prennent la mesure de la réalité des enfants qu'ils ont dans leur école. C'est évidemment épouvantable d'imaginer que les enfants aujourd'hui nés de relations homosexuelles, quel que soit le schéma – deux femmes, deux hommes, femme ou père célibataire homosexuel, ou autres –, vont se trouver dans une école où personne n'aura préparé les réponses aux questions qu'on va leur poser. Il y a les camarades qui vont leur demander : « Ta maman, c'est qui ? Ton papa, c'est qui ? » Les enfants répondront naturellement, parce que les enfants grandissent naturellement dans l'amour et le schéma qui est le leur. Certains diront : « Moi, j'ai deux papas. » J'ai des exemples concrets à Paris. L'enfant le dit avec beaucoup de fierté, parce qu'il aime beaucoup ses deux papas. Seulement l'école n'a pas les réponses. Et je crois que la réalité de ces situations doit passer par de l'explication. Non seulement pour ceux qui sont concernés, mais également pour ceux qui vont être confrontés dans leur voisinage ou dans leur famille à ces situations-là.

Philippe Sollers. – Les pesanteurs de langage immédiates sont extraordinaires : maman, papa, maman, papa... Toi, tu es assigné à ton maman ou à ta papa. Il faut faire bouger cette ligne. Elle bouge d'elle-même, mais pas forcément dans le langage. Le mariage classique, bourgeois, du XIXe siècle, veut dire héritage, procréation. Ce mariage a été tellement engendreur de névroses ! Et la littérature porte la trace qu'il n'est pas du tout conçu comme ça par les habitants ! C'est une question de maturité personnelle, cette question de parentalité. 80 % des couples « hétérosexuels », comme on dit encore, sont névrotiques à mort. Si l'homosexualité, par exemple, permet une maturité supérieure de l'individu, une conscience de soi et de l'autre, c'est évidemment un progrès indubitable. Qui veut maintenir la névrose, la séparation, la contradiction, le malentendu entre les sexes ? Il est évident qu'il y a un malentendu fondamental, et la littérature le dit depuis toujours. Cette fusion idéale, que la marchandise, le cinéma, la publicité nous vendent à longueur de temps, n'existe pas. C'est une illusion.

Christophe Girard. – C'est en cela que l'hétérosexualité de mon fils aîné (mon deuxième fils a 2 ans) est pour moi un soulagement. Il n'est évidemment pas question de jugement moral de ma part, mais pour avoir connu le chemin du combattant, je ne peux pas le souhaiter à mon enfant. Je ne suis pas arrivé à l'âge adulte en toute légèreté ni en toute insouciance. Très tôt, j'avais une sorte de tatouage. Et j'en veux beaucoup à l'ignorance… De la part de ma famille, il y avait beaucoup de tolérance, d'amour mais pas toujours de la compréhension. De la part de mes parents, de mes frères et sœurs, oui ! En revanche, au lycée on s'organisait à quelques-uns, on était en résistance, c'était compliqué… Je suis devenu père comme tout le monde, avec une femme, une amie, une relation inattendue, un peu comme un homme marié hors mariage, comme ces hommes mariés qui ont des enfants à côté, qu'ils reconnaissent plus ou moins. Tellement d'hommes hétérosexuels sont dans cette situation ! Ce premier enfant est né d'une relation sexuelle, peu amoureuse mais très amicale, et c'est un enfant qui a été élevé comme souvent dans les couples séparés ; la seule différence, peut-être, est que nous n'étions pas un couple mais que nous nous sommes toujours très bien entendus, donc nous avions le souci de l'éducation de l'enfant et de son bien-être, comme je pense que tout père ou toute mère a envie d'élever son enfant, c'est-à-dire en l'aimant, en l'aidant à se construire. Si mon fils était homosexuel, cela n'aurait posé aucun souci, mais j'ai tellement entendu dire après la naissance de mon fils que j'aurais les pires problèmes à son adolescence, que les « homos faisaient des homos » (les hétéros aussi font des homos !), que c'était un joli pied de nez de leur dire : « Vous voyez, vous vous êtes trompés. » Il y a des échecs partout, il y a des succès partout, chez les hétéros comme chez les homos, et la répartition des bons parents est, à mon avis, aussi inégale.

flashcode

Sondage interactif :
Pour ou contre l'homoparentalité ?

web

J'ai fait comme un père hétérosexuel qui ne parle pas à ses enfants de son hétérosexualité. En revanche, comme un père hétérosexuel, j'ai vécu ma vie normalement. Il m'a vu en vacances, les week-ends, quand il était avec moi ou avec nous, en compagnie d'un homme, si dans ma vie j'avais un compagnon. Il a eu des « beaux-pères ». J'ai fait confiance à l'enfant qu'il était, parce que je pense que les adultes se trompent, les enfants sont beaucoup plus intelligents, beaucoup plus inventifs et comprennent beaucoup mieux la société que ce que les adultes leur expliquent. Et je pense qu'on devrait faire beaucoup plus confiance aux enfants sur ces problèmes et les interroger d'abord et les écouter avant de légiférer.

Le regard de la société

Philippe Sollers. – On est dans une société qui parle tout le temps de sexualité. Au XIXe siècle, c'était le diable, le soufre, la perdition, la malédiction, le mal, il fallait s'en garder comme de la peste. Un silence lourd pesait sur tout ça. Cela a produit, d'ailleurs, *Les Fleurs du mal*. Mais, s'il fallait, en plus, parler de sexualité en famille, quelle barbe ! Arrêtons cette télé sexuelle constante, qui est absolument investie par la marchandise. C'est comme les femmes arraisonnées par la technique, par les produits de beauté, etc. ! S'il pouvait y avoir un endroit où on se taisait un peu, en écoutant de la musique, où chacun vivrait comme il veut… Mais, de grâce, vous voyez les parents parlant de sexualité avec leurs enfants à tout bout de champ ?

Il faudrait remettre à l'honneur les notions de pudeur, de tendresse, de romantisme et d'érotisme ! Le silence est érotique ! Alors, si on en parle tout le temps… Le silence est une défense contre une société qui n'arrête pas de nommer, d'étiqueter.

Christophe Girard. – Je comprends aujourd'hui le désir de spirituel, le désir de s'écarter de la société de consommation, souvent source d'abêtissement et de violence, mais je pense que l'irrationnel est de retour plus que jamais. J'étais récemment à Samarcande et à Boukhara, je me suis plongé dans la vie de Tamerlan et en particulier dans celle de Ulugh Beg, son petit-fils, qui a vécu au XVe siècle. Ulugh Beg disait : « Les religions se dissipent comme le brouillard. Les royaumes disparaissent, mais les travaux des scientifiques s'inscrivent dans l'éternité. » J'aimerais presque qu'on puisse inscrire cette phrase-là, cette pensée-là, dans nos écoles. J'ai très peur que l'on voie disparaître « Liberté, Égalité, Fraternité ». J'ai entendu récemment, au conseil de Paris, des élus de gauche et de droite se battre contre l'appellation d'une place, le parvis de Notre-Dame, au nom de Jean-Paul II.

J'ai trouvé le combat assez pathétique. J'ai défendu le souhait du maire que le parvis de Notre-Dame porte le nom de Jean-Paul II, même si nous avons combattu Jean-Paul II comme chef religieux. Là, c'est l'homme politique qui a été reconnu et inscrit dans l'histoire de Paris.

En revanche, je pense que les jeunes femmes que l'on enferme dans un habit, derrière un voile, ce combat-là, j'aimerais, au nom de l'amour, au nom de la liberté, au nom de l'intégrité, qu'on puisse vraiment, sérieusement, en débattre. Je pense que la laïcité est la plus belle des libertés, à la fois pour les croyants et pour ceux qui souhaitent rester dans le doute ou ne croient pas. Je pense que l'esprit de conquête, l'idée du rêve, de l'avenir, du projet et de l'utopie sont finalement les meilleurs remparts à la peur et au retour des conservatismes. L'erreur des politiques serait de penser que c'est en enfermant ou en contenant qu'on apporte les réponses. Non ! On apporte des réponses aux peurs en inventant et non en prêchant un bien supposé ; en donnant des voies, en donnant des espaces, en permettant la création, l'invention, en permettant aux artistes de s'exprimer, aux cinéastes de faire des films, et en plus grand nombre. Le piège primaire qu'est la consommation, aujourd'hui, complique et fausse beaucoup.

Philippe Sollers. – Je crois qu'il faut être pessimiste, négatif, y compris pour trouver sa propre clé intérieure. Il faut être très, très négatif. Pour bien discerner ce qu'est le positif, très rare, y compris dans les relations amoureuses…

Christophe Girard. – Ce serait symboliquement intéressant que l'on ait *Cosi fan tutti* après *Cosi fan tutte.*

Philippe Sollers. – Je crois que dans *Cosi fan tutte* il y a aussi *Cosi fan tutti* parce que les hommes ne sont pas du tout ménagés, ils se déguisent. Si nous voulons inverser vraiment les rôles, il faudrait que l'opéra soit écrit par une femme, un génie mozartien. Mais Mozart n'était qu'un homme, un ange, Dieu lui-même…

L'avenir de l'amour

Jacques Attali

Cela peut paraître étrange, et pourtant, au début du XXe siècle, pratiquement tout ce qui allait arriver à la fin du siècle avait été prévu, qu'il s'agisse du sous-marin, de la télévision, ou des totalitarismes. En revanche, les mutations esthétiques et culturelles n'avaient pas été prédites : les hommes porteraient toujours des moustaches, les femmes des robes longues, la peinture serait toujours figurative. Encore moins avait-on pensé aux mutations immenses des mœurs que sont la reconnaissance du divorce, l'interruption volontaire de grossesse, la contraception, l'homosexualité reconnue, l'homoparentalité…

L'amour est un mot à significations multiples, avec des conséquences sociales, religieuses et sentimentales : l'amour du travail crée les conditions pour que le travail devienne créateur de soi ; l'amour de la nature fait que l'homme peut la respecter et la mettre en valeur ; l'amour de soi fait que les êtres humains peuvent refuser la soumission ; l'amour des autres forme la base de la vie en société.

Dans les sociétés occidentales, l'amour de soi est la condition de l'amour du prochain : « Tu aimeras ton prochain comme toi-même. » Ce commandement qui structure nos sociétés est la condition de la non-violence. Dans les sociétés orientales, l'amour du néant permet d'échapper au désir et donc à la frustration et au malheur. En Occident l'amour humain, et en Orient l'amour d'un point focal, extérieur à l'humanité, constituent la condition de la réalisation personnelle.

Hier

Dans toutes les sociétés anciennes, la reproduction sociale imposait ses règles à la reproduction biologique qui imposait ses règles à la sexualité qui imposait ses règles à l'amour. Le culturel cachait le social, le social cachait le politique, et le politique cachait la domination masculine.

La reproduction sociale a longtemps exigé les mariages de groupes (plusieurs frères avec plusieurs sœurs), puis les mariages de groupes non consanguins, puis la polygamie (essentiellement la polygynie). Puis la polygamie a cédé la place à la monogamie quand l'égalité des droits religieux de tous les hommes impliquait le droit de chaque homme à une épouse. La monogamie devient alors le seul système de reproduction sociale protégeant la société contre la bataille des hommes entre eux pour la possession des femmes.

Jusqu'au XVIIIe siècle, le temps que l'on passait avec un conjoint était de quatre à cinq ans en moyenne, notamment en raison de la mortalité des femmes en couches. Le mariage « d'amour » n'est qu'une forme très récente de la relation homme-femme.

En matière sexuelle, la liberté n'a jamais été illimitée. Il y a dans toutes les sociétés, depuis l'aube des temps, des interdits d'ordres culturel, éthique et biologique.

L'amour apparaît très tôt dans la littérature. Il ne naît comme une forme sociale en réalité qu'à la fin du XVIIIe siècle.

Demain

Désormais, reproduction sociale, reproduction biologique, sexualité et amour, jusqu'ici étroitement interdépendants, prennent des voies séparées. La reproduction sociale, qui exigeait le mariage dans la même classe sociale, cesse sa tyrannie. La reproduction biologique trouve des formes nouvelles. La sexualité se libère.

flashcode

Les pratiques sexuelles des Français

web

Nous allons donc vers une présence concomitante de modèles différents : le couple de longue ou de brève durée, quelle que soit la sexualité et le nombre des partenaires.

Nous sommes en effet à la veille d'une mutation encore plus énorme, qui pour moi est certaine mais que personne n'ose penser, tant elle est gigantesque : l'acceptation des familles simultanées, l'installation de la polygamie et de la polyandrie, non pas au sens passé (la polygamie était une forme d'affirmation de la primauté masculine et la volonté de domination du chef qui avait des femmes comme on avait un troupeau), mais comprises au contraire comme l'installation du droit à l'amour simultané, pour les hommes comme pour les femmes.

La forme juridique sera la « polyunion », reconnaissant qu'il est possible d'aimer plusieurs personnes en même temps. Il est déjà fréquent, sinon banal, de voir des femmes ou des hommes refuser de choisir entre plusieurs amours et aimer plusieurs personnes à la fois, en général de façon cachée. Les sociétés les plus avancées iront sans doute un jour vers l'amour multiple simultané et transparent : deux hommes vivant une relation avec une femme pourront aussi vivre une relation homosexuelle entre eux. C'est aujourd'hui aussi peu vraisemblable que l'était à la fin du XIXe siècle le mariage homosexuel. C'est pourtant tout aussi probable.

D'abord, rien n'établit, sauf socialement ou idéologiquement, que quelqu'un ne puisse être amoureux que d'une seule personne à la fois. Ensuite, l'une des premières conséquences de l'ère de démocratie dans laquelle nous entrons est la transparence : enfin, la liberté, valeur suprême, n'est plus seulement la liberté de choisir l'un *ou* l'autre. Ce n'est pas « ou » mais « et ». C'est déjà le cas dans la société de consommation : je peux vouloir une chemise rouge et une chemise bleue ; pas une chemise rouge ou une chemise bleue.

Nous vivons de plus dans des sociétés en réseaux, non hiérarchiques, et l'idée d'appartenir à un réseau où les amours sont multiples commence à surgir. Il existe même désormais sur Internet des logiciels qui permettent de créer le réseau de ses relations amoureuses et de le tenir à jour.

Ce sera la victoire de l'éphémère, du passager, du changeant, du multiple.

Il y aura de fortes résistances. Comme la société a eu un mal fou à admettre le divorce. Le sort des enfants sera particulièrement difficile à régler.

Cette évolution devra être complétée par ce que j'appellerais, non pas « les droits de l'enfant », mais « le droit à l'enfance ». Parler de « droits des enfants », c'est parler des enfants comme s'ils étaient des adultes. Pour des enfants dont les parents seront sentimentalement nomades, le droit à l'enfance, c'est le droit de croire au Père Noël, d'être aimé, d'avoir quelqu'un qui vous raconte des histoires, de vivre une vie gratuite, hors de toute contrainte, un droit à la permanence de l'amour autour de soi. Si une société n'est pas capable d'instaurer ce droit à l'enfance – le plus subversif aujourd'hui, le plus difficile –, si la polyunion déstabilise plus encore le cadre de vie des enfants, nous aurons une société de solitudes juxtaposées dans le réseau des amours multiples. La stabilité des enfants, le droit à l'enfance supposera que les enfants disposent de leurs résidences, stables, où se croiseront leurs parents, qui ne se déchireront plus la « garde » (mot absurde, car sont-ce des prisonniers ?) des enfants.

Dans toutes les circonstances, sous toutes ses formes, l'amour ne se décrète évidemment pas. Il suppose du temps, du respect, de la disponibilité, de la curiosité, et je dirais, surtout, du rire. C'est dans le rire que se situe la vraie défense contre le mal. C'est dans le rire que se situe le vrai défi contre toutes les barbaries qui pourraient toucher nos vies. Alors, si nous voulons aimer, et être aimés, « rions ensemble ».

flashcode

Réagissez à ce chapitre !

web

Le travail, nouvelles pratiques, nouvelles précarités ?

Vincent Champain et Jean-Philippe Courtois

Le monde du travail

Vincent Champain. – Aujourd'hui, la précarité augmente, les choses changent, et on passe d'un modèle de stabilité à un modèle de nomadisme du travail, avec une précarité chez les moins qualifiés et un marché de stars chez les plus qualifiés, qu'ils soient footballeurs ou ingénieurs. Nous vivons aussi dans un monde de clivage avec un fossé croissant entre des salariés protégés par un statut, par un capital, par une éducation, et d'autres beaucoup plus vulnérables. Enfin, derrière tout ça, il y a des institutions sociales, notamment en France, qui ne se sont pas suffisamment adaptées pour prendre en compte toutes ces évolutions avec, en toile de fond, tous les éléments constitutifs d'une crise du point de vue social dont la situation en banlieue est l'un des aspects.

Parmi les pays ayant le mieux réussi dans le domaine de la création d'emplois, on trouve les deux opposés du spectre : d'un côté les pays d'Europe du Nord, comme le Danemark, qui ont su diviser leur chômage par deux et créer de l'emploi dans un système relativement égalitaire, avec des écarts salariaux inférieurs à ceux qu'on a en France et des protections assez fortes ; et de l'autre côté, les pays anglo-saxons qui, dans un modèle complètement différent, ont également créé des emplois avec plus d'inégalités et peu de protections pour les salariés. Il y a enfin des pays qui se situent entre les deux, comme la France. Nous avons voulu avoir une chose et l'autre et, faute d'avoir une stratégie cohérente, n'avons eu ni les avantages du modèle anglo-saxon ni les avantages du modèle nordique.

Jean-Philippe Courtois. – De manière très concrète, des entreprises comme la nôtre, Microsoft, luttent contre la ségrégation sociale dans le travail en donnant l'accès à un plus grand nombre. Donner l'accès, ce n'est pas simplement donner l'accès à Internet, c'est donner l'accès à la connaissance, à l'information. Ça peut se matérialiser par des partenariats, avec des ONG, mais aussi avec les pouvoirs publics, par exemple pour donner accès à des jeunes sans emploi dans les banlieues en France, afin de leur permettre de se certifier sur un certain nombre de compétences informatiques, pour arriver à valoriser leur connaissance et leur savoir puis trouver un job de manière supplémentaire. On a beaucoup d'initiatives dans ce domaine. Voilà une manière concrète aujourd'hui d'y contribuer.

J'ai pu constater, en voyageant dans beaucoup de pays européens, asiatiques ou d'Amérique du Sud, que l'éducation et l'effort porté sur l'éducation, l'enseignement supérieur en particulier, se valorisent directement en termes d'emplois, dits à plus grande valeur, en tout cas au plan économique. La référence du Danemark pourrait être étendue à plusieurs pays scandinaves qui sont aujourd'hui en tête de toutes les mesures que l'Union européenne peut faire en matière de société de l'information. Cela fait une dizaine d'années que je travaille de manière très proche avec ces pays européens. Un pari a été lancé il y a plus de quinze ans en Suède et s'est étendu à la Finlande et au Danemark. Il s'agissait d'équiper d'ordinateurs les travailleurs à domicile, puis de les connecter à Internet pour qu'ils comprennent l'utilisation de ces technologies et puissent améliorer leur profil et leur contribution auprès de l'entreprise. Cela a eu deux conséquences remarquables : le télétravail s'est beaucoup développé, corrélé à une amélioration notable du niveau de compétence. Résultat : les générations de cinquante ans et plus dans les pays scandinaves ont un nombre bien supérieur de personnes diplômées du supérieur, comparé à la France. On paie le prix aujourd'hui d'un tournant technologique que nous n'avons pas pris.

Vincent Champain. – En effet, la technologie a trois effets sur l'emploi.

D'abord, un effet schumpétérien : la technologie crée de nouvelles règles, rebat les cartes. Et ce soit dans le sens de la dispersion, quand la technologie permet de faire de plus petites usines sidérurgiques ou de plus petites sources d'énergie, comme c'est le cas notamment en Californie ; soit dans le sens de la concentration, Microsoft en est un exemple : sur le système d'exploitation, la technologie a créé des méga monopoles d'une taille que l'on n'a sans doute jamais connue par le passé. Ça, c'est un effet schumpétérien et au niveau international. Il donne une prime aux pays agiles, et qui savent tirer parti de ces changements.

Ensuite, il y a un deuxième effet, lié au biais de qualification. Quand vous avez une vague technologique, qui en profite ? Ceux qui ont la qualification pour s'adapter ou se servir des outils. Qui en souffre ? Ceux qui n'ont pas cette qualification. Et là, il y a une prime aux pays éduqués.

Le troisième effet est lié à la propriété du capital physique ou relationnel. Pour mettre en œuvre ces technologies, il faut d'abord un capital relationnel, c'est-à-dire connaître les uns et les autres pour trouver les associations commerciales, technologiques, industrielles qui permettent de se développer. Microsoft a été créé par Bill Gates, qui avait un capital plus relationnel que financier puisqu'à l'origine il était de Harvard, un de ces milieux dans lesquels, en s'arrangeant avec quelques amis, on pouvait monter une société dans un garage. Et puis, il y a un aspect financier. Les marchés se sont beaucoup libérés, nous ne sommes plus à l'époque où il faut faire partie des « cent familles » pour pouvoir lancer un projet, mais il y a encore un avantage financier pour certains. Ce dernier effet donne une prime à la cohésion ou à l'égalité, car ces pays donnent à un plus grand nombre la possibilité de tirer parti des possibilités offertes par les nouvelles technologies. Les technologies vont se développer plus rapidement dans les pays qui ont une cohésion forte ou une égalité forte.

Les trois effets sont donc : prime à l'agilité, prime à l'éducation, prime à la cohésion et à l'égalité. En prenant le cas de la France, on voit très vite où sont nos limites et où sont nos problèmes ! En termes d'agilité, c'est un lieu commun de le souligner, la France n'est pas à la pointe dans un certain nombre de domaines, notamment parce que c'est un pays très centralisé. La prime à l'éducation : notre système éducatif a des problèmes d'adaptation entre ce qu'il produit et ce que sont les besoins de l'économie de la société. La prime à la cohésion et l'égalité : notre pays est extrêmement clivé, avec notamment les banlieues, le clivage entre la province et

Paris. On parle chaque année des milliers de Français qui iraient en Grande-Bretagne, mais la vraie ponction intellectuelle, ce sont les centaines de milliers de jeunes qualifiés qui quittent la province pour aller vers Paris parce qu'il leur est impossible de réaliser leur potentiel ailleurs. Cela crée un système dans lequel le lieu où vous pouvez créer est très concentré ; et vous perdez 90 % du potentiel de création et d'adaptation à l'innovation, donc du potentiel d'emploi.

Jean-Philippe Courtois. – L'emploi est d'autant plus développé que la société est flexible. Et cette flexibilité peut s'exprimer de manières très différentes. Elle peut s'exprimer en nombre d'heures de travail, en termes de flexibilité du contrat d'embauche et du contrat de licenciement et en termes de flexibilité de l'organisation, liée à la culture des entreprises. Je suis en constante relation avec beaucoup d'autres entreprises que la mienne, petites, moyennes ou grandes, et Microsoft place réellement l'individu au centre du système. Nous sommes convaincus que si nous ne donnons pas cette capacité de décision au niveau le plus bas d'une organisation – dans notre cas, nous avons soixante mille salariés –, nous deviendrons une entreprise, non seulement en manque d'agilité, mais totalement inerte, qui ne pourra rien faire. Cela veut dire que la flexibilité dépend aussi, fortement, du mode de management de l'entreprise. Elle dépend de la manière d'accepter la façon dont on peut travailler, et dont les gens au premier niveau, face au client, prennent des décisions, sans en référer à l'autorité hiérarchique. De telles prises de décision créent davantage de valeur, parce que la personne face au client va mieux comprendre ses besoins, donc va être capable de lui vendre plus de services ou de produits, va développer une relation qui se traduit par des affaires, et par un développement de l'écosystème de l'entreprise. Cette dimension managériale et culturelle est très importante. Et mon constat, dans de nombreuses entreprises françaises comme dans le reste du monde, est que nous n'avons pas forcément les mêmes fondements en termes d'éducation et de culture.

Vincent Champain. – Je me demande si la flexibilité est l'axe central. Derrière la flexibilité, on peut trouver à la fois la souplesse et la brutalité. Si je reviens à mes trois critères : agilité, éducation et cohésion, je dirais que la souplesse est bonne pour l'agilité : la brutalité ne permet pas de former les salariés, ne permet pas que les salariés investissent sur leur formation, et donne en général de profondes inégalités et des problèmes de cohésion. Quand la flexibilité est uniquement de l'agilité et facilite la formation et la cohésion, c'est positif. Quand elle met en danger l'éducation, l'investissement dans les personnes et la cohésion, c'est mauvais. Je crois que la différence se fait plutôt sur la lecture de la flexibilité qu'on peut faire : souplesse ou brutalité ?

La réduction du temps de travail

Jean-Philippe Courtois. – Dans un groupe comme Microsoft, nous vivons la réduction du temps de travail différemment selon les continents ou les pays. Vivant en France, nos équipes françaises ont implémenté les 35 heures, de la manière la plus intelligente possible, en bloquant un certain nombre de journées de RTT, mais en offrant toujours une continuité de service aux clients. Utilisant nos outils depuis de nombreuses années, nous avons un rapport aux heures de travail et aux heures personnelles qui est en pleine mutation, comme vont le connaître beaucoup d'entreprises, dans le sens où mon bureau personnel est chaque jour davantage un hôtel, un aéroport, quelquefois la maison, de moins en moins un bureau fixe. C'est le lot de très nombreux collaborateurs de Microsoft et de beaucoup d'autres entreprises. Cela veut dire que se posent de grandes questions en matière de flexibilité du management. Le fait, culturellement, que les collaborateurs ne soient pas présents à un bureau dérange encore les mentalités en France, beaucoup plus que je ne le constate aux États-Unis, en Inde ou en Chine. Le fait d'évaluer quelqu'un sur sa performance, sur le résultat, et non pas sur un nombre d'heures de présence, a du mal à être accepté. Pourtant, on pourrait dire que c'est le résultat qui compte – avec, évidemment, la manière de le faire. On vit donc avec une culture de résultat, de management et de permanent développement des compétences des collaborateurs, parce qu'on sait que le job d'un collaborateur va considérablement évoluer dans les douze, vingt-quatre, ou trente-six mois à venir.

Désormais, on est joignable à tout moment, où que l'on se trouve. La technologie peut permettre d'autoriser ou pas cette communication. Internet permet de consolider vos trois numéros de téléphone personnels, vos quatre ou cinq adresses de messageries, vos alias pour faire du t'chat, et de n'avoir qu'un seul système qui va autoriser vos interlocuteurs à vous contacter quand vous le souhaitez, et là où vous le souhaitez, sur votre téléphone ou sur votre PC. La technologie peut aider à faciliter beaucoup la productivité de ce travailleur nomade, qui travaille chez lui ou ailleurs.

En outre, la démographie vieillissante de l'entreprise va rattraper la France et il va falloir – comme d'autres pays l'ont fait – que les personnes travaillent plus longtemps, après 60 ans. En même temps, on constate que la génération suivante, née dans les années 1980, a un rapport avec les technologies qui n'a rien à voir. Pour eux, c'est immédiat et intuitif, de t'chater, d'échanger par messagerie instantanée avec cinquante, soixante amis, dans un réseau social ou communautaire. Les standards d'équilibre de vie personnelle et professionnelle sont très élevés. Nous menons régulièrement des enquêtes, auprès de nos collaborateurs, sur leur satisfaction au travail. La question essentielle posée par les nouvelles générations est l'équilibre, en tout cas la façon dont ils perçoivent cet équilibre, entre vie personnelle et vie professionnelle. Nous avons déjà au cœur de nos préoccupations le souci de donner un environnement de travail personnel et professionnel qui puisse s'accompagner par un environnement sportif, un environnement culturel, des souplesses dans la manière de consommer le travail ou le loisir. Nous sommes loin des standards rigides définis par l'entreprise il y a cinq ou dix ans.

Vincent Champain. – Quand on parle de travail, on le lie à la notion de production. Donc, le travail présenté ainsi pourrait être le temps où l'on produit quelque chose. Si on le définit de la sorte, on s'aperçoit qu'assez vite les frontières s'estompent. Travaille-t-on quand on est chez son employeur ? À l'évidence, oui. Mais devant la machine à café, on ne produit pas forcément. Travaille-t-on lorsqu'on est dans les transports en commun ? Pas forcément. Mais si on répond au téléphone, si on appelle un client, on travaille. Travaille-t-on quand on se forme ? On aurait tendance à dire que oui, puisque c'est l'employeur qui nous a envoyé en formation. Mais travaille-t-on quand on est chômeur et qu'on se forme ? Travaille-t-on quand on recherche un emploi ? Au sens des statistiques, non.

Or l'impact des technologies sur la croissance et l'activité passe par le fait qu'il y aura des gens qui passeront d'un métier à l'autre, qui se formeront. Celui qui se forme en étant demandeur d'emploi travaille et participe à ce processus. Son apport en termes de production globale peut être plus important que celui de salariés ayant des liens contractuels mais qui, au quotidien, participent de façon moins active à la croissance…

On peut en conclure que, dans les sociétés d'aujourd'hui, on travaille plus qu'avant, parce que le travail est entre le travail et le loisir, et que, hors du travail, il existe des activités alternatives telles que la formation ou la recherche d'emploi, qui sont du travail. Il faut garder à l'esprit qu'il y a quand même un aspect arbitraire derrière tout ça. Vous connaissez la statistique : si vous épousez votre femme de ménage, vous faites baisser le produit intérieur brut, parce que son travail, si elle continue à faire le ménage, n'apparaîtra plus dans la production. Or dans une période d'intensification du stress dans tous les sens du terme sur les salariés, on repousse les limites du travail, de l'acceptable et du temps dans lequel les salariés sont mobilisés, au moins intellectuellement, par rapport à leur travail.

Jean-Philippe Courtois. – Il faut bien observer ces nouvelles formes de travail, flexibilité du travail à la maison et télétravail. En France, on estime le télétravail à environ 5 % des salariés contre 15 % en Suède, 12 % en Allemagne et au Royaume-Uni ; ce qui donne déjà une dimension de l'acceptation, par les employeurs, à autoriser les personnes à travailler différemment.

flashcode

Le télétravail en Europe

web

« Confiance » est le maître mot ; ce n'est pas parce que la personne n'est pas là physiquement qu'elle ne va pas faire son travail. Surtout quand le travail en question est de plus en plus immatériel. Pour beaucoup de personnes qui produisent des services, le grand terme de la société de l'information ou de la connaissance, c'est la matière grise échangée, produite, distribuée, présentée. Et ça peut être fait n'importe où. Cette notion de télétravail est bien ancrée chez Microsoft dans le sens où nos salariés travaillent là où il fait sens de travailler, soit pour aider des clients, soit auprès de partenaires, soit là où eux-mêmes doivent se former. Elle fait partie même de l'exigence du travail, et nous avons à cœur de leur donner des outils pour réaliser leurs objectifs.

Le travail n'est plus un facteur de socialisation

Vincent Champain. – On assiste de plus en plus à une perte du caractère intégrateur du travail comme facteur de socialisation. L'Américain Robert D. Putnam a écrit un livre fascinant, *Bowling Alone*, sur ce phénomène-là. Il explique que les formes d'engagement collectif se réduisent. Il lie cela à l'intensification du travail, à l'allongement des délais de transport, ce qui donne moins d'adhérents aux syndicats, moins de personnes qui vont jouer au bowling ensemble (d'où le titre du livre) et plus de loisirs individuels. Certes, cet effet existe, mais d'autres formes de sociabilité se créent. Par exemple, le nombre d'associations s'est stabilisé. Mais on constate que les associations qui sont des quasi-entreprises, c'est-à-dire qui produisent un service ou qui défendent des intérêts particuliers, ont vu leur nombre augmenter, tandis que celles qui sont intégratrices ont vu leur nombre baisser ! Une association de parents d'élèves est une association dont on se sert pour défendre ses intérêts. Une chorale est une association intégratrice, dans laquelle on va pour rencontrer d'autres personnes. Dans le premier cas, on est avec d'autres pour servir ses propres intérêts, dans l'autre cas, l'objet final est d'être avec d'autres. Celles qui augmentent sont donc les premières, les associations utilitaires. Voilà un phénomène de marchandisation du lien associatif.

Jean-Philippe Courtois. – Et puis on voit apparaître de nouveaux statuts. Il y a d'un côté le statut juridique, social, et de l'autre ce qui doit être produit, réalisé. On constate avec beaucoup de nos clients au plan international qu'au travers de ces technologies de l'information, le travail est finalement décomposable en un certain nombre d'activités qui peuvent être réalisées à distance. Je pense au fameux exemple de Thomas Friedman – éditorialiste du *New York Times* et auteur du livre *La terre est plate* – selon lequel on peut tout faire, quel que soit le lieu, de façon instantanée. Il prend un raccourci pour dire qu'aujourd'hui, après la découverte de l'Amérique de Christophe Colomb, les réseaux en fibre optique et la diffusion par le milliard d'ordinateurs sur la planète, permettent à des personnes en Inde de donner des cours d'histoire à des Américains, de régler un certain nombre de processus comptables, ou même d'aborder des domaines comme la santé. On ne peut pas extrapoler à tous les types d'activités et penser que tout va être réalisé de cette manière-là, mais c'est la réalité des sociétés en réseaux. Il y a des partenaires qui font partie d'un écosystème et travaillent ensemble, en fonction de la répartition, des compétences et des savoir-faire.

La formation

Jean-Philippe Courtois. – La formation peut se mesurer de manières très différentes. Les formations traditionnelles qui consistent à aller dans une salle de cours sont de moins en moins nombreuses. La formation, chez Microsoft, se fait le plus souvent à distance, avec des modules d'e-learning, d'apprentissages électroniques numérisés ou de véritables curriculums permettant de certifier des compétences techniques. Grâce aux diplômes internes à Microsoft, dont certains ont une valeur internationale, les entreprises bénéficient de quelques standards reconnus. Et puis, il y a la partie humaine et les compétences relationnelles, la partie « soft » : comment on gère des relations avec un client, avec un partenaire, avec une équipe, comment on motive les équipes, on entraîne les autres, on comprend ceux qui viennent avec des points de vue culturels ou de fonctionnement différents. Cette partie « soft » est probablement aussi importante que la partie « hard », technique.

Vincent Champain. – Derrière les modèles de formation, il y a les modèles de croissance. Il y a deux types de croissance. La première est une croissance de rattrapage comme en Asie du Sud-Est où l'objectif est de rattraper les niveaux de productivité des pays les plus avancés. C'est la croissance facile : vous regardez ceux qui sont devant, vous faites comme eux et vous essayez de les rattraper. La deuxième croissance est une croissance plus difficile, dans laquelle il faut être au début du peloton et innover suffisamment pour rester devant les autres. Il ne suffit pas de copier, il faut innover.

Le modèle de formation est complètement différent dans les deux modèles. Dans le premier, vous apprenez des blocs de choses à savoir, vous prenez la science d'il y a dix ans et vous la diffusez au sein de votre population. Dans le deuxième modèle, vous allez apprendre à apprendre, apprendre à innover. La place de la formation se développe clairement, mais la France doit davantage se situer sur le deuxième modèle de formation, moins scolaire, qui donne plus de part au travail en groupe, à l'autonomie, que sur le premier modèle qui est un modèle beaucoup plus centralisé où on met en place de gros programmes qu'il s'agit d'appliquer, de décliner.

En la matière, on peut citer deux axes de progrès pour la France. D'abord, c'est l'un des pays en Europe où les gens suivent le moins de formation continue. La réponse à la question « Avez-vous été formé dans les douze derniers mois ? » place la France dans le trio de queue des pays européens avec le Portugal et la Grèce. Devant, il y a les pays nordiques. Ensuite, on est l'un des pays de l'OCDE qui met le moins d'argent sur les étudiants. On dépense plus pour les lycéens que pour les étudiants, la dépense par étudiant en France étant de 43 % inférieure à la moyenne de l'OCDE (qui inclut des pays moins riches que la France). C'est un point de manque à la fois au niveau quantitatif – les moyens qu'on y met –, mais aussi en termes qualitatifs, parce que ce système est basé sur le modèle de croissance « de rattrapage », tandis que nous sommes déjà passés au deuxième modèle, de « croissance innovante ».

Des robots au service des hommes ?

Jean-Philippe Courtois. – Je pense qu'il faudra encore du temps avant de voir des robots prendre une part prépondérante dans la vie économique, en tout cas dans la vie domestique. Il y a deux types de scénarios : celui qui se réalise déjà dans le monde de l'usine, de l'automatisation avec beaucoup de robotisation ; et le scénario du monde de la maison. Le Japon est un pays fascinant à cet égard. Il est certainement le plus avancé en matière de robotique appliquée à la maison, notamment pour régler un problème, fondamental, celui de la santé, lié à la démographie du pays qui vieillit. Si l'on se projette à vingt ou trente ans, comment, en termes de santé, prendre en charge des dizaines de millions de personnes âgées à leur domicile ?

Comment faire ? En utilisant deux tendances fondamentales des technologies. Premièrement l'ADSL puis la fibre optique à la maison, qui sera cent fois plus puissant dans dix ans, plus important en termes de bande de réseaux. Deuxièmement avec les capteurs intelligents, collés aux vêtements, sur les bras, qui capteront les indices vitaux de l'organisme et pourront émettre intelligemment et directement vers un réseau qui, lui-même, déclenchera à distance un certain nombre d'actions : la télésurveillance, le diagnostic à distance de médecins, de spécialistes, lesquels décideront eux-mêmes de faire intervenir un spécialiste à bon escient, car le coût de ces interventions sera important pour la société et le système social.

J'imagine très bien, dans un grand nombre de pays occidentaux, y compris les États-Unis, qu'il y ait dans dix ans un certain nombre de robots qui jouent un rôle réellement important dans le domaine de la santé. Tout ceci sera connecté avec une base d'informations personnelles, liées au profil de santé de la personne. On retrouve la capacité qu'a la technologie de connecter les experts (institutions, médecins, hôpitaux) et de consolider un profil de manière électronique, sur Internet, en toute confidentialité bien sûr, avec l'ensemble des données vitales et d'intervention, c'est-à-dire un dossier médical du patient. Beaucoup de progrès sont donc à attendre dans le domaine de la santé.

Vincent Champain. – Le plus étonnant est qu'il existe des robots qui sont des extensions physiques – qui font des tâches répétitives ou permettent aux chirurgiens d'opérer à distance – et des robots qui sont des extensions mentales – le robot *Deep Blue* arrive à battre les meilleurs joueurs d'échecs ! Ce sont ces logiciels-là, capables de faire la preuve de qualité de logiciels embarqués, qui ont permis de démontrer un certain nombre de théorèmes mathématiques. Certains théorèmes mathématiques n'ont été démontrés que grâce à des ordinateurs, notamment le théorème des quatre couleurs. Mais, ce que nous n'avons pas encore réussi à faire, ce sont des robots qui manient extensions physiques et mentales. Sans doute parce que si on essayait de construire quelque chose qui ait à la fois une force physique forte et une autonomie mentale, les premiers réglages seraient difficiles à faire.

Jean-Philippe Courtois. – On peut imaginer que, dans le monde des logiciels, on arrive à combiner la logique classique du logiciel et les progrès de la neuroscience, ce qui permettrait de créer des processus capables d'accélérer l'apprentissage... C'est un grand domaine d'investigation, qui passe par un certain nombre de progrès. Le tout premier progrès, qui est à portée de main, mais pas encore tout à fait là, est une interface sociale. C'est-à-dire que, face à mon PC ou à d'autres outils, j'ai une voix, une présence physique, qui soit captée par mon ordinateur personnel ou mon téléphone intelligent, et qui, en fonction de mon comportement, de ma tonalité, pourra me proposer un certain nombre d'options d'activités personnelles ou professionnelles. C'est une première forme de progrès très important, qui passe par la reconnaissance de la voix.

Sur la partie compréhension, analyse de l'intelligence, il existe déjà des moteurs de recherche d'analyse de l'information considérables et distribués de manière gigantesque. Je ne parle pas simplement des moteurs de recherche qu'on trouve sur Internet. Toutes ces connaissances vont être portées au consommateur, au citoyen, à l'employé de bureau, de manière beaucoup plus intuitive que ce qu'on a pu connaître jusqu'alors.

Vincent Champain. – Il y a des métiers dans lesquels les nanotechnologies vont jouer un rôle considérable. Je parlais des opérations qui se font à distance. On peut créer des outils pour des chirurgiens qui sont des travailleurs extrêmement qualifiés, mais les deux tiers du PIB en France sont couverts par l'activité de services, des personnes dans des commerces ou des bureaux qui tapent sur des ordinateurs avec un logiciel Microsoft. On a du mal à imaginer comment on pourrait robotiser ce qu'ils font aujourd'hui...

Jean-Philippe Courtois. – Il y a beaucoup de choses qu'on va automatiser. Quand on analyse le temps que passent les personnes à leur bureau, devant leur ordinateur, on s'aperçoit que 30 % du temps est perdu à chercher la bonne information. Il y a un paradoxe, puisqu'on est envahi par l'information. Prenons une statistique intéressante : un cadre dans une entreprise américaine reçoit dix fois plus de mails aujourd'hui qu'il y a cinq ans. Il y a beaucoup de spams, malgré les filtres intelligents, qui arrivent à faire le tri dans tout ça, mais on ne réalise pas l'incroyable encombrement d'informations qui va vers ce travailleur du savoir. Sans compter tous les messages vocaux que chacun reçoit sur sa messagerie personnelle ou professionnelle. Il faut des outils, qui existent déjà, pour initier l'identité de chaque individu, que le système le reconnaisse, quel que soit le numéro utilisé, et qu'il vienne pour lui proposer des informations qui soient pertinentes pour son travail, en fonction de son profil de connaissance, de son profil d'activités.

Vincent Champain. – C'est vrai que des logiciels sont utilisés dans certaines maisons de disques pour identifier les schémas mélodiques à suivre pour avoir le plus de chances que ce soit un succès. Mis en pratique sur un certain nombre de chansons récentes, ils ont permis de retravailler les musiques. On est encore uniquement dans l'extension, dans l'outil. On n'a pas encore une machine qui fait le tube du siècle. On n'est pas tout à fait dans la création, on est dans le filtrage de la création. Mais ce sont des outils mis au service du processus créatif, qui font gagner du temps et l'industrialisent.

Jean-Philippe Courtois. – La collaboration avec les autres est un réservoir de potentiel. Ensemble, on fait référence à des existants, qu'ils soient culturels, musicaux, cinématographiques, etc. Je crois beaucoup à l'intégration de technologies de collaboration qui existent aujourd'hui, avec le phénomène créatif. Elles vont permettre de travailler davantage sur un contenu créatif quel qu'il soit, un document ou une musique, à distance, en visioconférence si on souhaite avoir une relation visuelle, pour créer quelque chose qui sera fait à deux ou plus.

On voit dans beaucoup d'entreprises, pour aller au-delà de la créativité personnelle, cette imbrication dans la création de produits. Par exemple, tout ce qui touche à la création en 3D de pièces détachées pour l'automobile ne se fait pas uniquement avec un bureau de design et un bureau de montage. On constate des gains de productivité considérables en donnant notamment un accès à l'e-mail et au t'chat aux cols bleus des usines de Toyota, au cœur de leur unité de montage, pour qu'ils puissent dire s'il y a tel ou tel défaut dans telle ou telle voiture. Nous avons nous-mêmes constaté de vraies mutations dans la façon de travailler et dans le comportement de nos salariés, à travailler ainsi, en *workflow*, en utilisant de nouvelles technologies. La mutation majeure est sans doute qu'avant de préparer une intervention auprès d'un client, ce qui pouvait être un exercice long et solitaire, les collaborateurs peuvent désormais aller consulter sur des sites intranet tout le contenu ; ils le font littéralement en temps réel avec les deux ou trois experts qui sont les meilleurs spécialistes dans le domaine, qu'ils consultent à distance et avec lesquels ils assemblent le contenu qui sera présenté au client, de manière beaucoup plus rapide, beaucoup plus pertinente que ce que nous faisions il y a cinq ans. Je mesure ce progrès tous les jours dans les interventions que j'ai à faire.

Les conditions d'une meilleure justice dans les moyens de réussir

Jean-Philippe Courtois. – Pour mon cas personnel, j'ai eu le très grand avantage de travailler dans une entreprise dont la culture consistait à reconnaître la réussite des personnes par rapport aux résultats accomplis, et j'ai eu la chance d'avoir eu différentes opportunités. J'étais diplômé d'une école de commerce qui n'est pas l'une des plus grandes de France, ni des plus réputées ; j'ai pu entrer chez Microsoft à l'âge de 24 ans. Puis, opportunité par opportunité, j'ai pu grandir. Beaucoup d'entreprises fonctionnent de cette manière, mais pas toutes. Il y a encore un grand nombre de circuits économiques qui discriminent selon la formation initiale. Ce n'est pas le cas de notre entreprise. Bill Gates lui-même n'a jamais été diplômé de Harvard, il en est parti au bout d'un an. Et si on regarde un certain nombre de dirigeants du groupe, ils ne sont pas issus forcément des meilleures universités américaines.

Cependant, le besoin de formation publique est indispensable. Il me semble urgent, pour parler de la France, qu'on ait une grande ambition pour l'enseignement supérieur – pas simplement celui des grandes écoles mais aussi des universités – pour voir pointer dans les premiers rangs, parmi les cinquante premières universités mondiales, quelques universités françaises. Ce qui est loin d'être le cas aujourd'hui. Je pense que c'est l'un des grands débats de la société de l'information. Dans notre secteur, plus de 60 % des ingénieurs mondiaux sont formés en Inde ou en Chine, plus de 20 % aux États-Unis, tandis que la partie Europe continue de décliner. Ceci est dû à des problèmes de moyens et de qualité de l'enseignement supérieur. Se pose également la question d'attirer des talents dans ce type de profession : il faut favoriser l'attrait des talents en les aidant à se développer grâce à la formation. Les pouvoirs publics ont un rôle majeur à jouer.

flashcode

Enseignement supérieur et recherche, chiffres comparés au Japon, aux États-Unis, en Allemagne et en France

web

Vincent Champain. – La formation et la recherche d'emploi doivent être reconnues comme des activités socialement utiles. Combien de temps les gens passent-ils à leur travail ? L'Insee fait chaque année une « Enquête emploi du temps », dans laquelle on regarde, minute par minute, ce que fait un certain panel de Français. Les chiffres expliquent qu'aujourd'hui, quelqu'un qui travaille et vit seul, travaille 5 heures 30 par jour, et s'il est en couple, sans enfants, 5 heures 54. Le chômeur ne travaille pas ou peu, 17 minutes en moyenne par jour. Et le temps qu'il passe à la recherche de travail, quand il vit seul, est de moins d'une demi-heure. Pourquoi ? Parce que dans le système français, il est laissé à lui-même. On lui fournit un guichet auquel il peut s'adresser, une allocation ou des aides, mais pas d'accompagnement. Celui qui, par les hasards de la vie ou ses études, n'a pas eu l'occasion d'avoir quelques repères, de disposer d'un environnement sur lequel s'appuyer, amis ou anciens professeurs, se retrouve complètement paumé quand il s'agit de s'évaluer et de chercher un nouvel emploi. Et si, par le plus grand des malheurs, il a grandi dans le

Nord, en étant formé au textile, il a de grandes difficultés à retrouver un emploi dans ses cordes. Le système qu'on a construit collectivement ne l'aide pas.

Quelle est la solution ? C'est justement de faire en sorte que les gens soient, non pas alloués et mis face à un guichet, mais qu'on reconnaisse que le travail qu'ils ont à faire est utile individuellement et collectivement. Individuellement, parce qu'il faut sortir du chômage tous ceux qui le souhaitent. Collectivement, parce qu'il va participer à ce processus schumpétérien qui fait que si la France peut se doter de travailleurs qualifiés dans les nouvelles technologies, ou dans d'autres domaines, collectivement, tout le monde avancera. Pour ce faire, il faut une prise de conscience collective, dont on est aujourd'hui assez loin, consistant à reconnaître la valeur de cette recherche d'emploi. Qu'est-ce que la recherche d'emploi ? C'est faire un bilan sur soi-même, identifier le point d'arrivée vers lequel on pourrait aller, qui est raisonnable par rapport à ce qu'on veut faire, à ce qu'on peut faire, et à ce que peut offrir le marché du travail. Ensuite, il s'agit de construire un parcours et de mettre les moyens en termes de formation, de salaire d'activité, puisque pendant le temps de formation il ne faut pas que l'on soit obligé de mendier ou d'aller chercher un revenu. Se former est un travail à temps plein qui nécessite d'être reconnu. Voilà à peu près ce qu'il faudrait faire et, d'ailleurs, ce qu'ont fait les pays d'Europe du Nord. En creux, c'est l'effort que la France doit faire : la différence se chiffre à 30 à 40 milliards d'euros par an.

Jean-Philippe Courtois. – Je suis partisan de considérer le cycle de formation permanent, c'est-à-dire le cycle de toute une vie, parce que finalement on apprend tout le temps. On doit être capable de changer de mission comme d'entreprise, de manière beaucoup plus régulière, en tout cas de manière beaucoup plus structurée. Pour ce faire, il faut reconnaître les temps de formation, les temps de recherche d'emploi, les temps actifs travaillés. Sans doute faudrait-il une nouvelle répartition des moyens entre l'assurance-chômage et le revenu qui pourrait être alloué à la formation, avec un objectif extrêmement précis de ciblage de mission et un marché *in-off* qui soit enfin en relation. Cet objectif à atteindre demande une grande remise en cause du système, mais les idées valent la peine d'être débattues.

L'avenir du travail

Jacques Attali

Comme chacun sait, le mot « travail » vient d'un mot grec passé au latin : *tripalium*, trident, instrument d'une torture qui consistait à empaler les gens. Le mot travail désigne donc étymologiquement la souffrance dans l'accomplissement d'une tâche, par opposition à l'autre mot latin, *labor*, labeur, qui désigne le travail de l'artisan et celui de l'artiste. L'interprétation chrétienne de la Bible fait du travail une forme de punition du péché originel. Il a fallu attendre la Renaissance pour que le travail soit glorifié.

Toute vie est un travail : si on s'arrête de respirer, on meurt. Et il y a dans l'œuvre d'art une exigence de légèreté, de facilité. Prenons la merveilleuse chanson de Coluche « Sois fainéant » ; elle est d'autant plus intéressante que Coluche était la moins paresseuse des personnes que j'ai rencontrées : c'était un anxieux, un travailleur exigeant, il a dû mettre un temps fou à écrire ce texte sur la paresse. Même si le travail paraît facile. Et il y a, en particulier, dans l'œuvre d'art, une apparence de légèreté, de facilité.

flashcode

Coluche : « Conseil à un nourrisson ou Sois fainéant »

web

Le travail reste le principal lieu d'apprentissage de la vie en société. Parce qu'une société est faite d'abord de ce qu'elle construit, de ce qu'elle transmet, de ce qu'elle produit. Or construire, transmettre, produire, c'est travailler. Et, en général, travailler ensemble.

Le « temps libre » est une expression aussi trompeuse que l'« école libre » : l'école libre n'est pas libre, elle est privée ; les radios libres ne sont pas libres, elles sont privées. Et le temps libre n'est pas libre, il est « privé », il est à soi. Il est certes relativement plus libre, en apparence, que le temps de travail, mais en réalité il est contraint (pour les femmes plus que pour les hommes) par l'ensemble du travail non marchand, en particulier domestique, et par le temps de consommation, de plus en plus indiscernable du temps de travail, dans lequel nous sommes souvent maîtrisés par les objets que nous croyons maîtriser. Beaucoup de ce temps dit « libre » est du temps contraint autrement. Par exemple, la durée des transports a augmenté plus vite encore que la durée du travail a baissé.

À l'avenir, le travail sera, lui aussi, le lieu du Lego. Les grandes entreprises seront des structures en réseaux, agrégeant des consultants extérieurs qui ne seront plus salariés que d'eux-mêmes en divers emplois simultanés. Chacun sera de plus en plus l'employeur de lui-même : travailleur individuel, l'autoentrepreneur qui crée, soit des œuvres d'art, soit des objets de consommation et qui les met en réseau pour travailler avec les autres. Le *peer to peer* deviendra un mode d'organisation industrielle. On le voit par exemple avec le *cloud computing* : les entreprises ne sont plus propriétaires de leurs serveurs informatiques, elles accèdent à un nuage *(cloud)* de services interconnectés sans avoir à gérer d'infrastructure complexe.

La distinction entre travail, loisirs, formation, soins et consommation deviendra de plus en plus floue : lorsqu'on regarde quelqu'un qui est à deux mètres de nous, devant un ordinateur, on ne sait pas s'il est en train de travailler, de se former, de jouer, d'acheter quelque chose, d'apprendre, ou de vérifier son diagnostic médical. Pour faire la même chose, on sera alternativement payé ou on aura à payer pour le faire. Le concept même de travail est en train de disparaître.

Le seul mot, la seule valeur que l'on pourra opposer au travail sera la contemplation, de la prière à l'évasion hors du désir.

flashcode

Interview de William Lowenstein

web

La drogue, forme extrême du divertissement ?

William Lowenstein

Le cannabis, nouveau fléau

Aujourd'hui les dépendances les plus fortes sont dues aux drogues licites, comme le tabac et l'alcool. Ce sont elles qui sont responsables, en France, de cent mille décès par an. Le cannabis a pris la tête du peloton des substances illicites. Aujourd'hui, 10 à 15 % des usagers du cannabis en sont réellement dépendants. La plupart, pourtant, en parlent légèrement en raison de la bonne image du cannabis qui date des années 1970 où, souvent, les discussions étaient plus idéologiques et législatives que médicales ou sanitaires. Comme la cigarette avait, à une époque, une belle image avec son superbe cow-boy Marlboro sur son cheval, le cannabis a gardé cette image attractive, beaucoup trop attractive, qui est loin de la réalité, en tout cas des abus et des dépendances que nous, médecins, constatons.

C'est une dépendance qu'on apprend aujourd'hui à soigner. Il y avait, jusqu'alors, un retard médical sur le sujet pour différentes raisons. D'abord, la nécessité de s'occuper de l'épidémie de sida, liée à l'héroïnomanie par voie veineuse. C'était une priorité absolue et les stratégies sanitaires et de réduction des risques ont vraiment été efficaces. Pour nous, le cannabis n'était pas si dangereux que cela dans la mesure où il ne tuait pas. En France, il semble que lorsque quelque chose ne tue pas, du moins pas initialement, ça n'est pas considéré comme un danger. Il a fallu deux à trois décennies pour se rendre compte que les usages chroniques ou les abus chroniques de cannabis pouvaient être handicapants. Quand on parlait, il fut un temps, de conséquences ou de handicap scolaires, voire de déscolarisation, ça n'émouvait pas grand monde, parce que les atteintes n'étaient ni graves, ni mortelles. Nous voyons aujourd'hui des personnes, non seulement déscolarisées, mais aussi désocialisées. Elles consomment énormément de cannabis, parfois jusqu'à vingt grammes par jour, c'est-à-dire des doses très importantes. Ces personnes ont une vie quasi larvaire, sans quitter leur domicile. Pour elles, le sevrage de cette substance, ou même la diminution de cette consommation, est particulièrement pénible.

Je crois qu'il est intéressant de voir cette prédominance de l'usage de cannabis à l'adolescence. Cet usage s'effondre après cet âge critique. En d'autres termes, cette consommation est maximale entre 15 et 22 ans. Puis, on la voit diminuer peu à peu jusqu'à 50 ans, pour disparaître totalement par la suite. C'est presque le contraire pour l'alcool !

flashcode

Les consommateurs de substances psycho-actives en France

web

Cela pose deux questions. L'une par rapport au cerveau de l'adolescent : en quoi cette substance est-elle particulièrement « efficace » à cette période de la maturation cérébrale, à cette période critique ? Et l'autre sur la capacité, pour ne pas dire l'efficacité, de cette substance au « ne rien faire ». D'ailleurs, nous voyons beaucoup plus de chômeurs utiliser intensivement cette substance que de personnes qui travaillent. En ce qui concerne l'adolescent, on rejoint la réflexion générale sur les substances psycho-actives, c'est-à-dire les drogues. Plus un cerveau est en période critique, plus un cerveau est en hyperémotivité, en hypersensibilité, plus une substance aura l'opportunité d'être efficace. Le cerveau repère la tranquillité, l'apaisement de la tension psychique qu'apporte la drogue et aura tendance à répéter cet usage. Ce qu'on voit vraiment à l'adolescence, c'est un cerveau qui n'est pas loin du petit cerveau des émotions d'une personne déjà devenue dépendante. Ce cerveau d'adolescent est dans l'immédiateté, sans idéal futur. L'adolescent dit : « Je ne sais pas » en réponse aux trois quarts des questions qu'on lui pose. Il rencontre des difficultés d'altérité (dans la relation à l'autre), il a aussi, parfois, une pensée un peu embrouillée. Le cannabis, dans cette période critique, a une fonction positive initiale que l'on entend souvent résumée par : « Ça me relaxe, ça me fait du bien. » On voit bien que le produit est d'autant plus facilement abandonné qu'il y a une activité professionnelle. Les effets secondaires du produit sur la mémoire, sur la concentration, sur la performance, en tout cas sur la capacité de synthèse et de direction, sont très délétères. La consommation devient incompatible avec un exercice professionnel. Chez des personnes qui n'ont rien à faire de la journée, finalement, le cannabis aidera… à ne rien faire.

Le lien entre la violence et l'usage de drogues dures

Plus une société est violente, plus les usages de drogues ou de substances psycho-actives sont violents. Il semble – mais pour combien de temps encore ? – que nous ayons du retard sur les États-Unis.

Serons-nous capables de sagesse pour aborder le problème des drogues tout en protégeant aussi notre société et ceux qui y vivent ? C'est la plus belle des questions, elle lie le social et le médical. Ce n'est pas un hasard si dans les quartiers difficiles et précaires de Paris (Marx-Dormoy, Stalingrad, etc.), nous constatons un fort usage de crack, forme la plus violente d'usage de cocaïne (cocaïne mélangée à du bicarbonate ou de l'ammoniaque ayant une puissance d'absorption très importante). Cela s'est constaté aussi au Vietnam où, très rapidement, la voie veineuse, pour l'héroïne, a remplacé l'opium dans les fumeries. Le parallèle entre violence d'une société et dureté des drogues, ou des usages de drogues, est très net. Paradoxalement, la drogue qu'on contrôle le mieux aujourd'hui est celle qui nous paraissait la plus difficile à maîtriser, il y a encore peu, c'est-à-dire l'héroïne. À l'heure actuelle, les résultats d'équipes entraînées et spécialisées dans la prise en charge des héroïno-dépendants dépassent les 80 % de succès. Je trouve qu'il est plus facile de traiter une personne héroïno-dépendante qu'une personne hypertendue ou asthmatique. Là, c'est le médecin interniste qui parle...

J'essaie de donner un peu de dignité à la médecine des addictions, pour déculpabiliser les personnes dépendantes, leur expliquer – mauvaise nouvelle – que la dépendance est une maladie mais – bonne nouvelle – que c'est une maladie réversible si elle est correctement traitée. Il faut essayer de dépister le plus tôt possible ce chemin vers la dépendance, afin d'éviter, comme nous le constatons aujourd'hui, des retards de diagnostics, donc de traitements, qui dépassent souvent les cinq ans. Nous voyons les gens dépendants beaucoup trop tardivement dans leur parcours.

L'idéal tyrannique

Aujourd'hui, la question centrale de la médecine des addictions est : pourquoi certaines personnes passent de l'usage à l'abus, ou de l'abus à la dépendance, et pas les autres ? La plupart des grandes équipes travaillent à la recherche de réponses. La réponse est évidemment multifactorielle. Ce sont plusieurs réponses qui vont de la vulnérabilité génétique à la sensibilité ponctuelle d'un individu. Notre difficulté réside dans le fait d'étudier le parcours d'un cerveau « unique », tout en essayant de déterminer des mécanismes biologiques universels, d'essayer de faire des lois générales à partir de cas particuliers. On voit bien qu'à certaines périodes nous sommes plus vulnérables que d'autres : après un deuil, une rupture, lors d'un chômage prolongé, d'un échec, voire d'une trop grande réussite, qui peut être aussi une source d'hyperémotivité. Lors de ces périodes critiques que nous vivons tous, il suffit que notre cerveau rencontre une substance efficace, permettant de relâcher la tension psychique, de ne plus ruminer, de ne plus cogiter, de « débrancher », pour que celui-ci, qui est quand même le principal producteur de drogues au monde, repère cette efficacité. Et il voudra nous faire répéter ce soulagement. C'est pour ça que, lorsque les addicts parlent de plaisir, la plupart du temps il s'agit de soulagement.

J'insiste sur la nécessité de traiter médicalement une addiction, avant un suivi psychologique. Quand on a une rage de dents, il est peu conseillé de faire une psychanalyse pour savoir pourquoi on a des difficultés à aller chez le dentiste ou une phobie éventuelle des microbes. Il faut d'abord soigner la rage de dents, après on essaiera de comprendre nos difficultés ou nos résistances. Pendant vingt, trente ans, de grandes discussions ont porté sur les approches psychologiques et sur les interprétations de tel ou tel aspect de la dépendance à l'héroïne. Et à partir de l'instant où des médicaments efficaces, utilisés en France, comme la méthadone ou la buprénorphine, ont été trouvés, on constate que l'on a beaucoup mieux travaillé, y compris sur le plan psychologique.

Les personnes qui consomment de la drogue ne sont pas des personnes qui veulent fuir le monde. À travers mon expérience clinique, je dirais que c'est le contraire ! La plupart des dépendants que j'ai pu suivre étaient de grands timides qui ne rêvaient que d'une chose : se rapprocher des autres. De grands timides au quotidien, ou de grands timides par rapport à leur sexualité. Le but n'était pas du tout qu'ils puissent se passer des autres, mais au contraire qu'ils puissent être *avec* les autres ! On le voit bien chez des artistes timides qui font parfois des parcours professionnels incroyables. Être devant deux mille personnes ou devoir faire des discours devant une foule sont des challenges qui vont parfois pousser les personnes à utiliser les drogues comme de vraies conduites dopantes, comme du dopage au quotidien face à une ambition professionnelle quasi paradoxale. Beaucoup d'artistes sont d'immenses timides et on imagine bien la violence d'un concert, d'une lecture, ou d'une pièce de théâtre.

La drogue est, aussi, une façon de répondre à un modèle de réussite trop exigeant. Je crois que beaucoup de personnes ont commencé à consommer des substances pour simplement affronter un quotidien avec un idéal tyrannique, un idéal de performance. Je le vois dans des milieux sportifs, comme dans des milieux professionnels. Comment faire face à cette exigence au quotidien ? Comment trouver dans la substance un dopage efficace ? Notre société, dite de performance, ne laisse pas de place à ceux qui traînent un peu, encore moins aux « loosers » ou aux personnes absentes. Société où l'on n'est ni préparé à réussir, ni préparé à perdre. Le champion qui réussit doit se maintenir à un certain rang. « J'essaierai de faire mieux la prochaine fois » : c'est classique. Un sportif qui vient de gagner les Jeux olympiques pense déjà à défendre son titre pour les Championnats du monde ou les prochaines Olympiades ! Et celui qui perd n'est absolument pas préparé à ne pas être sur le podium. En prenant l'exemple du milieu sportif, qui est souvent un concentré d'intensité sur quelques années, ou même sur une journée, je dirais que la concurrence, la compétition, est un facteur d'idéal tyrannique. Pour le tirage du loto ou une émission de télé-réalité, c'est très différent : ce n'est pas le plus intelligent, le plus fort, le plus rapide qui gagne. Le petit garçon peut gagner tout autant que le polytechnicien ! Rêve égalitaire ? Finalement, je trouve plus sain ce hasard qu'un certain nombre de systèmes concurrentiels permanents où pendant des années et des années on subit la pression, avec une méritocratie écrasante.

Les drogues de l'avenir

On voit surgir, en particulier aux États-Unis, la possibilité de fabriquer des drogues très efficaces, avec des moyens de cuisine. Elles sont appelées *design drugs* et leurs recettes tournent sur Internet. Il s'agit surtout des *speeds* ou des hallucinogènes, des ecstasys ou du LSD. En ce qui concerne les autres substances, qu'on pourrait qualifier d'agricoles, on assiste à une professionnalisation mondiale. On pourrait concentrer en trois endroits mondiaux la production des principales drogues actuelles : l'Afghanistan (pour l'héroïne ou les opiacées), le Maroc (pour le cannabis), et tout « le pool colombien » qu'on peut étendre à l'Amérique du Sud, pour la cocaïne. À côté, vous avez des petites cuisines, des petits labos, parfois très professionnels, parfois amateurs, qui produisent de l'ecstasy ou un peu de LSD. Leur production est marginale par rapport au chiffre d'affaires global, et même par rapport à la professionnalisation des circuits comme ceux que nous avons vus s'installer en Hollande pour l'ecstasy. Mais, si on prend l'autoproduction de cannabis, c'est-à-dire celle des gens qui plantent leur cannabis, elle est estimée dans certaines régions de France à déjà un quart de la consommation des usagers !

flashcode

Alcool, tabac, cannabis :
testez vos addictions

web

L'avenir des drogues

Jacques Attali

Ce que William Lowenstein désigne comme l'« idéal tyrannique » est une manifestation de la société de concurrence, productrice de précarité, de vulnérabilité. Le refus d'assumer ou d'être à la hauteur d'une trop grande liberté, le refus du réel poussent certains à trouver un confort dans une dépendance, dans une jouissance de la soumission, dans une échappée des contraintes du monde.

La dépendance vient quand on dépend des critères de vrai, des critères de bien, des critères définis par d'autres. Y compris, parfois, la soumission à l'ordre d'être violent. Il existe des dépendances positives, telle la dépendance du créateur, un besoin irrépressible d'inventer et de créer.

Les dépendances sont parfois la manifestation d'une forme d'appartenance à un groupe : on est dépendant du groupe auquel on appartient, de la langue qu'on pratique, de l'histoire dont on est l'héritier, des devoirs qu'on a à remplir. La dépendance devient problème lorsqu'elle entraîne une forme d'aliénation, de contrainte obsessionnelle qui entraîne un besoin de faire – comme si on était une marionnette.

La drogue aujourd'hui est une dépendance qui vise à échapper au monde tel qu'il est et donc aux modèles de réussite imposés, à devenir invincible, à prendre des risques, ou à fuir le monde.

Dans beaucoup de langues, la drogue et le voyage sont désignés par un même mot. Beaucoup de drogues chimiques ouvrent des voies vers le voyage. Il y a même un continuum entre les drogues chimiques ouvrant à des voyages dans des paradis artificiels et les voyages virtuels que les jeux vidéo proposent, surtout les jeux à trois dimensions.

Cette recherche de voyage statique sera une des grandes voies d'avenir des drogues, où les nanotechnologies permettront de se sentir un autre. On aura un jour peut-être la possibilité de manipuler assez le cerveau pour se fabriquer des rêves sur mesure, dans une version plus maîtrisée de la fonction que remplissent aujourd'hui les drogues : se fuir. Le risque est grand de voir nos sociétés disparaître, anéanties par des générations de zombies dépendants.

Une société libre, une société heureuse, serait une société où chacun aurait le droit, non pas de réussir, mais de définir ce qu'il appelle réussir, de définir son modèle de vie. Réussir sa vie exige de se débarrasser de la façon dont on nous a appris ce qu'était réussir : une des grandes fonctions de l'apprentissage – et ce n'est le cas aujourd'hui dans aucune société – consiste à trouver ce pour quoi on a envie de vivre. Personne n'aurait plus à chercher à devenir invincible. Personne n'aura plus à chercher des substituts. La désintoxication ne passera plus que par la redécouverte de soi.

Le temps

Jacques Attali

Nous ne savons pas grand-chose de la conscience du temps et de la finitude chez les animaux ; aucun rite funéraire n'a été clairement décelé chez aucune espèce, même s'il y a, chez les fourmis et d'autres, quelques funérailles matérielles, nécessaires à l'ordre de la collectivité ; et même s'il existe chez bien des animaux un sens de la cyclicité du temps, par une distinction claire du jour et de la nuit, et des saisons.

Ce qui distingue l'homme de l'animal, c'est sa capacité à prendre conscience du temps qui passe. Les rites funéraires constituent la forme principale de cette prise de conscience de l'existence du temps. Une des dimensions de la religion est justement de chercher la cohérence entre le temps qui coule et le temps qui revient : on prie pour que revienne le jour, le printemps, la pluie et tout ce qui est nécessaire à l'agriculture. Ce n'est d'ailleurs pas par hasard si Noël est situé au solstice d'hiver, si les fêtes du printemps sont si essentielles à l'expression de la résurrection dans toutes les religions. La prière est donc, en quelque sorte, d'abord météorologique.

Parallèlement, on prie pour faire face à l'écoulement irréversible du temps ; pour avoir accès à une vie au-delà du temps de vie, au-delà de la mort. Pour dépasser la finitude du temps.

La musique, parce qu'elle est une façon de transcrire la mesure du temps, est aussi ce qui distingue l'homme de l'animal. « Time », la chanson de Pink Floyd qui démarre par la minuterie d'un réveil, est l'extraordinaire métaphore de ce que le rythme de la musique constitue avec celui du cœur la première mesure du temps.

Qu'est-ce que le temps ?

Le temps est un concept absolument impossible à définir. Les philosophes s'y sont enlisés depuis des millénaires. Le présent est immédiatement du passé. Et nul ne peut dire si le temps a un début. Car, s'il avait un début, si le temps commençait par exemple avec l'univers, on pourrait parler d'un « avant » le temps, qui serait donc nécessairement aussi structuré par du temps puisqu'il ne serait défini que par un concept temporel, l'avant. Et le temps serait donc infini, dans le passé comme dans l'avenir. Qu'est-ce alors que ce temps dont on ne peut définir l'origine, qui n'existe pas hors de lui-même, tout en étant une évidence ?

La meilleure métaphore en est le sablier : l'instant est le grain de sable et le temps est l'ensemble des grains de sable. Pour décrire le temps, il faudrait avoir un sablier à l'ampoule supérieure infinie. Pour décrire le temps de vie, il faudrait que l'ampoule supérieure du sablier soit obscure : chaque grain peut être le dernier.

Pour Aristote, le temps ne serait que la succession des instants : « Sans temps, il n'y a pas d'instant et sans instant il n'y a pas de temps. »

Saint Augustin, huit cents ans après Aristote, écrit sa propre perplexité dans les *Confessions* (XI, 14, 17) : « Qu'est-ce donc que le temps ? Si personne ne me le demande, je le sais bien ; mais si on me le demande et que j'entreprenne de l'expliquer, je trouve que je l'ignore. [...] Si donc le présent n'est un temps que parce qu'il s'écoule et devient un temps passé, comment pouvons-nous dire qu'une chose soit, laquelle n'a autre cause de son être, sinon qu'elle ne sera plus ? De sorte que nous ne pouvons dire avec vérité que le temps soit, sinon parce qu'il tend à n'être plus. » Extraordinaire paradoxe, magnifiquement décrit !

À l'extrême opposé, cette autre réponse de la philosophie, pour qui le temps ne se définit que par rapport à l'infinité et à l'éternité. Kierkegaard écrit dans *Le Concept de l'angoisse* : « L'instant n'est pas, à proprement parler, l'atome du temps, mais l'atome de l'éternité. Il est le premier reflet de l'éternité dans le temps, et pour ainsi dire sa première tentative de l'arrêter. » Le temps, c'est donc d'abord pour lui le souvenir de ce qu'on a vécu, de ce qu'on aurait pu vivre. Le souvenir est une façon de penser l'éternité rétroactive du temps.

De plus, on sait depuis un siècle que la matière elle-même est faite de temps en ce qu'elle s'inscrit dans un continuum entre l'énergie, l'information et le temps. Et que le temps, lorsqu'il est pris dans l'espace, lorsqu'il se glisse entre deux univers, disparaît. Un univers hors du temps s'installe hors de notre capacité d'intelligence.

La valeur d'usage du temps

L'économie nous donne encore une autre définition du temps.

D'abord, la célèbre formule de Benjamin Franklin (« le temps, c'est de l'argent ») prend un sens quand le marché organise les relations humaines, et en particulier le travail. En réalité, il ne s'agit pas d'une définition du temps, mais de sa valeur d'échange, qui influe sur celle des choses. On ne peut donner une véritable valeur du temps, car on ne peut ni vendre le temps (comme les biens matériels) ni le donner (comme les biens immatériels).

On peut cependant donner une valeur à l'usage du temps. D'une part, parce que la valeur d'échange d'un objet dépend du temps nécessaire pour le fabriquer, en tenant compte du temps nécessaire pour concevoir et fabriquer les machines utilisées. D'autre part parce qu'un objet vaut selon sa date de fabrication, avec des évolutions très erratiques : un journal, par exemple, vaut un certain prix aujourd'hui (on pourrait même dire à une certaine heure), mais le lendemain il ne vaut plus rien ; il recommence à valoir quelque chose dix ans après, parce qu'il devient un objet de nostalgie et d'histoire.

En particulier, ce n'est pas le temps qui vaut de l'argent, mais l'usage que je fais à la place d'autrui, pendant un certain temps, de son argent, alors qu'il pourrait l'utiliser. Je paie, pour l'usage que je fais de l'argent d'autrui, le prix que je pense que l'autre pourrait tirer plus tard de cet argent. Plus l'argent vaut cher, plus l'avenir est considéré comme inquiétant, parce que je préfère avoir tout de suite l'argent des autres plutôt que d'attendre d'avoir le mien.

Aujourd'hui, paradoxalement, alors que notre monde est très incertain, l'argent n'est pas cher : nous avons vécu, dès avant la crise, dans une sorte d'optimisme béat à l'égard de l'avenir qui nous permettait d'utiliser l'argent aujourd'hui à peu près au même prix que plus tard.

La finitude du temps de vie

Le temps de vie est un bien dont chacun dispose, mais qu'il ne peut vendre ou offrir à d'autres, d'autant plus que nul ne sait combien il lui en reste, car, à tout instant, il peut être épuisé.

L'attitude face à la finitude du temps de vie est une grille de lecture des attitudes face à la vie en général.

Les philosophies asiatiques considèrent que l'essentiel est d'oublier la brièveté du temps de vie (ce qu'on appelle aujourd'hui, d'un mot à la mode, le « lâcher prise »), c'est-à-dire qu'on doit se distancier du temps de vie pour ne pas souffrir de la mort. L'ermite réagit à la peur de la mort en fuyant la vie et en considérant que le temps ne vaut pas d'être vécu, qu'il faut simplement se préparer à l'éternité.

D'autres encore pensent qu'être vivant est d'abord une forme d'éternité immédiate : « Je vis comme si je ne mourrai jamais. » D'autres encore, qui ont une conscience plus vive de la mort, cherchent à devenir immortels par le souvenir qu'ils laisseront : vivre dans le souvenir des autres permet d'espérer dans l'immortalité de l'instant. C'est donc dans une relation avec la place du souvenir dans le futur, et non pas dans le passé, que se situe un des plus grands moteurs de l'action humaine : la trace, la gloire, l'immortalité acquise par les exploits fut, dans l'Antiquité, au cœur de la mythologie. Ce souvenir futur entraîne les gens à devenir des artistes, des hommes d'action. Il est aussi à l'origine de la démesure des acteurs politiques, qui laissent une trace en faisant le bonheur ou le malheur de leurs peuples.

flashcode

Bossuet : Oraison funèbre
de Henriette-Anne d'Angleterre

web

Ce qui fait que les sociétés occidentales avancent, innovent, c'est d'abord la volonté d'échapper à la finitude du temps de vie, de lutter contre elle par l'amélioration de la durée et de la qualité de la vie. Les dépenses de santé ou de protection des risques sont faites pour réduire la brièveté du temps de vie, en allongeant l'espérance de vie. La France, dont l'espérance de vie de la population augmente de trois mois tous les ans, réussit mieux que d'autres à réduire la rareté du temps – même si cela reste évidemment dérisoire à l'échelle de l'éternité.

L'objet, ruse de l'éternité

D'autres luttent contre la brièveté du temps de vie en accumulant, en collectionnant des vies : tel Don Juan, qui fuit la mort par la chasse.

Consommer ou s'approprier peut ainsi donner le sentiment de lutter contre la mort, d'augmenter le temps de vie. Acheter un livre, qui est du temps cristallisé, est une façon aussi de conjurer la mort en se disant : « Je ne mourrai pas avant d'avoir lu tous les livres que je possède. » Contempler une bibliothèque, c'est se rassurer. L'acte compulsif d'achat répond, comme tant d'autres actes, à une peur de la mort.

Le progrès technique enfin offrira peut-être un jour un autre espoir concret d'échapper à la brièveté du temps de vie, lorsque la séparation entre la sexualité et la reproduction permettra de faire naître des êtres humains dans une matrice artificielle. Dans notre inconscient collectif, l'immense tension en faveur du progrès technique vise ainsi en fait à rendre la production d'êtres humains aussi artificielle que la production des objets, pour échapper à la rareté du temps de vie.

L'idée sous-jacente à cette tension est en effet que tout individu fabriqué par un être vivant, c'est-à-dire par un être mortel, est mortel. En revanche, un objet est quasi immortel (même s'il est évidemment toujours dégradable à long terme) : une maison est (presque) immortelle, un enfant est mortel. Alors, un être vivant, s'il peut être fabriqué par un objet, devient presque immortel. Paradoxe : tout être vivant produit de la mort (la sienne et celle de ceux qu'il engendre), alors que tout être artificiel, c'est-à-dire non vivant, produirait des êtres quasi immortels. Le clonage s'inscrit ainsi dans cette longue évolution.

Mais si nous échappions ainsi à la rareté du temps en devenant des objets, nous ne serions plus des êtres humains. La lutte contre la mort transformerait l'humanité en objets. Il est possible que la lente transition vers l'immortalité (passant par l'artificialisation des hommes) entraîne ainsi la disparition de l'être humain. Ultimement diparaîtrait ce qui fait vraiment le propre de l'homme et son plus intime mystère : la conscience. Et la conscience humaine est certainement, d'abord, celle du temps qui passe. La conscience de la finitude, propre de l'homme.

flashcode

Did you know ? (animation)

web

Amour, création et transmission, ruses de l'éternité

La passion, la création et la transmission restent alors les ultimes étroits passages hors de la prison du temps. Quand on est seul dans une pièce fermée, on en voit les murs ; mais quand on y écoute de la musique ou qu'on y est avec quelqu'un qu'on aime, on ne voit plus les murs. Lorsqu'on crée, qu'on donne à partager une création, qu'on fait les choses ensemble, on ne voit plus la prison du temps. Le temps mis en commun est bien autre chose que la somme des temps de vie. Un couple, ce sont deux personnes qui mettent en commun du temps, et qui font plus à deux que seuls. D'abord parce qu'ils créent du temps en créant des enfants, ensuite parce que le temps qu'ils partagent, le temps de l'amour, est créatif.

Le temps de la conversation est un temps infiniment plus intense que le temps passé seul. En particulier, le temps que l'on passe à éduquer des enfants, ou à enseigner quand on est professeur, est du temps qu'on passe dans l'immortalité, parce que vos élèves, vos enfants, transmettront, aussi, un jour, quelque chose qu'ils ont reçu de vous. « La vie consiste à recevoir, célébrer et transmettre », écrit Emmanuel Levinas. Une sagesse juive dit : « Qu'est-ce qu'un juif ? Ce n'est pas avoir une mère juive ou un père juif. Être juif, c'est avoir des enfants juifs. » Autrement dit : on n'est pas ce qu'on a reçu, on est ce qu'on a transmis.

Dans une autre très jolie cosmogonie, celle des Indiens Hopi d'Amérique du Nord, pendant que l'univers est en train de disparaître, quelques hommes cherchent une porte pour sortir avant la catastrophe et permettre à l'humanité de survivre en un univers meilleur.

II

CULTURE

flashcode

Interview d'Erik Orsenna

web

Le génie français est-il en déclin ?

Éric Lecerf et Erik Orsenna

Défendre la France

Erik Orsenna. – Parce que je participe à l'élaboration du dictionnaire, on me dit souvent : « C'est formidable, vous défendez la langue française. » Mais ce verbe « défendre » me gêne. Comme si la langue était perpétuellement en danger ! Quand on défend un amour, c'est que « les carottes sont cuites » ou que « la cabane est sur le chien ». Ce que j'aime aussi dans ce travail académique, c'est apprendre de nouvelles et donc très anciennes expressions, comme « se confesser au renard » : le renard étant considéré comme un animal fourbe, celui qui se confesse au renard donne des secrets à quelqu'un qui va les divulguer partout. La langue française, c'est ça : un trésor dont nous n'utilisons que la surface. À l'image de la France, le français est un joyau dont nous n'employons qu'un millième, un milliardième des possibilités ! Pour la même raison, je suis fou de mon pays, fou dans les deux sens, à la fois fou amoureux et fou de colère.

Éric Lecerf. – Je n'ai pas non plus besoin de défendre la gastronomie, mais plutôt la formation. J'ai commencé dans ce métier il y a trente ans. J'avais 13 ans et demi et il y avait beaucoup de petites maisons en province qui formaient des apprentis, lesquels montaient à Paris apprendre leur métier puis retournaient en province pour ouvrir des affaires, les développer et former des jeunes qui, eux-mêmes, remontaient à Paris. Cela faisait boule de neige et il y avait un potentiel d'ouvriers qualifiés extraordinaire. Maintenant, beaucoup de ces maisons en province ont disparu. Les établissements ont fermé et les jeunes ne montent plus à Paris. D'abord pour une question de logement ! Un salaire de base de commis ne permet pas, à la fois, de se loger, de s'habiller et de sortir à Paris. On se trouve donc face à une grosse pénurie d'ouvriers et d'ouvriers à former, car tout passe par la formation. La situation actuelle est donc très grave.

Le peu de jeunes ayant encore envie de faire ce métier est vraiment très courageux. Ce sont des métiers très difficiles. À la fin du mois, quand vous avez travaillé comme un damné, que vous avez tout payé et qu'il ne vous reste plus rien, il faut vraiment avoir le moral pour continuer ! Mais il reste des jeunes absolument formidables. À l'heure actuelle, dans nos restaurants, on retrouve dans nos brigades des Suédois, des Coréens, des Allemands, des Japonais, des Autrichiens, beaucoup d'Israéliens, des jeunes qui en veulent et qui ont le même problème que les Français arrivant de province : il faut qu'ils se logent. J'ai beaucoup d'admiration pour ces jeunes, nous sommes là pour les former et faire le maximum pour les aider à réussir.

Erik Orsenna. – Pourquoi le verbe « défendre » me gêne-t-il ? Parce que je préfère l'action à la réaction. C'est ce que fait Éric Lecerf, il fait connaître, il transmet et il invente. Prenons l'exemple de la chanson française : pendant un certain temps, les radios diffusaient à 95 % une sorte de salmigondis dit « anglo-saxon » que les jeunes ne pouvaient pas comprendre. Une sorte de Nutella leur trottait dans les oreilles. Il fallait donner l'opportunité à la chanson française de se faire entendre. Nous avons proposé des quotas, pour que quelques chansons françaises soient diffusées par les radios françaises. Je trouvais ça le minimum. Que n'ai-je pas entendu de la part de mes enfants ! J'étais ringard ! Pourtant, mes enfants et tous les autres sont tombés en amour pour ces chansons qui parlaient d'eux. Et au lieu d'entendre le Nutella qui racontait n'importe quoi, ils entendaient des paroles qui parlaient d'eux, de leurs peines, de leurs espoirs, de leurs douleurs, de leurs râteaux en amour… Et ce fut l'explosion de la chanson française ! Nous n'avons rien défendu : nous avons proposé. Nous avons ouvert une fenêtre. Parce que lorsqu'il y a un mur, on ne voit rien…

flashcode

Les dix langues les plus parlées dans le monde

web

Pour écrire mon livre *Voyage au pays du coton, petit précis de mondialisation*, j'ai suivi la route du négoce du coton à travers le monde : qui le fait pousser, d'où il vient, où il va. Je suis allé au Mali, aux États-Unis, en Ouzbékistan, au Brésil, en Chine, à Alexandrie, et mon enquête m'a aussi conduit en France, dans la vallée de la Vologne. Ma première leçon de ce tour du monde est celle-ci : les autres peuples travaillent plus que nous. La place du travail est plus haute dans la plupart des pays où je suis allé, on reconnaît mieux sa valeur. La France ne travaille pas assez (temps de travail hebdomadaire, âge de la retraite trop bas pour une large catégorie de personnes). Je suis plutôt réticent vis-à-vis des grandes idées supposées valables pour la société française tout entière : il y a tellement de situations différentes, tellement de métiers pénibles et d'autres, avouons-le, qui ne sont pas loin de sinécures. Qu'on édicte une loi unique, baptisée « 35 heures », veut dire qu'on retire au travail le rôle moteur de la société et qu'on donne ce rôle au loisir. Or une société de loisir est une société qui s'inscrit dans le déclin ! Puis il y a les métiers. Ils sont liés au travail. On ne parle plus des métiers. J'ai collaboré à un livre sur les métiers d'art : il y en avait 187, tous menacés. Pour toutes sortes de raisons, toujours très concrètes : le coût du logement, le coût du transport, etc. On n'aide pas ces métiers, les métiers en général, à survivre. Or, c'est par l'excellence qu'on trouve du plaisir, de la fierté dans son travail. Une grande majorité des jeunes de 18 à 25 ans ne rêve que d'une seule chose : devenir fonctionnaires. Je suis moi-même fonctionnaire (conseiller d'État en disponibilité), je sais, ô combien, l'utilité de l'État et je respecte ceux qui assurent les services publics. Ces jeunes ont-ils ces motivations ? À 20 ans, ils veulent sortir de la précarité. C'est « pantoufle-land » ! Mon tour du monde n'a pas fait baisser d'un millimètre l'amour fou que je porte à la France, mais j'ai envie de dire à ces jeunes ce que j'ai entendu, une fois, dans la rue, au cours de mon voyage, une mère dire à son fils :

« Bouge-toi les tongues ! » C'est d'ailleurs ce genre d'expression que j'essaie de faire entrer, sans aucune sorte de succès, dans le dictionnaire de l'Académie…

Éric Lecerf. – J'ai envie de revenir à la France et à ses produits. Nous avons un pays extraordinaire, en Europe, qui n'a aucun équivalent au niveau nourriture, élevage, production. Je suis quelqu'un de la campagne, je connais assez bien le problème. Quand je vois toutes ces terres en jachère, ça me fait mal au cœur. Au printemps, Rungis est inondé de fraises de Belgique. Mais où va-t-on s'il n'y a pas de fraises chez nous à distribuer alors que, dans certaines régions de France, il y a des déchetteries spécialisées où le surplus est amené, détruit et payé ? Nous fonctionnons complètement à l'envers ! Si on ne peut pas exporter nos fraises, nos asperges, nos foies gras, c'est que nous ne sommes pas bons !

Le nom de Joël Robuchon est reconnu au niveau mondial et reste bien français, pour plusieurs raisons : toutes les ouvertures que nous faisons à l'étranger sont suivies de près par M. Robuchon. Le processus n'est pas : on ouvre, on met en route et on s'en va. Il y a un véritable suivi. Tous les mois, l'un d'entre nous y passe une semaine, regarde les produits, suit les cuisines. Ce ne sont que des gens que nous avons formés à l'Atelier de Paris qui sont envoyés à l'étranger. Si tous ces Ateliers marchent aussi bien et ont un tel succès – ça ne fait que trois ans que nous sommes ouverts, et il y en a déjà douze à travers le monde –, il y a une raison à cela. Ce sont beaucoup d'heures, beaucoup de travail, une vraie passion de la part de tout le monde et un suivi. L'Atelier Robuchon, c'est vraiment la marque France. Les Japonais, par exemple, ont même construit un château au cœur de Tokyo qui est géré par M. Robuchon, c'est le signe fort que la marque est respectée et appréciée.

Le génie français

Erik Orsenna. – Pour moi, la cuisine est liée directement à la langue. Ça se passe d'ailleurs au même endroit du corps. La langue est une sorte de concentré de goût, de papilles et de transmission. Je dois à ma mère la langue française et la cuisine. Comme à ma grand-mère. Qu'est-ce qu'un roman ? Longtemps, j'en ai cherché la définition. Un roman, c'est réunir dans un même lieu des personnages qui n'auraient jamais dû s'y trouver ensemble. Ensuite, on explore leur relation. Qu'est-ce que la cuisine ? Une amitié. On assortit un produit à un autre et, ensemble, ils dialoguent. Parfois de façon étrange, mais ils se sentent bien ensemble. Il se trouve que je suis membre d'un club gastronomique, le « Club des Cent ». Pour entrer dans ce club, il faut passer un examen difficile, qui m'a appris des tas de choses. J'ai, de cette manière, progressé beaucoup en géographie : un condrieu et un saint-joseph blanc vous permettent d'en apprendre pas mal sur la diversité de la vallée du Rhône ! On est un peu braudélien par les papilles...

Éric Lecerf. – Le peu de chose qui reste en tête du génie français en cuisine – et il n'en reste plus beaucoup ! – c'est la passion. Pour certains, aussi, il reste un peu la folie en cuisine, mais une folie maîtrisée, osée. Comme celle qu'on retrouve chez certains Espagnols. La passion, la fidélité et la connaissance des produits manquent vraiment à l'heure actuelle. Quand vous prenez un jeune qui sort de l'école, il ne connaît aucun produit, même s'il a son BEP de cuisine ! Bien sûr, il va connaître les produits basiques, mais il ne faut pas lui demander d'en sortir. C'est dramatique ! J'ai des amis dans l'enseignement de la cuisine. Sur deux classes de vingt élèves, le responsable me dit : « Éric, je t'en envoie un, c'est tout. Les autres, d'ici quelques mois ils ne feront plus le métier. » Des gens qui ont fait trois ans d'études... ! Que se passe-t-il ? Juin, juillet, août, ils partent en vacances. Septembre, ils cherchent un job. Souvent, ça ne marche pas très bien parce que c'est le premier travail, c'est difficile, ils se retrouvent confrontés à des choses qu'ils n'ont pas connues pendant trois ans en cours, et ils abandonnent. Pourtant, un jeune qui cherche un emploi en trouve un tout de suite. Il aura du travail dans n'importe quel restaurant. Mais, il est mal préparé à la vie active. On fait trop croire aux jeunes que, même s'ils ont un BEP ou une maîtrise, tout va bien se passer. Non ! Ils vont entrer dans une entreprise pour la première fois de leur vie et les problèmes vont commencer.

Erik Orsenna. – Je confirme. J'étais à Brest récemment avec les jeunes d'un lycée professionnel. Les deux tiers m'ont annoncé qu'ils allaient arrêter : ils considéraient que le métier était trop difficile. Et pourtant, dans ce domaine, le chômage n'existe pas. J'ai peur que, dans la tête de ces jeunes, l'effort ne soit plus accepté.

Éric Lecerf. – Quand j'ai commencé à travailler, on démarrait à 7 heures le matin en cuisine. À 9 heures, on était en cours, où on allait en vélo. À midi, il fallait vite revenir au restaurant faire le service. On repartait à 14 heures, on arrivait toujours en retard. Et à 17 heures, on réattaquait le travail. Tout ça, au début, pour 50 francs par mois, soit 15 centimes de l'heure. Depuis trente ans, les gens de la profession sont payés au lance-pierres, ce qui a donné une mauvaise image et nous a fait perdre beaucoup de monde, une ou deux générations. Même si on est passionné, même si on est courageux, à un moment il faut quand même être payé !

Erik Orsenna. – Je note chez nous, Français, un déclin de l'envie, un déclin de l'enthousiasme, je dirais même un déclin du goût de vivre. Dans d'autres pays, dès que je pose le pied, je ressens quelques chose d'indéfinissable, qui ressemble à la « gnaque ». Unc vibration, l'envie de faire, la nécessité de s'en sortir, bref, le désir. Je suis sûr que certains peuples sont touchés par des dépressions, tout autant que les personnes. Les grands peuples se guérissent de ces dépressions, d'autres peuples deviennent fous et s'entre-égorgent. Et puis il y a des peuples qui, au lieu de se ressaisir, continuent de grogner et de rêver à leur grandeur passée. Regardez la France. Beaucoup d'élites ont été proclamées telles à 20 ans. Personne n'appartient plus à l'élite que Jacques Attali (avec l'X, les Mines, l'ENA, etc.) et pourtant personne ne se remet plus en cause. Plus je le connais, plus il travaille. J'en ai vu tellement d'autres… juste après avoir reçu leur petite rose en papier, comme les taureaux de concours, ils se considèrent comme des « élites » et c'est fini. Jamais remis en cause ! Un major de l'X et des Mines n'a pas forcément envie de se remettre en cause année après année, même si les temps sont de plus en plus difficiles. En France, nous sommes malades de rentes. Notre pays est riche depuis longtemps, par les richesses accumulées par les générations antérieures. Mais à un moment donné, quand on a vécu trop longtemps de ses rentes, il n'y a plus rien, on racle le fond ! En France, on n'en est pas encore là, mais on s'en rapproche. Pourtant le renouveau est là, il est partout. Les opportunités sont innombrables.

Dans les dix dernières années, ce qui me frappe le plus, ce sont deux mesures et deux mots : la loi des 35 heures et l'inscription dans la Constitution du principe de précaution. Mortel et mortifère. Si vous ajoutez 35 heures et précaution, on a du souci à se faire, parce qu'on s'approche de la fin de la rente. Et ça donne « précarité ».

L'amour de la France

Erik Orsenna. – Je ne suis rien sans la langue française et je suis heureux du retour en grâce de la francophonie. Je me sens tellement proche de ceux qui parlent la même langue et qui la renouvellent ! J'aime cette belle expression : « avoir la langue française en partage ». Je vais souvent ailleurs me faire renouveler la langue...

Je vais partout, au Québec, en Afrique, auprès de gens qui ont choisi cette langue. Pourquoi ? Parce qu'elle dit une autre partie du monde. Elle dit d'autres odeurs du monde, elle dit d'autres saveurs du monde.

Éric Lecerf. – Je suis d'accord avec Erik Orsenna. Je prends beaucoup de plaisir à partir à l'étranger mais j'en ai encore plus à revenir dans mon pays retrouver mes attaches, mes habitudes, mes contacts, les paysages. J'ai besoin de mon pays, la France. C'est un pays que j'adore, j'adore les gens, surtout en province. Je suis parti souvent longtemps à l'étranger. Maintenant, je ne partirais plus autant, quinze jours, trois semaines seulement. J'ai besoin de revenir, c'est indispensable.

flashcode

Les pays les plus visités dans le monde et les sites les plus visités en France

web

Et j'adore l'Espagne. Quand vous allez en Catalogne, que vous voyez l'envie, le business qu'il y a là-bas, c'est vraiment impressionnant. Ils se remuent. Il y a un an, je suis parti au Sud, où il y a le désert. Ils cultivent des milliers de plants de tomates et pourtant il n'y a pas une goutte d'eau, mais ils se débrouillent, ils inventent des systèmes d'irrigation ! Le linge de huit hôtels sur dix, dans le monde, a été fabriqué en d'Espagne. Avec leur vin, ils se débrouillent très bien aussi. Pour tout le commerce en général, ils sont beaucoup plus énergiques que nous.

Erik Orsenna. – Toute action a besoin d'un espace dans lequel elle s'inscrit. Il m'a été donné, ce qui a été un grand privilège, de suivre la construction de l'Airbus A380, qu'il n'aurait pas été possible de construire en France seule, qui l'a donc été dans quatre pays, avec cent autres qui y ont participé. J'ai vu des usines en Europe, des ateliers, du réel. Et j'ai vu cette espèce, assez étrange en France, de gens *fiers* de ce qu'ils faisaient. C'est pour ça qu'une des conclusions de mon voyage pour mon livre sur le coton fut que la fierté est une catégorie économique, un moteur d'action.

Une phrase qui me revient en mémoire, que Denis Jeambar avait choisie comme titre d'un de ses livres : *« Le poisson commence toujours à pourrir par la tête. »* On dit qu'on a les politiques qu'on mérite. Ce qui me frappe, c'est surtout cette capacité qui, semble-t-il, est perdue, de goût du réel, c'est-à-dire de voir le monde tel qu'il est. Pour moi, la politique, c'est d'abord le réel. Que fait-on avec le réel ? Pourquoi promettre des choses dont on est sûr qu'elles sont irréalisables ? On enfonce encore plus la politique ! Neuf dixièmes des programmes des candidats aux présidentielles ne seront pas réalisés. Donc, on organise le spectacle de l'impuissance ! Ce qui est une catastrophe pour la chose publique, pour la république. Le réel est là et pour avoir le droit de rêver, il faut s'en donner les moyens.

Éric Lecerf. – Il y a en France une scission entre différentes parties du peuple. Il y en a une qui tire le wagon et l'autre qui tire dans l'autre sens. Dans mon métier, nous ne travaillons qu'avec des petits fournisseurs. Tous les matins, avant 9 heures et demie, il nous faut appeler partout, dans toute la France, pour que la marchandise soit chargée dans les camions et arrive chez nous le lendemain matin. On est couchés à 2 heures du matin, mais, à 8 heures et demie le lendemain, il faut être là. C'est une passion, donc ça ne me dérange pas du tout. C'est un choix que j'assume et je suis très heureux comme ça. Prenons l'exemple d'un étudiant qui est très sérieux et qui fait beaucoup d'études. Il a ses cours, le soir, il rentre et il bosse. J'en ai plein à l'Atelier qui sont à la fac et qui viennent travailler le week-end en extra. Ce sont des jeunes qui sont très courageux et qui en veulent. Ceux-là, il faut les aider.

Erik Orsenna. – Oui, il faut communiquer l'amour de la France. Et d'abord à ses enfants. J'essaie de faire connaître la France aux miens, en y voyageant sans cesse. Je suis très sensible à ce que disait Éric Lecerf sur le paysage. J'ai une passion pour la diversité des paysages français. Le goût de la grammaire, de la langue, de la structure de la langue, m'est venu en même temps que le goût de la géométrie, de l'ordre et de la fascination pour la multiplicité de mon pays. J'aime plus que tout, car j'y vois une vraie vérité, ce mouvement perpétuel entre la structure et la variété, entre le thème et la variation, comme en musique. Comment faire partager ce qu'on aime ? Les voies de la transmission sont parfois très cachées et souvent très indirectes. Quand mon fils avait 13 ans, doucement, sur la pointe des pieds, je lui ai suggéré que ce serait bien, qu'un jour, il accepte de lire un livre. Il a eu cette réponse formidable : « Papa, si tu penses une seconde que j'ai ce projet d'être écrivain comme toi, abandonne immédiatement. Alors, pourquoi lirais-je ? » J'ai su plus tard que déjà, à ce moment-là, il lisait en cachette…

L'avenir de la France

Jacques Attali

Une nation, c'est d'abord une volonté de vivre ensemble à travers des générations, à travers une culture, c'est une langue commune, autour de frontières définies et poreuses. La solidarité, l'éducation, la gestion de l'intégration des étrangers, l'usage de la langue, la promotion de la culture, porteuse de recherche, de progrès technique, la justice sociale seront demain autant de clés de la raison d'être d'une nation, donc de la raison d'être de la politique.

Toute nation devra se penser aussi comme un hôtel, qui doit bien accueillir ceux qui y passent (travailleurs, capitaux, touristes, innovateurs), faire en sorte qu'ils aient envie de revenir, tout en donnant envie d'y rester à ceux qui sont déjà là et à ceux qui y travaillent.

La France est aujourd'hui l'un des plus beaux hôtels du monde, elle accueille le plus grand nombre de touristes au monde (non seulement par habitant, mais en valeur absolue). Elle a cette chance exceptionnelle d'avoir réussi à créer une nation diverse mais qui, heureusement, n'est pas comme les autres – l'Espagne, la Belgique ou la Grande-Bretagne – menacée de sécession d'une province. La grandeur de la France, c'est sa diversité interne, la coexistence de différences qui ne menacent pas son unité.

Il faut protéger ce qui est essentiel à la survie de ce modèle français, c'est-à-dire les services publics et l'art de vivre. Le pays commencerait à décliner si nous renoncions à la force de l'État, à l'éthique du travail, de la perfection, du détail, pour nous contenter de vivre sur ce qui a été accumulé par les générations antérieures.

flashcode

The Economist : *« Europe, le nouveau classement »*

web

Le génie français, grâce à la francophonie, est aussi présent dans le monde entier. Même si elle n'est pas ressentie comme une variable stratégique majeure de l'influence de la France sur l'échiquier mondial, la francophonie concerne 2,8 % de la population de la planète : elle pourrait en concerner 8 % dans trente ans en raison de la démographie africaine.

Nous sommes aussi un des pays qui a le plus de ressortissants à l'étranger, lesquels, contrairement à ce qu'on pense, ne disent pas du mal de la France, mais, au contraire, portent la nostalgie française et la gloire française à l'étranger. Plus nous aurons de Français à l'étranger, mieux cela vaudra pour la France dans l'avenir.

Un étudiant peut légitimement penser qu'il n'aura plus jamais un avenir aussi prometteur en France qu'à l'étranger. Il a en effet le monde pour terrain de chasse, un monde beaucoup plus ouvert que par le passé. Mais, en même temps, ce jeune ne pourra réussir sa vie que s'il fait valoir au monde sa propre spécificité, c'est-à-dire sa culture et sa langue. Et s'il ne connaît ni Victor Hugo ni Blaise Pascal, il n'apportera rien aux autres peuples parmi lesquels il essaiera de vivre.

Pour ceux qui rêvent d'un ailleurs plus ensoleillé et mieux accordé à leur rythme de vie, de perspectives professionnelles ouvertes aux aventures et d'une émulation intellectuelle pleine de vibrations, comme celles dont parlait Erik Orsenna, il n'y a pas un seul pays au monde qui réunit toutes ces conditions mieux que la France. Si on veut plus de sécurité, il vaut mieux aller au Danemark. Si on veut plus de vibrations, il vaut mieux aller à New York, à Shanghai, au Brésil, en Inde, au Mexique. Et si on veut l'ensemble harmonieux de tout cela, c'est en France qu'il faut vivre.

flashcode

web

Interview de Dominique Meyer

La musique en mutation

Dominique Meyer et Patrick Zelnik

Le renouveau des genres

Patrick Zelnik. – Il y a chaque année un peu plus de jeunes talents en France, et dans le monde, parce que la musique fait, chaque année, un peu plus partie de la vie des gens. À l'époque, François Mitterrand disait qu'il y avait trente mille groupes de rock en France. Il doit y en avoir aujourd'hui soixante mille. Et ce n'est pas le talent qui fait défaut, au contraire, ils explosent. Il n'y a qu'une cérémonie des Victoires de la musique chaque année, qui ne couronne que quelques artistes. Donc, il y a des goulets d'étranglement. Le problème se pose : comment aller de la création vers le public ?

Dominique Meyer. – Il y a en effet un très fort accroissement du nombre d'artistes de talent en France. Il m'arrive assez souvent de participer à des concours de recrutement dans les orchestres. Il est frappant de voir qu'il y a encore une quinzaine ou une vingtaine d'années, on avait du mal à recruter des violonistes. Plusieurs dizaines de postes étaient alors vacants dans les orchestres français. Aujourd'hui, lorsqu'on fait un concours de recrutement, des dizaines et des dizaines d'artistes de valeur s'y présentent ! Un autre exemple : celui des chanteurs classiques. On dit toujours que l'époque d'or de l'Opéra de Paris était celle où Rolf Liebermann en était le directeur dans les années 1970. Mais il y avait très peu de chanteurs français qui faisaient une carrière internationale. Une dizaine peut-être ! Aujourd'hui, une cinquantaine de chanteurs français de niveau mondial se produisent sur toutes les scènes du monde. Que ce soit à Vienne ou à Salzbourg, vous trouvez des artistes français de haut niveau. À mon sens, il y a un développement très fort de l'intérêt des jeunes pour la musique classique, c'est incontestable. Je me suis assez souvent interrogé sur les motifs qui ont conduit à cette évolution. Je constate que le système éducatif n'a pas changé : il reste le même avec ses qualités et ses défauts, notamment une grande insuffisance des enseignements artistiques en France. Mais ce qui m'a frappé à Paris, c'est le large développement de l'offre de musique classique, notamment de musique lyrique.

Si je voulais résumer la situation, je dirais que la nouvelle génération de chanteurs d'opéra français qui font carrière dans le monde entier, c'est l'Opéra Bastille plus William Christie. Autrement dit, un développement de l'offre à Paris et l'éclosion de la musique ancienne. Dans les années 1970, il y avait entre quatre-vingt-dix et cent représentations d'opéra par an, alors qu'actuellement il y en a plus de quatre cents ! Et les salles sont pleines, contrairement aux années 1970. Aujourd'hui, ce qui me frappe également, c'est le très grand développement de l'intérêt pour la musique ancienne, qui s'est fait au départ avec le désir d'amener des jeunes à devenir choristes et solistes. Par la suite, ce phénomène est devenu international, mais la France a joué un grand rôle dans cette évolution et a été un moteur formidable.

Patrick Zelnik. – Deux phénomènes expliquent cette montée en puissance du talent. Vous dites que l'éducation artistique n'a pas changé. Certes, mais je pense à Jean-François Zygel, couronné par les Victoires de la Musique classique 2006, qui donne des leçons de musique à la mairie du XXe arrondissement de Paris. Pour ceux qui ont vu ses DVD, ou qui ont assisté à ses performances, c'est une révélation ! Si mes enfants avaient appris la musique avec lui, je pense qu'ils auraient continué le piano. Ils l'ont commencé comme beaucoup d'enfants et arrêté parce qu'on leur demandait le solfège, la dictée musicale, l'oreille absolue, etc. Je pense qu'au niveau pédagogique, il y a de véritables signes d'ouverture. Autre phénomène notable : le décloisonnement flagrant des styles musicaux, surtout chez les musiciens. Vous parliez des interprètes de musique ancienne, ils sont plus que des interprètes, parce qu'il faut souvent improviser la musique ancienne et retrouver l'essence même de la partition. Chez Naïve, nous avons un excellent spécialiste de la musique ancienne, Rolf Lislevand. Il faisait partie d'un groupe de hard rock. Un jour, il est allé assister à un concert de Jordi Savall. Éberlué par cette musique, il est passé directement du metal à la musique ancienne ! Il y a chez les musiciens une ouverture d'esprit qui est plus grande que chez les professionnels. Ce sont les industries culturelles qui cloisonnent…

Il est quand même paradoxal de parler de renouveau de la musique ancienne, de la modernité de la musique ancienne, alors que ce sont deux mots apparemment contradictoires. Pourtant, des gens qui ont aimé le rock pendant leur adolescence, qui travaillent toute la journée dans un bureau ou dans le bruit et la fureur, lorsqu'ils atteignent une trentaine d'années, éprouvent l'envie d'aller le soir au Théâtre des Champs-Élysées qui est un lieu de sérénité, un beau lieu. Et ils ont envie d'écouter de la musique ancienne. Moi, j'ai découvert la musique ancienne en la produisant. Auparavant, on disait : « Il ne faut pas investir dans la musique classique, parce que c'est toujours les mêmes œuvres, toujours interprétées de la même façon. » C'est entièrement inexact ! La musique ancienne permet même l'improvisation de l'interprète, elle permet de découvrir, dans le temps et dans l'espace, des œuvres inédites. Soyons donc un peu optimistes…

La musique classique était considérée comme morte et on assiste actuellement, non seulement dans le domaine de la musique ancienne mais dans le domaine de la musique classique en général, à de vrais succès, y compris dans le domaine lyrique. En musique classique, il y a toute une partie du public qui recherche une espèce d'authenticité, comme dans le domaine de l'écologie. Il ne faut pas prendre les gens pour des robots. Sauf si l'homme change d'une manière biologique et devient un être complètement autiste, il y a une espèce de curiosité, pour la musique en général et pour les musiques anciennes ou nouvelles, qui s'accroît de manière spectaculaire. Certains disques marchent très bien, comme Camille dans le domaine des variétés, mais j'ai mille exemples dans le domaine classique : Accentus, Anne Gastinel et tous ceux qui gagnent régulièrement les Victoires de la Musique classique. Il faut savoir que le disque d'Accentus qui a le mieux marché est un disque de transcription. C'est-à-dire qu'il s'agit d'œuvres déjà connues, transcrites pour la musique chorale. C'est là où les interprètes peuvent être inventifs, interpréter l'œuvre d'une manière entièrement nouvelle. Ensuite, l'émotion passe ou ne passe pas. Mais lorsqu'elle passe, les concerts affichent complet, et les ventes de CD suivent.

flashcode

Accentus : Transcription de Lacrimosa *de Frédéric Chopin*

web

Dominique Meyer. – C'est sans doute pourquoi de plus en plus de gens viennent d'abord au concert pour entendre des œuvres. Nous avons un certain nombre de soirées, au Théâtre des Champs-Élysées, au cours desquelles les spectateurs viennent en masse pour entendre un artiste vedette. Il suffit qu'on annonce, un matin, un récital de Cecilia Bartoli ou Natalie Dessay pour que, le soir, le théâtre soit plein. Nous remplissons quel que soit le prix du billet ! Cependant, pour moi, ce n'est pas la vie quotidienne d'une grande salle de concerts. Ce que je trouve intéressant, c'est tout le développement qui a été fait dans le domaine de la redécouverte d'œuvres oubliées du passé. Nous pouvons, par exemple, aujourd'hui, donner une œuvre inconnue de Vivaldi. Nous avons été à l'origine de la redécouverte de ce compositeur en faisant l'effort de retrouver ses œuvres et de lui donner des interprètes adéquats. Au Théâtre des Champs-Élysées, avec mon ami et successeur Michel Franck, nous avons présenté il y a huit ans une œuvre de Vivaldi inconnue, sans grosse vedette, et nous avons rempli le théâtre et toute une série consacrée à ce compositeur s'en est suivie. Nous pouvons donner une œuvre de Haendel qui dure trois heures et demie, en version concert, sans mise en scène, avec des surtitres, et nous remplissons la salle !

De plus en plus souvent, la vedette devient l'œuvre. C'est le contraire d'une mode, c'est un mouvement de fond. Il m'est arrivé, sans vouloir du tout faire de démagogie, de féliciter le public, car le public d'aujourd'hui est très intéressant et très intéressé.

Intéressé à la redécouverte d'une nouvelle mise en scène de *Cosi fan tutte* ou de *Don Giovanni*, mais aussi d'une œuvre inconnue d'un grand compositeur du passé, ou d'une œuvre nouvelle.

flashcode

Mozart : Don Giovanni

web

On assiste à ce mouvement que je trouve très positif, qui est le renouveau actuel de la création d'opéras. Ce genre est en train de se renouveler parce que des compositeurs s'intéressent à nouveau à cette forme d'expression et que des écrivains veulent écrire des livrets, comme d'autres écrivent des scénarios de cinéma. Nous avons un public qui suit tous ces développements, comme on pourrait suivre un feuilleton. Nous avons, par exemple, présenté au Théâtre, depuis 1999, soixante-quinze œuvres baroques oubliées, œuvres d'une soirée, oratorios ou opéras. Le plus souvent, avec un taux de remplissage dépassant 85 %. C'est le signe d'une vague de fond, d'un intérêt énorme pour cette espèce de continent disparu sous les eaux qui est en train d'émerger à nouveau. C'est l'idée qu'on ne se satisfait pas d'entendre les vingt-cinq symphonies habituelles et qu'on a envie de prendre du plaisir en écoutant des œuvres que l'on ne connaît pas. Récemment, Bernard Haitink a dirigé la Dixième Symphonie de Chostakovitch avec l'Orchestre philarmonique de Vienne. Je pense qu'il y a dix ans, c'est un concert que l'on n'aurait pas pu organiser faute de spectateurs. Aujourd'hui, si nous présentons ce concert, la salle est pleine. Souvent, je parcours les formulaires de commande des abonnements au Théâtre. Les abonnements sont libres : on choisit librement les soirées, sans être obligé, si on prend tel concert, de prendre tel autre. Je constate que la très grande majorité des commandes sont l'expression d'un vrai goût, d'une vraie compétence, de connaissances, à la fois sur le répertoire, sur l'histoire de la musique mais aussi sur les interprètes. Le public a une idée précise de ce qu'il veut entendre. Je pense qu'il faut le respecter et, aujourd'hui, travailler sans cesse dans ce sens, puisque nous avons la chance de l'avoir.

L'avenir du spectacle vivant

Dominique Meyer. – Il y a, en ce moment, une divergence d'évolution entre le spectacle vivant et la musique enregistrée. Je le déplore beaucoup car j'ai toujours passé mes week-ends dans les magasins de disques. Et c'est toujours un grand bonheur de voir qu'une nouveauté, qu'on attend depuis des semaines ou des mois, est dans les bacs ! Cependant, aujourd'hui, on constate une vraie difficulté dans le domaine de la musique enregistrée, une difficulté de croissance, d'évolution. Le spectacle enregistré semble avoir moins de succès que le spectacle vivant. Il faut qu'il y ait des accidents de société, comme des attentats, pour que la fréquentation des lieux de musique vivante soit en difficulté. Même les crises économiques ont peu d'impact. Sinon, nous ne rencontrons aucun problème particulier à remplir les salles et, au contraire, très souvent, c'est l'économie du spectacle vivant qui fait que l'on ne peut pas multiplier à l'infini les représentations. Au Théâtre des Champs-Élysées, qui n'est pas subventionné, aidé seulement par la Caisse des dépôts, nous avons besoin de recettes pour financer les soirées. Et, bien évidemment, les recettes des spectacles d'opéra ne peuvent pas couvrir tous les coûts, ce qui fait que nous devons limiter le nombre des représentations. C'est ainsi que nous avons donné cinq fois *Don Giovanni*, parce que nous ne pouvions pas aller au-delà du financement de cinq représentations, alors que nous aurions pu en donner quinze, sans aucun problème… Il arrive alors que le Théâtre des Champs-Élysées programme des artistes de variétés. Nous le faisons très exceptionnellement, car je pense que le lieu doit garder une certaine image. Mais j'estime que, dans l'équilibre d'une saison, il est bon que des artistes venus d'autres horizons, mais de grande valeur, puissent aussi se présenter au Théâtre des Champs-Élysées. Il est enrichissant que le public puisse passer d'un genre à l'autre, éventuellement dans un même lieu ; c'est l'idée de décloisonnement dont vous parliez précédemment. Ça désinhibe le public.

Patrick Zelnik. – Il y a, dans le domaine des variétés, le même phénomène que dans la musique classique. C'est-à-dire un progrès constant des groupes de rock, des artistes en général et pas seulement en nombre. Leur niveau aussi s'est amélioré. Les groupes de rock français sont maintenant largement compétitifs par rapport aux groupes anglais ou américains. Je pense que la crise du disque que nous vivons n'est pas une crise de la musique. C'est une crise de l'industrie du disque. Pourquoi est-elle en crise ? C'est une autre question.

Le profit dans le domaine culturel doit être au service des artistes. Si la situation financière de certaines entreprises musicales s'est bien améliorée, je ne suis pas sûr qu'en revanche la diversité de l'offre en ait été élargie. Je ne suis pas sûr, non plus, qu'il soit plus facile pour un nouveau talent d'émerger maintenant. Certains artistes le disent, comme Alain Souchon, Elton John et d'autres artistes : « Si j'avais 20 ans aujourd'hui et que je démarrais ma carrière, je ne suis pas certain que je pourrais émerger dans la situation actuelle des médias, des disquaires, de l'industrie. » On a vu apparaître des artistes comme Christophe Willem. C'est un artiste qui, dans son domaine, est tout à fait performant. Mais il faut de la diversité, de la chanson traditionnelle, des grandes chansons d'amour… Moi, j'aime toutes les musiques, du slow italien le plus langoureux à la musique contemporaine.

Cette ouverture d'esprit, qui existe au niveau des musiciens, existe aussi au niveau du public. Ne soyons pas sectaires, simplement, je dénonce un système où les dix premiers du hit-parade, les dix gagnants de la Star Academy, prennent toute la place chez les disquaires. Les artistes s'adaptent désormais à un certain marché et non l'inverse : la création est au service du marketing. Dans le domaine culturel, c'est très dangereux. Le virage a été pris dans les années 1990, lorsque les dépenses de marketing sont devenues plus importantes que les dépenses de création. C'est quand même aberrant de penser qu'on va limiter le budget d'un enregistrement à 30 000 euros et qu'on va ensuite dépenser 500 000 euros en marketing ! Cela a un effet immédiat au niveau économique, car le seuil de rentabilité du projet artistique devient très difficile à atteindre, et ça, évidemment, au détriment de la diversité. Voilà pour moi ce qu'est la problématique de la crise du disque : c'est l'ajustement nécessaire entre l'économie et la culture, entre le marketing et la création.

Dominique Meyer. – Je trouve qu'il est très important que l'on puisse accueillir dans le monde artistique des jeunes artistes comme Camille qui renouvelle la manière de faire de la musique, qui renouvelle le son, qui renouvelle l'expression.

Je me méfie beaucoup des eaux dormantes, des situations dans lesquelles on se complaît, dans lesquelles on ne prend aucun risque. C'est vrai dans la variété, c'est vrai dans la musique classique. L'intérêt nouveau pour la musique ancienne a élargi le répertoire, a donné accès à de nouvelles zones de connaissances, à de nouvelles zones de plaisir aussi. Il faut associer ce mot de temps en temps à la musique. Je suis pour la multiplicité des genres et pour l'arrivée de nouveaux artistes.

Patrick Zelnik. – N'empêche qu'il va être de plus en plus difficile pour des projets marginaux de trouver leur place à long terme dans un environnement aussi marketé qu'aujourd'hui... Camille est peut-être un contre-exemple. C'est très encourageant qu'une artiste comme elle rencontre son public et, en plus, vende des disques. Il faudrait qu'il y ait deux ou trois fois plus de jeunes talents qui émergent chaque année pour que le marché progresse. Je pense qu'un certain nombre de barrières sont dues essentiellement à la concentration du marché. Cette concentration a également lieu au niveau des médias et des magasins. Les conséquences sont évidentes. Le phénomène que je dénonce sur les difficultés d'accès au marché, aux radios, aux télévisions, aux magasins. Tout cela devient à la fois plus difficile et plus coûteux, surtout pour les petites entreprises culturelles. Il est difficile de dire si les spectacles vivants auront une économie en tant que telle, qui permettra à des artistes de gagner leur vie et de se faire connaître, sans pour autant vendre de disques de façon majeure. Je crois que tout est possible. On ne peut pas remplacer un système par un autre, y compris lorsqu'on parle d'Internet. Dans ce qu'on appelle les « petits pays » – ce qui est très péjoratif parce que les « petits pays » comme la Suisse, la Belgique, le Liban ou Israël sont souvent très créatifs puisqu'ils ne peuvent pas vivre en autarcie culturelle et sont donc ouverts sur l'extérieur –, on s'aperçoit qu'effectivement il existe des modèles économiques beaucoup plus souples que le modèle français. Au départ, il y a un producteur qui a une conviction profonde, purement subjective, mais un bon producteur est celui qui va savoir trouver les artistes qui plaisent de façon moins évidente que d'autres.

Dominique Meyer. – Le disque et le spectacle vivant se nourrissent l'un l'autre. Si on se pose la question du nombre de pianistes qui sont capables de faire salle comble dans une salle comme le Théâtre des Champs-Élysées, où il y a mille neuf cents places, la réponse est : « Une douzaine au monde. » C'est très peu ! Et ces artistes ne passent pas forcément chaque année par Paris. Si vous amenez un jeune talent de grande qualité, sans préparation, au Théâtre des Champs-Élysées, vous allez vendre trois cents billets. Ce n'est une victoire pour personne, ni pour le théâtre ni pour l'artiste. Autrefois, le disque – et la promotion qui l'accompagnait – était un vecteur formidable pour faire connaître les talents. Aujourd'hui, toute une partie des artistes n'ont plus vraiment accès au disque, ni à la promotion qui l'accompagne. C'est une réalité très nette. Cela signifie que pour imposer un pianiste dans une grande salle de concerts, il faut d'abord le faire débuter dans des séries parallèles, le faire jouer ensuite avec des orchestres en soliste – dans un concerto par exemple – et puis s'armer de patience, savoir en parler aux abonnés quand on les rencontre chaque année. Car, évidemment, l'économie de la promotion d'un concert classique est sans commune mesure avec le coût du concert proprement dit. Remplir une salle en dépensant de l'argent en publicité, c'est dépenser en publicité le coût de quatre ou cinq concerts ! D'ailleurs, on ne voit jamais, à Paris, des affiches pour des concerts classiques. Cela a complètement disparu car le coût d'une campagne d'affichage est sans commune mesure avec le coût d'une soirée dans un quelconque théâtre. Je pense qu'aujourd'hui la situation est beaucoup plus difficile pour les artistes. Quel chanteur peut enregistrer une intégrale des *Noces de Figaro* ? Il y en a un par génération et par rôle qui y parvient, pas plus ! C'est dire à quel point cela devient rare. Aujourd'hui, enregistrer l'intégrale des Sonates de Beethoven pour un pianiste est une chose quasiment inimaginable, car le marché est déjà très encombré. Et si vous mettez en parallèle le coût d'une nouveauté avec le coût d'une réédition, par exemple, d'une intégrale par un très grand pianiste, le nouveau venu sera très défavorisé.

Patrick Zelnik. – À l'avenir il faudra donc savoir faire et exercer plusieurs métiers. Les métiers trop spécialisés ne peuvent pas générer de ressources suffisantes. Par exemple, Naïve et le Théâtre des Champs-Élysées travaillent ensemble à des enregistrements. Et je pense qu'il viendra un jour où le public pourra avoir assez facilement accès à de nombreux concerts en ligne.

Dominique Meyer. – D'ailleurs, nous avons commencé à mettre notre musique en ligne, sous forme de podcasts. Pour l'instant, ça ne rapporte pas beaucoup d'argent, mais je considère que la diffusion de musique, quel que soit le mode de diffusion ou le mode de consommation, est une bonne chose. Ensuite, c'est vrai qu'il y a le phénomène de la piraterie, cette fameuse controverse sur le droit d'auteur dans la nouvelle société de l'information. Mais le bon sens invite à refuser une attitude malthusienne à l'égard des nouveaux modes de consommation de la musique. Il faut admettre qu'Internet a vraiment boosté la consommation de musique dans le monde. Ensuite, il y a le problème de la licence globale, ce débat qui a tellement divisé ceux qui s'intéressent à cette activité. Les uns disent qu'il faut interdire la piraterie en rémunérant les artistes et les producteurs de contenus sur Internet, les autres soutiennent qu'il faut accepter la piraterie comme un fait et, par le biais d'une sorte de taxe, la licence globale, couvrir les frais et les dépenses diverses, pour rémunérer par la répartition de cette taxe les artistes qui ne pourraient pas l'être directement. Alors, quelle serait la meilleure solution pour tous ? C'est une question difficile, parce que c'est, comme souvent, une question de curseur.

Il faut bien avoir à l'esprit que faire de la musique n'est pas gratuit. Enregistrer une œuvre symphonique avec cent dix musiciens et un grand chef d'orchestre coûte une fortune. Si on ne trouve pas un moyen de financer ces opérations, il n'y en aura plus, tout simplement. C'est une réalité incontournable. L'idée que la consommation de musique par Internet soit gratuite est parfaitement démagogique. Après, il y a différentes manières de rémunérer les ayants droit. J'ai participé au réaménagement de la loi sur le droit d'auteur en 1985, je ne peux pas dire que ce que nous avons fait à l'époque me donne entièrement satisfaction. On voit bien que, dans les mécanismes de répartition, de gros problèmes se posent. Il y a la question des droits irrépartissables, puisqu'ils ne correspondent pas à des ayants droit identifiés, qui donnent lieu à une fuite des moyens financiers en dehors du système, une fuite qui ne permet pas de rémunérer les vrais ayants droit, ni de réinvestir dans le futur de la musique. Tous ces mécanismes de répartition, qui sont proches de l'idée de licence globale, sont des mécanismes qu'il faut étudier avec beaucoup de précision. En tout cas, il faut que le montant de la rémunération soit à peu près conforme à l'exigence de la couverture des coûts. Si on prétend le contraire, parce qu'on a des enfants qui aiment bien télécharger chez soi, on fait, comme beaucoup d'hommes politiques, de la démagogie.

Patrick Zelnik. – Je suis d'accord avec l'image du curseur. Le débat est très manichéen. Bien sûr, je ne suis pas favorable à la licence globale parce que c'est une solution trop globale, comme son nom l'indique. Et il faut que les artistes, les créateurs et les producteurs, dont je suis, soient rémunérés, sinon personne ne récupère ses investissements. Cela étant, il faut aussi encourager tous les modes de diffusion de la musique. Simplement, il est nécessaire d'avoir une harmonisation dans les coûts d'accès à la musique, afin de rémunérer les ayants droit et les producteurs.

L'erreur des majors a été de vouloir contrôler la distribution sur Internet en la bridant, en interdisant certaines innovations comme Napster. Cette nouvelle manière de consommer la musique par les échanges de fichiers sur Internet était quelque chose de positif, d'autant que le syndicat des producteurs indépendants avait conclu un accord avec Napster sur le prix de la musique en vente sur le site. Si cet accord avait été respecté, et si Napster avait pu se développer, c'était beaucoup de ressources financières pour tout le monde. On a étouffé Napster dans l'œuf, sous prétexte que c'était l'initiative d'un indépendant, Shawn Fanning, dans son garage, qui avait fait cette invention géniale. Il ne fallait pas l'asphyxier, il fallait l'encourager. Bien sûr, la licence globale n'est pas le système idéal, mais trouvons-en un autre. Soyons positif et créatifs !

Dominique Meyer. – La musique classique va connaître de grands bouleversements. Notamment la distribution de musique classique, car notre génération est marquée par l'idée que la musique enregistrée a forcément la forme d'un objet rond et qui tourne ; nous sommes marqués par le fétichisme de la marchandise et souvent attachés à l'objet. Au départ, le développement du disque compact, c'était le développement d'un bel objet. Patrick Zelnik est très attentif à la réalisation de belles pochettes. Je pense qu'il y aura une rupture assez forte dans ce domaine. Les amateurs de musique sont de moins en moins attachés à la présence d'un objet physique et l'on va s'ouvrir à d'autres créations. Je pense aussi qu'on va créer de nouveaux liens entre la consommation de musique enregistrée et le spectacle vivant. Au Théâtre des Champs-Élysées, nous enregistrons et nous diffusons, grâce à Radio France, environ quatre-vingts soirées par an. Cela donne un volume très important d'enregistrements de haute qualité. Nous enregistrons plus de musique symphonique qu'aucune entreprise d'édition de disques ne peut le faire au cours d'une année. Les choses vont donc changer, se repositionner et le marché sera différent. Si vous vous rendez aujourd'hui dans un grand magasin spécialisé dans le disque, à la recherche d'une référence précise, contrairement à ce qui se passait il y a encore quinze ou vingt ans, vous avez 10 % de chances de trouver cette référence s'il ne s'agit pas d'une nouveauté. En revanche, en stockant de la musique dans des ordinateurs, vous avez accès à un catalogue beaucoup plus important. Simplement, vous n'avez que peu de chances de vous retrouver physiquement en face de l'objet. Et cela va peut-être vous faire oublier l'intérêt que vous portez au contenu. C'est le risque. Pourtant, si le marché de la musique, grâce à Internet et à tous les modes de diffusion, est multiplié par cent, mieux vaut sans doute avoir une petite part d'un très grand marché qu'une part plus significative d'un petit marché.

Patrick Zelnik. – Le marché physique, le support matériel, a toujours été très minoritaire dans la consommation musicale. Si le marché de la musique, grâce à Internet et à tous les modes de diffusion, est multiplié par cent, il vaut mieux en effet avoir une petite part d'un très grand marché qu'une part plus significative d'un petit marché. Il ne faut pas oublier qu'en France, le marché du CD, même avant la crise, représente deux CD par an et par habitant.

flashcode

Les ventes de CD en France et la répartition par répertoire

web

C'est un marché très marginal et il va se passer ce qui s'est passé dans tous les autres secteurs. On parle de modèles et ces modèles évoluent : de même qu'on est revenus au pot de yaourt en verre, de même qu'Ikea n'a pas tué les antiquaires, il y aura toujours le culte du bel objet. N'a-t-on pas annoncé la disparition du livre à maintes reprises ? C'est justement aux industriels d'être à la hauteur du rêve du consommateur. On ne respecte pas suffisamment ce dernier. Le bon produit a son marché, y compris sur Internet. Je crois à l'existence d'un cercle vertueux entre le monde physique et le monde virtuel.

L'avenir de la musique

Jacques Attali

L'économie de la musique

Si le chiffre d'affaires de la musique est dérisoire au regard de celui du reste de l'économie, le temps qu'on passe à écouter de la musique représente une part croissante de notre vie. C'est peut-être même l'activité, avec le sommeil, qui occupe le plus de temps, pour les plus jeunes ! Pour autant, ce n'est pas une activité qui rapporte ou qui coûte beaucoup d'argent.

Et, aujourd'hui, la grande question que pose la musique concerne, au-delà de la musique, l'évolution de nos sociétés : il s'agit de la rémunération des artistes. Seront-ils payés en fonction des œuvres vendues ? Des œuvres écoutées ? La musique ira-t-elle de plus en plus vers la gratuité lorsqu'elle est enregistrée et stockée ? Assisterons-nous à un retour du spectacle vivant rémunéré ? L'équilibre entre le marché et la démocratie est aussi un équilibre entre la tarification à l'acte, payée par le consommateur, et la tarification globale, payée par le contribuable. Dans un cas, la musique est gratuite pour le consommateur. Dans l'autre, elle est gratuite pour le diffuseur. Mon pronostic est que la gratuité (ou plutôt le paiement global) va l'emporter. Parce qu'on ne remet pas le dentifrice dans le tube et qu'il est très vraisemblable que les gens n'accepteront pas de payer titre par titre la musique stockée, mais qu'ils seront prêts à payer cette chose extraordinairement rare, unique et irremplaçable, qu'est le temps partagé avec un grand artiste, de son vivant : la représentation. Les artistes, eux, seront donc rémunérés, en dehors du concert, par une part des revenus faits par les diffuseurs, c'est-à-dire les fournisseurs d'accès, qui sont aujourd'hui les substituts et les compléments des radios et de la télévision. Les grandes entreprises dites « majors » vont, à mon sens, disparaître progressivement pour laisser la place à de grandes entreprises de concerts qui, je crois, seront les grandes entreprises musicales de demain avec les fabricants d'instruments. Car la musique renvoie à une mutation autrement plus importante : elle est de plus en plus une activité où se confondent la consommation et la pratique. Car la pratique de la musique va se développer et bien plus de gens se considéreront comme des artistes.

Au-delà, une autre piste formidable s'ouvre : la naissance d'instruments de musique radicalement nouveaux, utilisant toutes les ressources des technologies, qui laisseront entendre de nouveaux sons, mêlant même la musique à d'autres formes d'art.

Cela ouvrira la voie à des œuvres qui utiliseront, comme toute la musique ancienne, des sources et des inspirations populaires, avec des instruments savants.

De la musique comme voyage

S'il n'y a plus de musique, c'est-à-dire de sens, il y a du bruit ou du silence. Et s'il y a du silence ou du bruit, il n'y a plus de vie. S'il n'y a plus de musique, c'est que l'espèce humaine a disparu. La musique est comme l'oiseau qu'on descend dans la mine, signe annonciateur des dangers : quand la musique s'éteint, c'est que le danger apparaît.

Quand la diversité musicale disparaît, c'est que la diversité de l'espèce humaine disparaît. Aujourd'hui, la musique semble indiquer que la mondialisation conduit à une extraordinaire diversité, au-delà de l'uniformisation commerciale. Des milliers de genres musicaux surgissent et se mêlent les uns aux autres sans disparaître. L'humanité trouve, dans l'écoute curieuse de toutes les musiques, une façon de retrouver ses racines nomades. À mon sens, les plus belles surprises musicales viendront à l'avenir des rencontres inattendues entre des genres musicaux qui jusqu'à présent n'ont pu se croiser que trop rarement. Les musiques traditionnelles indiennes, africaines, américaines, ne se sont presque jamais parlé. Elles commencent à le faire. Des artistes nouveaux vont se nourrir de ces traditions qui ne se sont jamais entendues, et qui, en s'entendant, vont créer des genres nouveaux.

On voit ainsi apparaître ce que j'appelle la « musique Lego », dans laquelle le neuf n'est plus que la façon de réassembler autrement des choses déjà faites. Le sampling est déjà une façon, en mélangeant plusieurs sons existants, de créer du neuf. Le groupe Bumcello (Victoire 2006 du meilleur album électro, groove, dance) réunit rock, blues, jazz et des accents des Beatles ou de Cat Stevens.

flashcode

Bumcello : « Animal sophistiqué »

web

Quand on demande à Bumcello de se présenter, le groupe a cette jolie métaphore : « Bumcello, c'est une pirogue sur laquelle se sont embarqués deux Iroquois avec l'idée folle et téméraire de traverser à la rame l'océan des possibilités. »

Un artiste, c'est quelqu'un qui lâche les amarres et va vers l'inconnu. La question est de savoir s'il ne fait pas qu'embarquer le passé dans une arche de Noé dont il ressortira des choses qui existaient avant. Ou s'il va véritablement découvrir des terres nouvelles… C'est pourquoi l'œuvre d'art, par définition, est un voyage. La musique est une façon de donner du sens au voyage, puisqu'elle lui donne une dimension poétique, romanesque, esthétique, alors que pour beaucoup, le voyage est d'abord une façon de survivre.

Et le voyage est toujours un danger. Quand on ne bouge pas, le seul danger qu'on puisse craindre, c'est l'arrivée des autres voyageurs. Celui qui ne bouge pas crée des remparts, se protège ; il est moins menacé que celui qui bouge, qui a la chance d'espérer trouver mieux là où il va, mais qui court le risque de mourir pendant le voyage. C'est le cas des musiciens qui se fracassent dans le manque d'inspiration.

Il y a un lien entre cette description de Bumcello et le retour aujourd'hui de la migration, de tous ces gens qui traversent les océans pour leur plaisir ou parce que c'est la seule façon, pour eux, de survivre.

C'est ainsi, par la musique, l'annonce du retour du monde nomade.

Plus généralement, la musique renvoie à la structure même des sociétés qu'elle devance. Elle est d'abord un élément essentiel de tout processus religieux, un mode de rassemblement autour de la transcendance. Elle trouve sa vraie force lorsqu'elle est vécue dans une cérémonie religieuse. La formule bien connue « la musique adoucit les mœurs » renvoie à des réalités concrètes : la musique est d'abord là pour créer les conditions d'un consensus social et d'une paix, dans une transcendance.

Lorsque j'ai annoncé dans *Bruits*, en 1977, l'avènement du karaoké puis la création par les nomades urbains d'instruments nouveaux, pour une musique instantanée, collective, accessible à tous, et brisant la barrière de l'apprentissage, le rap et le slam n'existaient pas. C'était déjà ce que l'on trouvait dans la musique jamaïcaine, elle-même une façon de retrouver l'activité des griots africains mêlant la musique à la poésie, à la parole, à la déclamation, à la violence, à l'acte prophétique, et donc à l'acte politique. L'on ne demande pas à la musique de véhiculer un message. Elle est message en tant que telle. Le principal message qu'elle véhicule, c'est évidemment la beauté et il n'y a rien de plus révolutionnaire que la beauté : la beauté transcende, la beauté crée un manque puisque, dès lors que nous cessons d'être dans la beauté, nous ressentons l'écart entre l'univers de la beauté et l'univers réel et nous désirons que l'univers réel ressemble à celui de la beauté. L'esthétique est, par nature, révolutionnaire. C'est en cela que la musique est appel au changement, à la transgression, au neuf, à l'avenir.

Ce n'est pas un hasard si toutes les périodes prérévolutionnaires ont engendré de grands musiciens et que, durant toutes les périodes totalitaires, les grands musiciens ont été ou sont muselés. La valeur de leur message est très forte : il ne faut pas l'attendre dans la bouche des musiciens, mais dans leur musique. C'est d'ailleurs tout le paradoxe d'écrire aujourd'hui sur la musique : on devrait se contenter d'en écouter, même si, évidemment, écrire sur la musique c'est aider les lecteurs à mieux l'écouter et à y trouver un sens des choses qui va au-delà de la musique elle-même.

La musique console aussi de l'absence de l'autre, se substitue à sa présence. La musique, c'est l'autre, l'autre qui n'est pas là, à qui on ne peut pas parler, parce qu'on est occupé, parce qu'on n'a pas le temps. L'autre qui est en concert, à la radio, sur le CD, l'Ipod ou le podcast. Notre société tente de combler l'extraordinaire solitude qu'elle fabrique par une présence de l'autre dans la musique. D'où, d'ailleurs, l'importance croissante de la voix (à la fois dans les variétés, dans le chœur et dans l'opéra).

Dans les décennies à venir, nous écouterons aussi la musique tout autrement : des nanotechnologies créeront des prothèses qui transformeront radicalement ce qu'on appelle « entendre ». Au-delà encore, les neurosciences permettront la découverte de liens entre le son et l'ensemble des activités cérébrales, émotionnelles ou intellectuelles, dont les activités du plaisir, de l'érotisme. La musique fera alors partie d'un ensemble beaucoup plus vaste de sensations qui pourrait devenir, si l'on imagine le pire, un instrument de manipulation, de contrôle, beaucoup plus puissant que ne l'a été la musique militaire, mais aussi, pour le meilleur, un instrument de démultiplication des sensations, de dépassement de soi.

flashcode

Réagissez à ce chapitre !

web

La littérature et le théâtre, art ou distraction ?

Claude Durand et Daniel Mesguich

Éloge du silence

Claude Durand. – La défense du livre et celle du droit d'auteur sont deux choses à la fois distinctes et qui demandent à être fondues. Distinctes parce que 90 % au moins de ce qu'on lit dans le monde sont aujourd'hui des œuvres du domaine public, qui ne sont plus protégées, que ce soit la Bible, Karl Marx ou Jules Verne. En revanche, ces deux notions peuvent être associées dans la mesure où la littérature à venir est fonction de la défense du droit d'auteur. Nous avons besoin de prévoir l'élaboration des œuvres futures et d'aider à cette élaboration en protégeant le droit d'auteur.

Quant à évoquer la défense de la lecture, cela signifie de fait qu'elle est menacée. Là encore, il est vrai que de lourdes menaces pèsent sur elle. Il ne s'agit pas seulement de l'analphabétisme qui persiste çà et là, ou de l'encombrement du temps qu'engendre le développement de nouvelles technologies et de nouveaux loisirs. Une des menaces qui pèse le plus sur la lecture est, à mon avis, le *bruit*, pour reprendre un concept que Jacques Attali a utilisé dans le titre de l'un de ses livres. Dans nos sociétés, il y a beaucoup de bruit, quand la lecture a besoin au contraire de solitude et de silence. Mon ami le regretté François Caradec, critique espiègle, disait : « Les mathématiques n'ont pas besoin pour exister d'amateurs de mathématiques, il suffit qu'il y ait des mathématiciens pour s'exercer. En revanche, la littérature, pour exister, a besoin d'un lecteur. Et ce lecteur a besoin d'être en tête à tête avec cette littérature. » Je pense souvent, surtout à l'heure actuelle où les téléviseurs et les radios sont sans cesse allumés, à ce que peut être la possibilité, pour un adolescent, dans certaines cités, ou dans certains villages, de lire un recueil de Paul Valéry ou les *Chants de Maldoror*, et quel peut être son contact avec la *Recherche du temps perdu*. Est-ce qu'il a un endroit où il peut bénéficier de cette espèce de solitude, de ce silence, de ce respect pour la lecture ? J'en viens parfois à me demander s'il ne faudrait pas ouvrir les lieux de culte, en dehors des offices, pour accueillir les lecteurs qui seraient là en quelque sorte des « réfugiés avec papier ».

Daniel Mesguich. – Au théâtre aussi nous avons besoin que les gens soient silencieux. Mais c'est nouveau, ça ne date que de très peu de temps. J'ai joué dans d'autres pays où il y avait un bruit assourdissant pendant la représentation. Je ne sais pas ce qu'entendaient les gens, mais nous avions beaucoup de succès à la fin, les spectateurs applaudissaient très fort ! Cependant ils ne se taisaient pas. Les spectateurs de théâtre ont l'habitude de mimer, de singer peut-être le recueillement dont parle Claude Durand. Ce qu'il évoque me fait penser à cela, à quelque chose de religieux au théâtre. On se tait, c'est une messe laïque, tout comme l'est la lecture.

J'aime beaucoup le « Marathon des Mots », cette manifestation où il s'agit de faire la moitié du chemin, de rendre à la voix ce qui est à la voix, puisque dans l'encrier de tout livre sans doute il y a une voix. Un lecteur lit devant d'autres, qui écoutent et, ainsi, lisent aussi, l'idée est magnifique.

flashcode

Daniel Mesguich lit Mon rêve familier *de Paul Verlaine*

web

Un petit danger pourtant… J'ai observé là-bas une grande ferveur, une ferveur presque adoratrice des passeurs que nous étions, nous, les acteurs. Tout se passait comme si nous faisions de la publicité, mais pas de la publicité pour que les gens aillent acheter des livres, ce qui en soit serait à la fois commercial et intéressant, mais que nous faisions la publicité de quelque chose qui n'était pas là, d'une entité quasi divine, cachée derrière ou dans l'écriture. C'est peut-être dangereux. La solitude oui, les lieux de culte, je suis moins sûr, même si c'est drôle.

La question de la « défense » est toujours compliquée. L'Unesco, par exemple, *défend* le théâtre par le biais d'une association internationale, présente dans plus de cinquante pays dans le monde, « Théâtre et Éducation ». Son propos se fonde sur l'idée que le théâtre est partie intégrante de l'éducation de l'homme et qu'il est, donc, nécessaire. On pourrait penser qu'il est étrange, puisque le théâtre est dans l'histoire de l'homme depuis presque l'apparition des civilisations, de devoir encore le défendre ou le justifier. Certes, le théâtre a toujours été fragile, même au temps des Grecs, même dans les moments les plus glorieux de son histoire. Mais aujourd'hui, nous avons tendance à vouloir tout défendre, dans tous les sens du mot. Et prendre la défense du théâtre, c'est aussi d'une certaine manière l'interdire, l'inféoder à la nécessité qu'on lui prête, le justifier par son utilité – comme s'il ne se justifiait pas lui-même. Dire qu'il fait partie intégrante de l'éducation, c'est le voir sous l'angle de l'utilité, voire de l'utilitarisme. À partir du moment où il cesserait d'être utile, il serait mort ? Je ne suis pas sûr. Il faut le laisser ailleurs, autrement, ouvrir sur de l'inconnu, sur de l'insu, sur ce qu'on ne saura jamais, sur ce qui arrivera peut-être. Nous avons tendance aujourd'hui à le protéger, et cela peut se comprendre. C'est bon pour lui, infrastructurellement, mais il est possible que ce soit, plus profondément, mauvais pour lui.

À quoi servent la littérature et le théâtre ?

Claude Durand. – C'est vrai que nous sommes dans un univers où ce qui se passe en matière littéraire, au théâtre, au cinéma, avec des succès incroyablement commerciaux, peut annoncer le basculement définitif de ces arts, avec leur dimension subversive, dans la distraction commerciale, au lieu d'ouvrir à une voie neuve. Au XIXe siècle, et encore un peu au XXe siècle, la société industrielle avait pour mission essentielle d'ordonner nos façons de travailler. Il est certain que la société postindustrielle a, dans ses missions, celle de mettre de l'ordre dans nos loisirs. Parmi ces loisirs, il y a la transformation de ce qu'il peut y avoir de subversif dans l'expression individuelle, sous toutes ses formes, en quelque chose de comestible, d'assimilable et d'apaisant pour la société. Tous les moyens d'expression collective y contribuent, à commencer par la dominante hégémonique – pour un temps, d'ailleurs – qu'est la télévision.

Daniel Mesguich. – Je repense à cette affirmation célèbre de Jean Vilar : « Le théâtre doit être un service public comme l'eau, le gaz et l'électricité. » Mais l'eau, le gaz, l'électricité sont des choses très claires, très simples, dont on sait à quoi elles servent. L'eau permet de boire, de se laver. Le gaz de faire la cuisine, de se chauffer, l'électricité aussi, ou de s'éclairer. Alors que le théâtre, ça sert à quoi ? On ne sait pas. Il faut clamer, certainement, qu'il est un service public, qu'il est nécessaire, et le désigner comme une activité humaine fondamentale, une dimension constitutive de l'homme (encore que ce soit là une vision très occidentale !), mais, en même temps, préserver ce qu'il a de mystérieux ou d'inutile en apparence. Il faut, aussi, laisser arriver l'impossible. J'ai trouvé le geste de Jeanne Laurent – cette fonctionnaire qui, entre 1946 et 1952, a en quelque sorte inventé le théâtre public en créant les tout premiers centres dramatiques – vraiment magnifique. Elle a pris l'argent de l'État, l'argent des contribuables, et elle a dit : « Je le donne à quelques créateurs, à quelques hommes de théâtre et je ne sais pas ce qu'ils vont en faire. » C'est ainsi qu'il faut aborder les choses, à mon sens plutôt que d'affirmer : « Vous voyez bien que ça sert à quelque chose ! », car, cela, c'est l'idéologie bourgeoise du XIXe siècle, celle qui voyait les artistes comme des parasites. C'est parce que l'on considère que le théâtre ne sert à rien, qu'on affirme qu'il sert un peu à quelque chose, par exemple à empêcher les jeunes de brûler les voitures dans les banlieues. Mais, si son utilité est de cette nature, ce n'est plus de l'art, ce n'est plus du théâtre, c'est de l'action sociale, ou c'est un alibi politique. C'est en ce sens que je crains parfois que défendre le théâtre puisse revenir à l'annuler.

Tous auteurs, tous acteurs ?

Claude Durand. – Qu'est-ce qu'un roman aujourd'hui ? Salman Rushdie a une très belle définition du roman basique : « Pour faire un roman, il faut un lit et trois personnages. » C'est le roman bourgeois. Désormais, on peut même mettre les trois personnages dans le même lit, ce n'est plus un problème…

On assiste à une pression du marché, de plus en plus forte, sur la création. Dans les années 1960-1970, on a constaté que la population féminine était la plus grande consommatrice de romans, car la crise de l'emploi, la crise des cadres, incitait les hommes à s'abonner plutôt à des magazines de management. 70 à 75 % des romans étaient alors achetés par les femmes. Les magazines féminins ont dès lors orienté leurs critiques vers le livre destiné plus particulièrement à ce public-là, ce qui a favorisé l'éclosion de romans portant sur des problèmes typiquement féminins. On a assisté là à la création d'un genre répondant totalement à un marché. Je suis très inquiet de ce genre de phénomène, assimilable à un phénomène communautariste. Il est circonscrit à un genre, mais pourrait très bien s'appliquer à d'autres.

flashcode

Les ventes de livres en France et la répartition par genres

web

Actuellement, on assiste, dans la foulée des best-sellers anglo-saxons destinés aux adolescents et des grosses productions audiovisuelles, à deux mouvements : tantôt c'est le roman qui connaît un immense succès et on en tire un film, tantôt c'est la superproduction hollywoodienne qui génère ce qu'on appelle des novellisations, c'est-à-dire qu'on écrit le roman d'après le film. Avec toujours le même souci : où est le cœur de cible ? Or, le cœur de cible, ce sont les adolescents, parce que les adolescents sortent. Les adultes, de plus en plus, regardent le cinéma à domicile. Je vois donc à l'avenir des pressions de plus en plus fortes du marché sur les contenus. Et je vois de moins en moins de liberté laissée au créateur, sommé de prendre désormais en considération l'environnement économique et la pression du marché sur son travail. Heureusement, ce type de pression suscite des rébellions et il y a des exceptions qui permettent encore d'entendre – quand on permet qu'elles se fassent entendre – des voix singulières…

Daniel Mesguich. – Raymond Devos parlait souvent de ses débuts dans le métier, quand il vivait dans la chambre minable d'un hôtel minable, où il dormait sous le lavabo. La bohème, la vache enragée, apparaissent souvent comme des cautions pour un artiste. Mais il disait, lui, que ça abîme, que ça rend lâche, qu'il y a des choses auxquelles il ne faudrait pas goûter. « Bien sûr, ajoutait-il, je m'en suis toujours sorti, mais ça laisse des traces. » Le destin des comédiens ne se façonne pas nécessairement autour du désespoir, ça n'a rien d'un passage obligé. Et en aucun cas le désespoir n'aide. Au contraire, et il est absurde de le rechercher (voire de le simuler). Mais je crois, cependant, qu'il ne faut pas non plus en avoir peur. Je dis parfois à mes élèves, peut-être parce que je ne suis pas moi-même exempt d'une certaine vision romantique de l'artiste, que Rimbaud n'a pas vérifié qu'il avait d'abord un éditeur avant d'écrire les *Illuminations*. Il faut faire les choses et puis on verra bien. Si on ne prend aucun risque, on risque surtout de ne pas arriver à grand-chose, c'est évident.

Cependant, il y a aujourd'hui un phénomène tout à fait différent. C'est le fait que tout le monde croit pouvoir être créateur, être poète, être acteur, etc. Pourquoi pas, même si, bien sûr, on peut douter que ce soit réellement possible. Cependant, on remarque parallèlement – et paradoxalement – que plus on pratique soi-même, moins on s'intéresse aux artistes. Internet regorge de soi-disant écrivains qui ne lisent jamais un livre, les classes L3 ou les ateliers d'art dramatique d'éventuels acteurs qui ne vont jamais au théâtre, etc. Concernant le théâtre, c'est d'ailleurs une réelle défaite, parce qu'on a longtemps cru que les actions de ce genre créeraient plus de spectateurs que d'acteurs. C'est un effet pervers de ce qu'on appelle la démocratisation culturelle. Au lieu de démocratiser l'accès aux œuvres, elle instille une pure illusion idéologique, par laquelle les artistes sont déniés dans leur singularité et finalement un peu méprisés.

Et puis, il y a le mouvement inverse, encouragé par le marché, et qui s'apparente à l'idolâtrie. Il suffit de voir, dans les salles de concerts de rock ou de variétés, les spectateurs immobiles, debout, brandissant des briquets comme s'il s'agissait d'une cérémonie du Ku Klux Klan. Mais ces deux mouvements – mépris d'un côté, idolâtrie de l'autre – vont sans doute ensemble, comme au XIXe siècle, quand le triomphe de la bourgeoisie s'est accompagné de l'éclosion du romantisme. Il y a souvent une hypersacralisation qui accompagne la désacralisation. Comme un effet de dédouanement ou de transfert pernicieux.

Claude Durand. – Je constate exactement le même phénomène dans l'édition : l'émergence d'un droit revendiqué comme imprescripible à être publié. On prend les éditions, qui sont de petites entreprises privées, pour la Sécurité sociale : « Puisque vous avez publié ce très mauvais livre, puisque j'ai publié un livre d'égale valeur sur le même sujet, donc j'ai le droit d'être publié. » Il y a cette revendication. Et je crains, avec le développement d'Internet, qu'on passe du blog à l'œuvre diffusée sur le Net, où il n'y aura plus de tri. On risque de traverser une longue période de surabondance d'« œuvres » très personnelles, un peu ratées, sans qualité, se déversant en flux continu. Je crains que cette espèce de chaos n'aboutisse à une usure du goût, du discernement artistique. On l'observe dans les pays très récemment libérés d'un pouvoir dictatorial. On l'a observé en Espagne, après le franquisme, comme dans les démocraties populaires, après la chute du mur de Berlin. Il y a une période de grand cafouillage, de perte de repères sur ce qui est bon, mauvais, sur ce qui est publiable, pas publiable, avec des mélanges d'influences extrêmement diverses. Pour en sortir, c'est très long. La Russie en sort à peine. L'Espagne en sort très bien actuellement. Mais je dirais qu'il y a une sorte de grand purgatoire d'une décennie, voire deux, avant de revoir émerger, après la nuit de la censure et l'aveuglement du « tout est bon », la sélection.

Quel est le critère justement pour nous, éditeurs, de la sélection ? Il est très simple, quel que soit le genre, roman, essai, poésie ou théâtre. Michel Serres a rappelé un jour que le mot « auteur » vient d'un verbe latin qui veut dire « augmenter ». Créer, c'est augmenter le monde. Augmenter le monde avec quelque chose de nouveau, qui n'appartient qu'à soi-même. Ceux qui « augmentent », sont des auteurs. Ceux qui répètent, ceux qui versent dans la tautologie, ne sont pas des auteurs. Il faut donc distinguer entre les œuvres, qui émanent d'auteurs, et la simple expression qui est à la portée de tout un chacun.

Les nouvelles technologies sont en général très favorables à l'écrit. Le fax a rétabli la lettre, le mail également. On se téléphone moins, on se maile davantage. Sur ce plan, je dirais que le progrès des machines va plutôt dans le bon sens. Si on réutilise les mots, parfois d'une manière abrégée (mais toutes les époques ont leurs codes et leurs argots), en revanche, du point de vue des œuvres, il faut regretter une absence ou un relâchement de la prescription. On assiste à une espèce de grande marée uniforme, non triée, de textes – d'ailleurs on ne parle plus tellement d'œuvres, mais de « textes » –, si bien que nous aurons sans doute beaucoup de mal à réhabiliter certains critères esthétiques, à faire dissocier ce qui a de la valeur et ce qui n'en a aucune.

Daniel Mesguich. – C'est aussi une question de temps. Il est heureux après tout que tout un chacun puisse faire assez facilement un film par exemple, s'il en a le désir. Des choses formidables qui n'auraient pas pu exister auparavant voient certainement le jour, en même temps que quantité de choses médiocres et sans intérêt. Des dimensions complexes, et qui nécessitent un apprentissage, comme la lumière, le cadre, le montage, etc., sont abordées avec ignorance, avec des résultats qui peuvent être inventifs et novateurs ou seulement nuls. Il faudra du temps pour mesurer les effets de cette disponibilité nouvelle des moyens d'expression, il faut laisser décanter.

D'autres avenirs pour le livre ?

Claude Durand. – Quand on est un homme comme moi, travaillant pour et dans la culture, on est à la fois partagé entre le souci de la diffusion en plus grand nombre, le moins cher possible, si possible gratuitement, et le besoin, la nécessité de protéger les producteurs, qu'ils soient auteurs, musiciens, artistes. C'est un débat extrêmement complexe. On a vu récemment tous les éditeurs français mobilisés dans une attitude de contre-offensive pour empêcher que Google diffuse l'intégralité des œuvres françaises relevant de la propriété littéraire. Toutes les maisons d'édition en France ont fait le même travail de résistance, de façon à ce que la propriété littéraire des auteurs publiés soit protégée. C'est indispensable : sinon autant fermer les maisons d'édition.

Je suis « pour » la numérisation des œuvres antérieures, c'est-à-dire celles qui sont dans le domaine public, mais je suis également « pour » la numérisation de celles qui n'y sont pas encore. La numérisation est nécessaire, et je suis tout à fait d'accord pour qu'on accède aux œuvres par voie électronique. Ce qu'il faut trouver, c'est le mode de rémunération équitable des auteurs correspondant à ce mode de diffusion. Quand on a inventé la photocopie, l'Éducation nationale s'en est beaucoup servie pour acheter moins de livres et faire en sorte que les étudiants étudient un chapitre au lieu d'un livre entier. Eh bien, on a inventé une taxe sur les photocopieurs. Je ne suis pas du tout sûr qu'on puisse transposer totalement cette méthode au problème de la numérisation, mais il faut trouver des solutions. Le risque inhérent à une taxe sur les appareils, c'est la redistribution par des sociétés dont on connaît l'extrême avidité en matière de frais de fonctionnement...

Dans un tout autre registre de diffusion, citons le livre audio. Il a existé avant même qu'on ne songe à le mettre entre les mains des malvoyants. Il est né sur la côte Pacifique des États-Unis, là où les déplacements automobiles étaient les plus longs et où l'on vendait, il y a une vingtaine d'années, des cassettes de romans ou d'essais pour faire de longues heures de route. En France, nous avons la chance d'avoir France Culture ; eux avaient besoin de cassettes ! Je pense qu'il y a une troisième voie de développement, qui est d'entendre l'interprétation de ses œuvres par l'auteur lui-même ; c'est différent de l'enregistrement où l'acteur ajoute sa propre interprétation et s'immisce dans le tête à tête avec le livre. J'ai eu la chance d'entendre de vieux enregistrements 78 tours d'écrivains de l'entre-deux-guerres ou de l'immédiat après-guerre : c'est très émouvant d'entendre du Bernanos lu par Bernanos, de l'Artaud clamé par Artaud.

Daniel Mesguich. – Un disque, pourquoi pas ? Ça peut être une façon de faire la moitié du chemin, car il y a des gens qui, intimidés, n'osent pas entrer dans des librairies, ou qui n'ont pas la pratique de cette activité particulière qu'est la lecture silencieuse pour soi-même.

Le théâtre ou l'avenir du spectacle vivant

Daniel Mesguich. – Le théâtre est toujours dans un rapport contradictoire, tendu, avec le présent. Il y a – il y a eu, en tout cas – de grands succès au théâtre. Mais il y a aussi des troupes de théâtre qui souffrent, qui n'arrivent pas à travailler, qui manquent de moyens, de reconnaissance, en direct. Nous avons tous besoin de présence et de présent. Mais le théâtre n'est pas seulement un art vivant, un art au présent, l'actualisation d'un texte, il peut être aussi, et avec retard, son écume, son chatoiement, son aura. Pour Mallarmé, le Livre à venir devait être du théâtre – mais ce qu'il entendait par là n'était pas tellement le théâtre en tant que pratique scénique immédiate, mais un concept plus vaste, qui impliquait un rapport au temps encore différent.

Le théâtre est toujours à la fois permanent et provisoire. Permanent parce qu'il cherche, dans les textes et dans son époque, des points de rencontre, des courts-circuits. Mais provisoire parce qu'aucune représentation, aucune mise en scène, quelque plurielle, riche, polysémique qu'elle soit, n'épuise un texte, un livre. Le théâtre est essentiellement un travail de déconstruction, au sens derridien, de mise en question et en crise des œuvres, et aussi de son propre présent. Donc, si le présent a de l'avenir, le théâtre a de l'avenir ! En effet, il vient toujours montrer que le présent n'est pas si présent que ça

Il y a d'autres phénomènes à l'œuvre dans le théâtre, mais que moi je considère comme des malentendus, au moins partiels : par exemple, certaines personnes veulent voir « en vrai » telle ou telle star, et vont au théâtre pour ça. Là encore, nous sommes du côté de l'idolâtrie ; certaines « stars », à l'opéra par exemple, sont littéralement considérées comme divines, on les appelle des « divas ». Les voir est considéré, partiellement à juste titre d'ailleurs dans un monde où tout est duplicable, comme une sorte de luxe. Mais cette sacralisation de la Présence est au fond le contraire même de l'action du théâtre, qui ne cesse de montrer à quel point le présent n'est pas si présent que ça, à quel point il s'effiloche, il s'ouvre, à quel point il est engorgé de passé, de mémoire, de traces, mais aussi de virtualités, de futurs, de promesses.

Toutes ces contradictions, qui sont constitutives de l'art du théâtre, ne peuvent pas être mises de côté si l'on s'interroge sur la question toujours paradoxale de son financement, question qui est évidemment en cause dans celle de son avenir. Il faut de l'argent pour faire du théâtre, et cet argent doit impérativement lui venir, entre autres, sous la forme de subventions, justement parce qu'il n'est pas, contrairement au commerce, dans un rapport simple avec le présent. Si les productions devaient être absolument équilibrées sans subventions, que ce soit dans le théâtre public ou dans le théâtre privé, les places seraient tellement chères que le théâtre disparaîtrait. Et, curieusement même, plus les salles sont pleines, plus il faut de l'argent, puisque ce sont les spectateurs finalement qui sont subventionnés, et non pas les spectacles, ni les artistes. C'est un luxe de première nécessité, pourrait-on dire.

Car, une société sans théâtre serait invivable, cela impliquerait que plus jamais, nulle part, on ne pourrait se replier sur soi-même, faire, ensemble, silence et solitude. Claude Durand évoquait tout à l'heure la solitude et le silence, c'est effectivement ce que le théâtre permet, mais à plusieurs. En droit, même, *tous ensemble*. Faire ensemble silence au milieu du vacarme. Même si cela peut parfois, comme je l'ai dit, courir le risque de devenir vaguement religieux, je crois infiniment précieux cet espace où chacun devient un lecteur, un décrypteur, un chercheur.

La télévision, elle, à l'inverse, fait beaucoup de bruit, elle empêche la solitude, la réflexion, les questions.

Même s'il paraît archaïque aujourd'hui au milieu des nouvelles technologies, parce qu'il est archaïque, même, irrécupérable, irréductible, induplicable, je crois que le théâtre a encore devant lui de beaux jours.

Rire, la nouvelle exigence

Daniel Mesguich. – En mars 2006, j'ai écrit et mis en scène *Boulevard du boulevard du boulevard*, au Théâtre du Rond-Point. Ce spectacle, humblement et en faisant rire, mettait en scène, en crise, en question, justement le désir de rire du public. Car il y a plusieurs rires. Le désir de rire s'assouvit souvent par un certain rire consensuel que je déteste, que l'on peut voir chez les amuseurs de télé, ou chez certains comiques, et qui est poujadiste, bête, vulgaire, qui tourne tout en dérision sans aucune distance critique sur lui-même, et qui sert à ne pas penser. Ce rire consensuel, on le retrouve systématiquement dans les moments les plus cruciaux de l'Histoire : Berlin riait beaucoup, juste avant la guerre. Ce rire-là est abominable, évidemment. Mais il existe aussi de grands talents de l'humour, les Monty Python, Tex Avery, les Marx Brothers ou même, en France, le théâtre de vaudeville ou de boulevard quand il atteint un certain niveau, que ce soit par les textes, Labiche,

Feydeau, ou par les acteurs, Jacqueline Maillan, Louis de Funès… Il y a aussi des « plaisanteries » sublimes chez Kafka, chez Borgès, chez Beckett… Je crois que cette distinction entre le rire moutonnier, fascisant, et le rire créatif est capitale.

Ce qui était, je crois, réussi dans ce spectacle, c'était que toute la salle ne riait jamais en même temps. Le spectacle traversant un peu tous les humours, il atteignait tantôt l'un tantôt l'autre. Et il est bon de rire d'un autre rire que son voisin, cela permet aussi de rire de soi, de son propre rire. Là encore, on revient au fait d'être seuls, ensemble. Cependant, là aussi, il y a eu quelques malentendus. Beaucoup de gens m'ont dit par exemple, à propos de *Boulevard…* : « C'est bien, votre spectacle, ce n'est pas "prise de tête". » Moi, au contraire, je souhaitais que ce soit justement une grande prise de tête !

Claude Durand. – Il y a également un certain courant « littéraire » inspiré par un humour débridé, volontiers ordurier, grotesque, parmi les nouvelles générations. Une génération a été marquée – je dirais souvent : hélas ! – par ce qu'on pourrait nommer l'« esprit Canal + », *Libé* ou *Charlie Hebdo*. Ça a donné ce que Philippe Muray, formidable philosophe, a appelé, comme une nouvelle espèce, l'*homo festivus*, c'est-à-dire l'individu pour lequel se marrer, être sympa, faire la fête est une fin en soi. Toujours la pensée, l'attitude tautologiques : « Je me marre parce que c'est marrant et parce que les autres se marrent. » Il y a continuité entre le « tout est possible et permis » de 68 et le « plus rien n'est possible », le désengagement et le désenchantement d'aujourd'hui, avec leur double corollaire : la résignation et la dérision. Quelle pensée, quel art de subversion auront raison de cela ?

L'avenir du livre, du spectacle vivant et de la distraction

Jacques Attali

Dans le formidable écoulement de la vie, chaque individu, chaque espèce, essaie d'apprendre comment survivre à la sélection naturelle. Le théâtre, le cinéma et la littérature sont une façon d'apprendre comment les autres réagissent face aux aléas de la vie. De plus en plus de genres littéraires se développent explicitement autour de ce thème : comment survivre, comment gagner de l'argent, comment séduire, comment être heureux, etc. Des livres, des films, des œuvres théâtrales sont, explicitement ou implicitement, des manuels de survie.

À l'inverse (ou parfois simultanément), se distraire c'est ne pas vouloir affronter la précarité, dans ce qu'elle a d'insupportable. C'est refuser la mort, c'est, au sens pascalien du mot, se divertir. La distraction est alors une séparation d'avec soi-même. Elle est aussi une façon de se retrouver, de se ressourcer, de se ré-imaginer, de s'isoler dans une sorte de solitude créatrice qui, lorsqu'elle n'est pas simplement une répétition de spectacle sommaire, peut être extraordinairement valorisante.

Ce n'est donc pas par hasard si la distraction est aujourd'hui, avec le secteur de l'assurance, le plus grand secteur de l'industrie mondiale : l'assurance protège contre les risques, tandis que la distraction permet d'y échapper. Le temps qu'on y consacre augmente beaucoup plus que leur part dans l'économie mondiale, puisqu'une grande partie de ces activités coûtent peu d'argent ou sont même gratuites. De plus, le temps passé devant Internet à écrire des e-mails, à écouter de la musique ou à voir des films augmente, au point qu'aux États-Unis, certains adultes américains consacrent plus de temps à naviguer sur Internet qu'à regarder la télévision.

Art, culture, distraction se mêlent et se confondent parfois : lire, écouter de la musique, aller au théâtre ou au cinéma, sont autant de façons de comprendre la société, de se dépasser, mais aussi de fuir le réel.

Le théâtre est une activité ancienne, rituelle ; les nouvelles technologies rendront possible d'en faire dans des salles de cinq ou six mille personnes, comme on commence à le faire avec l'opéra. On verra davantage de théâtre à la télévision, avec des chaînes de théâtre diffusant du théâtre en permanence et mettant les grands chef-d'œuvre à la disposition du public.

En particulier, satisfaire le besoin de rire sera de plus en plus important dans des sociétés angoissées. Nous sortons, en Occident, d'une période heureuse, où pendant soixante ans nous n'avons pas connu la guerre et la vraie crise. Le besoin de rire ressemble à un besoin d'avant guerre, comme Daniel Mesguish le disait à propos de Berlin. Rire des puissants est certainement le premier indice de la santé de la démocratie. Et je ne crois pas que les occasions de rire manqueront à l'avenir.

Le cinéma subira la même évolution que la musique. Pour retrouver un marché, en salle, il devra fournir aux spectateurs des sensations neuves. Et d'abord, il devra passer en 3D.

La distraction mêlera de plus en plus le spectateur et l'acteur, le spectateur et le spectacle. Il devra trouver un nouveau modèle économique avec la remise en cause de l'actuelle chronologie. Les mutations technologiques amèneront le spectateur à intervenir dans le déroulement du jeu, du scénario, un peu comme Woody Allen dans certains de ses films. Le jeu vidéo permet déjà de raconter des histoires dans lesquelles celui qui joue est lui-même acteur de l'histoire. L'avenir du cinéma est de fusionner avec le jeu vidéo.

Des transformations profondes iront aussi très loin dans le mélange entre distraction et travail. Demain, des robots (ayant une forme, une présence, une compétence humaines) joueront avec les enfants, avec les adultes à la vie quotidienne. Les gens joueront à la comédie avec un robot et feront partie d'orchestres avec des robots. Avec ces robots, virtuels ou réels, la distinction entre la distraction et le travail, entre le réel et le virtuel, entre le vécu et l'imaginaire, sera de plus en plus floue. On vivra dans le vertige de ne plus savoir ce qui est réel et imaginaire. L'humanité sera un peu comme ce personnage du roman de Richard Matheson *Je suis une légende*, où disparaît le dernier être humain et où l'espèce humaine elle-même n'est plus qu'une légende dans le souvenir des vampires qui la remplace. Évidemment, nous devons tout faire pour l'éviter.

Et le livre ? Immense avenir ! Pour le livre papier en particulier. Bientôt, l'humanité tout entière saura lire. Des livres par milliards circuleront. De plus en plus de titres seront publiés. Le livre papier reste, à la différence des technologies de diffusion de la musique, une technologie irremplaçable. Il sera renforcé par l'hyperlivre qui donne un nouvel avenir au livre papier. Le livre électronique trouvera une place, comme complément des livres papier, et prolongement des notes book.

En France, le livre est particulièrement protégé, notamment par la loi sur le prix unique. Même si les décideurs politiques s'inquiètent plus des livres qu'on peut écrire sur eux que de l'avenir du livre, il n'y a pas de véritable danger pour lui.

À condition d'en préserver toute la chaîne (ce que la musique n'a pas su faire) : alors que le disquaire a disparu, sans aucune aide des majors, le libraire est reconnu comme fondamental pour conseiller, orienter le lecteur. Un auteur ne peut imaginer se faire connaître sans un libraire qui l'apprécie. En particulier, le succès de quelques « chaînes » de libraires montre qu'avec de la passion, du talent, ce modèle économique est encore extraordinairement valable.

flashcode

Réagissez à ce chapitre !

web

La nouvelle place de la gratuité dans nos sociétés

Roland Castro et Bernard Miyet

La gratuité pour les riches ou pour les pauvres ?

Bernard Miyet. – Ayant vécu aux États-Unis, j'ai conscience des décalages qui existent entre les couches pauvres et les plus riches. Lorsque l'on parle de modèle social, il est évident que je souhaite voir le modèle social européen préservé. Nous payons le prix de la mutualisation pour que les plus défavorisés puissent naturellement être pris en charge et je pense qu'il faut conserver ce qui a fait le modèle de nos pays en Europe.

flashcode

Interview de Roland Castro

web

Roland Castro. – L'utopie concrète que je défends, c'est justement ce qui a permis que l'éducation, la santé, la citoyenneté, la sécurité publique, la justice soient gratuites. Ce n'est absolument pas une évidence. La Sécurité sociale est un pur séisme de l'Histoire ! Le droit à la jouissance pour tous est un truc formidable et le droit aux soins pour tous a longtemps été impensable. C'est cela, une utopie concrète ! D'ailleurs, une utopie concrète, ce n'est pas forcément que tout soit gratuit, je crois même que la bonne utopie, c'est de penser que des choses doivent être payées. Payer de sa personne, ne pas payer simplement d'argent. Dans le projet d'utopie concrète, on a un service civil, qui est un impôt de la personne. Il est évident qu'il y a des secteurs qu'il faut arracher au marché. Non pas pour qu'ils soient au sens strict « gratuits », mais pour qu'ils donnent un bain d'égalité à tous. Si je devais allonger la liste de ces services ou de ces biens, qui aujourd'hui sont gratuits en France, j'y ajouterais le médicament : il faut enlever les droits d'auteur sur les médicaments.

Bernard Miyet. – Il n'y a pas d'auteur de médicaments. Il s'agit de propriété industrielle, et non pas de propriété littéraire et artistique. Et il existe un décalage très grand entre le droit d'auteur, qui concerne une personne sans aucune protection et qui ne vit que de son art, et la propriété industrielle et les brevets qui, eux, sont le fruit de recherches financées par les entreprises qui, le cas échéant, procurent des dividendes. C'est dans un monde totalement différent.

Roland Castro. – C'était juste un clin d'œil. Parce que je crois que le médicament contre le sida coûte 1 dollar à fabriquer et 39 dollars en brevets divers. Ça donne à peu près l'état des chiffres. Je trouve que l'auteur du médicament devrait être gratifié de son nom, mais que 1 dollar suffirait. Il faut extraire du champ de la marchandise ce qui est un savoir humain, qui fait partie du devoir d'hospitalité de tout être humain. La question du médicament fait partie de ce que Jacques Derrida appelle « le devoir d'hospitalité ».

Quant au logement, je pense qu'il faut parler d'un droit à l'urbanité, c'est beaucoup plus profond que le logement en lui-même. Il faut que, non seulement, chacun ait un toit, mais que l'organisation des différents toits entre eux soit bien faite. En France, il y a des manières d'empiler les logements tout à fait dramatiques du point de vue du plaisir d'habiter. Il ne faut surtout pas laisser le marché tout seul sur la question urbaine. Cela donne des formes effroyables d'apartheids urbains. À dix kilomètres de distance, même à cinq kilomètres de distance, il y a des manières d'habiter qui sont catastrophiquement différentes. Et cela se vérifie avec la citoyenneté. Il suffit de regarder non pas les communes, mais le détail des bureaux de vote : plus les quartiers sont mal faits, moins ils donnent le sentiment d'appartenance et de citoyenneté ; moins ils ont de citadinité, plus leur taux d'abstention est gigantesque. Il y a vraiment des endroits où plus personne ne vote !

La gratuité, un rôle civilisateur

Roland Castro. – Quand on transforme un quartier, cherchez les tags ! Dans les quartiers qu'on embellit vraiment, quand on respecte les gens, qu'on y met tous les codes culturels de luxe, que l'on fait quelque chose de beau, la dignité est reconnue par celui qui l'habite. C'est absolument vérifié. Une peinture anti-graffitis donne envie de graffiter, car on suppose l'autre déjà dégradateur. Il y a ainsi des tas de manières de faire les choses dans le logement qui pourraient inciter à se rebeller. Toutefois, si on fait des constructions extrêmement belles, elles sont respectées.

Je signale que l'énorme A380 dont tout le monde est très fier a pu se faire parce qu'il y a eu un service public de l'aviation après guerre très créatif et efficace. Avec le médicament, je défends cette idée-là du service public. Je pense qu'il y a une inventivité et une création formidables quand on mobilise les gens par rapport à l'esprit public et au service public. Je ne défends aucun statut particulier d'agent. Je dis simplement que l'idée de service public par rapport au médicament est une belle idée à laquelle de nombreux étudiants seraient prêts à adhérer, qui n'ont pas de plan de vie, ou s'ils en ont un, dans lequel la gratification n'est pas uniquement financière. Si c'est pour que le médicament soit gratuit et que les gens en surconsomment, ce n'est pas mon idée. Il y a des soins qu'on doit payer, comme sa psychanalyse par exemple… Je ne défends pas du tout l'idée de la gratuité pour la gratuité. En revanche, que des pans entiers de la société, qui font lien social, soient extraits de cette guerre et soient plutôt l'objet de la gloire que du pouvoir, et plutôt l'objet de la gratification par l'honneur que par l'argent, ça ne me paraît pas une mauvaise idée. Je pense qu'on peut très bien commencer à lancer l'idée que des étudiants en pharmacie se préparent à être des chercheurs du service public.

flashcode

Interview de Bernard Miyet

web

Bernard Miyet. – Je crois qu'il faut être très prudent dans la manière dont on aborde les choses. La gratuité, ce n'est pas gratuit.

Est-ce que l'écoute gratuite d'une radio comme NRJ se traduit par une véritable gratuité ?

Nous ne sommes plus dans la logique de la gratuité. Les questions sont : « Comment finance-t-on une activité ? » et « Est-ce que cette activité doit procurer du profit ou pas, en fonction de la loi du marché ? » Je pense qu'il faut rétablir les choses. La recherche n'est jamais gratuite au départ. Il y a toujours un chercheur à payer, un enseignant ou un auteur à rémunérer...

Certes, on peut très bien imaginer que des gens aient du plaisir à faire de la musique, à composer, à écrire des textes, à inventer des choses, à découvrir, sans en tirer une rémunération. Dans le monde artistique aujourd'hui, les deux tiers de nos auteurs, dont les œuvres ne sont jamais jouées, continuent à créer et n'ont aucune rémunération. Leur plaisir personnel à créer est bien réel, c'est un acte gratuit puisqu'il ne leur rapporte rien et qu'au bout du compte ils ne trouvent pas nécessairement un public. Et puis, il y a l'acte du créateur qui a envie d'être reconnu, de trouver un public. D'une manière ou d'une autre, pour qu'il puisse trouver un public et en vivre, il faudra bien qu'il ait une rémunération. Certains, dans le temps, ont fait le choix – hélas, cela n'a pas été une grande réussite – du mécène ou du financement par l'État. La soviétisation, avec des artistes officiels, je ne suis pas sûr que ce soit le meilleur choix qui soit. Dans le même temps, la collectivité ne peut se satisfaire d'une seule production devenue plus marchande et se trouve confrontée à la nécessité de trouver des formes de soutien de création artistique. À l'opéra, au ballet, au théâtre, le soutien de créateurs est censé compenser le manque de public et, le cas échéant, le manque de ressources. L'État compense, mais ce n'est jamais gratuit ! Ou alors l'État paie pour que le créateur puisse survivre, parce qu'il a le droit à survivre ou être rémunéré, mais qui fait le choix : le public ou le mécène ?

Valeur et gratuité

Bernard Miyet. – Lorsqu'on parle de journaux gratuits, papier ou en ligne, personne ne se pose la question de savoir si le journaliste est payé. Ou si, simplement, les informations sont achetées à une agence de presse, dont les journalistes sont payés.

flashcode

Lisez le journal sur votre téléphone

web

C'est comme la radio. Elle apparaît gratuite, mais c'est soit la redevance, soit la publicité qui la paie, c'est-à-dire les consommateurs des produits qui sont l'objet de publicité. Donc, il y a toujours quelqu'un d'autre qui paie à la place de celui qui écoute. Avec les bibliothèques, c'est la même chose. S'il n'y avait pas d'auteurs rémunérés, d'éditeurs qui prennent le risque de publier des livres et de libraires qui les vendent, il n'y aurait rien dans les bibliothèques !

Dans ce pays, le cinéma, le ballet, l'opéra sont considérés comme de la culture, souvent élitiste, sur laquelle des centaines de millions de subventions existent. Sur la chansonnette, jamais. D'un seul coup, sur Internet, la chansonnette devient le produit culturel par excellence, qui devrait être mis à la disposition de tous. Il y a toujours quelqu'un qui a sa plume, son intelligence, pour composer une partition ou écrire un texte. Et les auteurs-compositeurs sont ceux qui ont le statut le plus précaire dans ce pays. Un auteur-compositeur, personne ne le paie pour écrire son texte ! Sa seule ressource est que chaque fois que son œuvre est diffusée, il peut toucher des droits d'auteur, par l'intermédiaire de la SACEM. Il n'est pas intermittent du spectacle comme les artistes interprètes. Si son œuvre n'est pas jouée, il n'a aucune autre protection. L'impact d'Internet sur les résultats de la SACEM en 2004, c'est moins 24 % de droits payés à nos auteurs, ce qui touche des dizaines de milliers de personnes, parce que le marché du disque a dégringolé dans ce pays. Il y a un effet mécanique qu'il faut prendre en compte, pas seulement dans ce pays mais dans le monde entier.

Roland Castro. – Il y a gratuité et gratuité. Moi, j'entends gratuité au sens social, au sens d'échange symbolique, au sens du rapport qu'une société et des citoyens peuvent entretenir à quelque chose. Tout cela a un coût, bien sûr. Je me rappelle avoir écrit à quelqu'un au ministère du Budget, qui était gêné par un projet très beau dans un quartier. Je lui ai dit : « La paix sociale n'a pas de prix », il m'a répondu : « Mais elle a un coût ! » Moi, ce que j'aime dans la gratuité, c'est l'échange symbolique qu'elle permet, comme les musées gratuits... Au cours d'un débat dans une banlieue, une formidable militante du Secours populaire a raconté l'humiliation qu'elle a à donner. Elle voit les gens de plus en plus paumés, le nombre de secours qu'elle porte et de gens qu'elle soutient, de femmes seules avec des mômes, etc. Il y a l'humiliation de celui qui va recevoir, mais aussi humiliation de celui qui donne. Alors, ces gens ont trouvé quelque chose à partager : ils sont allés au Louvre. Le rapport à une œuvre d'art, la sidération, la contemplation, a modifié leur rapport. De ce point de vue, cette gratuité est féconde. Cependant, il y a des gratuités dangereuses car, effectivement, le gratuit n'est pas gratuit. Le journal gratuit, par exemple, n'est pas gratuit. Allez savoir ce qu'on va mettre dedans à force de gratuité ! À propos des journaux non gratuits déjà, il y aurait beaucoup de choses à redire, même à propos des journaux qui se prétendent « journaux de référence »... Le gratuit va peut-être, un jour, être rempli de choses très surprenantes, au mauvais sens du terme. La gratuité dont nous parlons ici, quand je parle moi-même de la gratification qu'apporte un très beau hall d'entrée dans une HLM par rapport à un hall étroit, c'est ce sentiment de partager quelque chose avec l'autre.

Bernard Miyet. – Il y a plusieurs sujets qui font partie de l'essentiel, à propos desquels on peut réfléchir à l'idée de les rendre gratuits. Évidemment, je suis tout à fait d'accord avec l'idée que la musique puisse irriguer, faire rêver, permettre de s'épanouir, de promouvoir le respect mutuel, la paix, puisque, tout le monde en convient, la musique adoucit les mœurs. Beaucoup de manifestations ont un coût limité pour la musique. Et dans la notion de gratuité, il y a la notion de valeur. On nous dit : « Un CD coûte très cher » ou « L'accès à Internet devrait être gratuit. » Personne ne se pose la question de savoir combien coûte l'accès à Internet, combien coûte l'ordinateur ! Il n'y a sans doute pas beaucoup d'ordinateurs avec un abonnement haut débit et des graveurs de CD dans les banlieues où Roland Castro intervient. Car c'est de l'argent ! On vous dit « c'est cher », et parallèlement vous voyez des entreprises de télécommunications gagner un argent fou en vendant simplement sept secondes d'une sonnerie téléphonique, négation absolue de la création musicale. Ce sont quelques notes de musiques, bâties sur ordinateur, qu'on vend 3 euros ! Et tout le monde trouve ça normal. Ces même jeunes qui critiquent le fait qu'on puisse avoir des services payants sur Internet se précipitent pour télécharger des sonneries musicales : il y a là une vraie contradiction et une confusion dans les esprits. Il faut endiguer la gratuité dans le domaine de la musique et il y a de ce côté-là un progrès réel. Dans toutes les études que nous faisons, nous n'entendons plus aujourd'hui l'idée que le créateur n'a pas à être rémunéré. Je trouve que c'est déjà un progrès. Sous la forme d'un débat très savant à propos de la licence globale, on a entendu dire : « On va inclure dans l'abonnement aux fournisseurs d'accès, Wanadoo, Yahoo, AOL et autres, de quoi financer l'accès à la musique. » Cela pose toute une série de problèmes de répartition, de collectivisation de la charge et ce n'est pas celui qui consomme le plus qui paie. D'un seul coup, on s'est dit que de la même manière qu'il y a un journaliste derrière le journal gratuit, il y a un auteur, un compositeur, ou un artiste interprète derrière la musique. Et ces gens, ces créateurs, méritent de vivre. On est entrés dans une logique où on a compris qu'il fallait payer. Alors, on se pose maintenant la question de comment, pourquoi, faut-il qu'il y ait des producteurs au milieu, la notion de profit doit-elle intervenir dans ces affaires ? Mais le débat a évolué.

Il faudra ensuite gérer les questions de sécurité, mais le fait de contrôler un fichier qui passe sur un réseau de télécommunications n'implique pas d'aller voir ce que M. X écoute ou regarde. C'est simplement de savoir si les œuvres musicales circulent avec les identifiants numériques indiquant que l'autorisation a été accordée et de savoir ainsi s'il y a eu une rémunération. En aucun cas la SACEM ne veut savoir ce que M. X ou Mme Y consomment. Cela relève de la vie privée et doit être totalement respecté, alors que ceux qui sont les adeptes de temps à autre de la liberté sont les premiers à envoyer ces fameux virus espions dans vos mémoires d'ordinateurs pour savoir ce que vous consommez ! La seule chose dont la SACEM veut être sûre, c'est que ce qui circule sur les réseaux, circule avec les autorisations voulues et qu'au bout du compte le créateur aura sa légitime rémunération.

Roland Castro. – Je suis pour que les auteurs vivent. Je suis moi-même un auteur, puisque je suis un architecte. Je suis payé en honoraires, c'est idiot d'ailleurs, j'aurais intérêt à faire de grands parkings, sans façade, avec beaucoup de béton car je suis payé au volume de béton… C'est absurde de ne pas être payé à l'idée, mais c'est une autre discussion. Le gratuit renvoie à l'amour, à l'échange symbolique entre les êtres. C'est ça, le gratuit. N'y mettons pas les journaux gratuits dedans. Il y a des gens qui les lisent parce que les journaux sont chers, tout simplement. Le journal gratuit, le matin, distribué à côté de la bouche de métro, les gens l'attendent. Il y a une neutralité dans ces journaux-là que je préfère parfois à certains donneurs de leçons payants et chers. Mais le gratuit a toujours un coût. Et s'il vaut la peine qu'on y réfléchisse c'est pour déterminer comment et quel espace doit être extrait du marché. Et quel espace il faut donner au marché.

Bernard Miyet. – Ou l'espace dans lequel l'État doit intervenir pour essayer de compenser les déficiences du marché. C'est plutôt en ces termes qu'il faut penser… Ça se fait dans le domaine culturel où, au-delà de la gratuité, il y a le problème de la diversité. Que ce soit sur le cinéma, la littérature ou la musique, la logique du marché et des multinationales est de tout concentrer sur un minimum d'œuvres, dans un minimum de temps, pour en tirer un maximum de profits. Ça peut aller à l'encontre de la diversité. Il y a un deuxième impact qui est très fort, c'est celui des bassins linguistiques. Il est clair que, plus le bassin linguistique est réduit, plus la capacité de prendre un risque en investissement, compte tenu de l'amortissement potentiel, est limitée pour le créateur de ces pays. Notre situation est intermédiaire, on le voit par rapport au cinéma américain. Si vous êtes danois, finlandais ou estonien, vous ne pouvez pas prendre de risques élevés et vos investissements se font en conséquence. Dans la concurrence avec l'Amérique, vous n'avez pas de place. L'État en a une par sa politique de quotas, par sa politique de soutien à la création, par sa politique d'obligation d'ouverture à de nouveaux talents. C'est quelque chose qui, en France, est essentiel. Ce n'est pas la gratuité, parce que si elle était réduite à l'état de marché, elle se concentrerait uniquement sur certaines grosses machines. Il faut réguler pour qu'il y ait de la place pour tous.

L'avenir de la gratuité

Jacques Attali

Les choses rares, c'est-à-dire disponibles en quantité limitée, celui qui en dispose n'en conserve pas l'usage s'il les donne ou les échange contre d'autres choses rares.

Parmi les choses rares, outre celles qui sont produites avec de la matière ou de l'énergie, citons le temps de vie : je peux vous vendre ce que je fais de mon temps, je peux mettre le temps de ma vie à votre service, mais je ne peux pas vous vendre, ni vous donner, du temps de ma vie, puisqu'il ne m'appartient pas.

Parmi les choses non rares, il y a d'abord celles qui peuvent être données sans en priver celui qui les donne. L'information, par nature, n'est pas rare : si je vous donne une information, je l'ai encore. Pour la rendre rare, il faut créer une propriété artificielle par le système du brevet ou du droit d'auteur.

En théorie, les choses rares ont un prix. Les choses non rares sont gratuites. En réalité, les situations sont plus complexes.

Les choses rares peuvent être gratuites pour le consommateur si elles sont payées par le contribuable, démocratiquement ou non. C'est le cas des services publics. La lutte contre la pauvreté passe par la gratuité des biens essentiels, plus qu'elle ne passe par une allocation minimale permettant aux gens de payer ces biens, sinon ces biens ne sont pas achetés par ceux qui ont les plus faibles moyens.

Pour les biens non rares, comme l'information, la gratuité pour le consommateur ne signifie pas non plus la non-rémunération du producteur. Ce n'est pas nouveau. Quand la radio est apparue, dès 1920, beaucoup de musiciens refusaient d'y aller jouer, disant : « Si les gens m'écoutent gratuitement à la radio, ils ne viendront plus assister à mes spectacles et n'achèteront plus mes disques. » En réalité, la radio a au contraire poussé les gens à aller aux spectacles et à acheter des disques. Le musicien, à terme, sera rémunéré pour sa musique diffusée dans des réseaux par une partie d'une contribution prélevée sur les fournisseurs d'accès, sur les graveurs ou sur tous les instruments de diffusion. Il faudra que quelqu'un distribue cette taxe et décide à quels musiciens l'affecter. L'artiste sera, aussi et surtout, rémunéré par le spectacle vivant, dans lequel les gens auront envie de quelque chose d'unique, improvisé, inattendu qui ne se reproduit pas, qui peut s'interrompre – qui offre en somme la preuve de la vie. À terme, on n'évitera pas non plus la gratuité de la diffusion des autres biens informationnels réplicables (la photo, le film, le livre), les droits d'auteurs étant payés par les fournisseurs d'accès.

Mais il ne faut pas non plus que la gratuité devienne un substitut à l'action. Par exemple, les Restos du cœur constituent une magnifique action de lutte contre la pauvreté par la gratuité, mais la gratuité de la nourriture peut devenir un obstacle à la vraie lutte contre la pauvreté si elle installe un palliatif permettant à la société de vivre avec la pauvreté plutôt que de la combattre profondément.

Pour en venir à une gratuité intégrale, il faut sortir de ce que Marx appelait le « fétichisme de la marchandise », cette relation aux choses qui consiste à penser qu'elles ne valent que par le prix qu'on les paie, ou par la valeur que les autres lui attribuent (si le prix est unique, on apprécie les choses par le classement : on aime une chanson parce qu'elle est numéro 1 au hit-parade, on achète un livre parce qu'il est le premier de la liste des meilleures ventes). On revient alors à l'origine de la valeur d'usage : apprécier les choses indépendamment du marché.

Ce qui restera gratuit à tout jamais en dehors du temps, c'est évidemment l'amour, c'est-à-dire la conscience.

Une civilisation utopique (messianique ou humaine) assurerait à l'humanité tout entière la gratuité des biens essentiels. Elle serait assez riche, assez organisée, pour que chaque être humain ait les moyens de ce qu'on pourrait appeler la « dignité ». C'est-à-dire les moyens de ne pas se vendre, de ne pas vendre son travail dans des conditions indignes et de disposer des moyens de s'épanouir. Il peut s'agir, a minima, des moyens de se nourrir, de boire, de se vêtir, de se loger. A maxima, des moyens de disposer des instruments intellectuels permettant d'exprimer ses talents : tout être humain devrait disposer des moyens de découvrir en quoi il est génial, en quoi il est altruiste. Devrait donc être à terme considéré comme « bien essentiel » tout ce qui permet à un être humain de se former pleinement pour découvrir ce qu'il est capable d'apporter à la société. Devraient donc être gratuits non seulement les biens assurant la protection de l'individu (la sécurité, la police, la citoyenneté, le corps), le logement, la nourriture, l'éducation, la santé ; mais aussi tous les biens qui pourraient lui permettre de découvrir ce pourquoi l'homme est fait. Par exemple, j'imagine assez volontiers une société dans laquelle l'idéal ne serait pas que chacun puisse écouter de la musique gratuitement, mais que chacun puisse pratiquer gratuitement la musique. Et pour cela, dans une première étape, on pourrait imaginer la mise à disposition gratuite d'instruments de musique (comme cela existe dans les conservatoires), et au-delà, que l'on puisse apprendre à fabriquer et à inventer des instruments de musique.

Le marché peut paradoxalement aider à la gratuité. Les ONG en sont un bel exemple : le profit n'est pas pour elles un objectif et l'équilibre financier est une contrainte. Une civilisation de la gratuité donnera sa valeur première, la plus haute, à la liberté de l'usage du temps.

On observe dès aujourd'hui les premiers signes d'une société que j'appelle « société de la fraternité », dans laquelle chacun trouve son plaisir au bonheur de l'autre, et non à l'accumulation d'objets marchands. La société de la fraternité passe par la réalisation de l'économie de la gratuité, dans la recherche de satisfactions qui ne sont pas l'empilement des objets mais simplement le plaisir d'être utile. J'emploie le mot de fraternité, mais on pourrait plus justement employer le mot de sororité ou de maternité, puisque le fondement même de ce plaisir, de ce bonheur-là, est dans le rapport de la mère qui trouve son bonheur dans celui de son enfant. C'est dans ce rapport que se situe l'extrême gratuité : il n'y a pas d'acte plus gratuit que celui de donner la vie.

III

SCIENCE ET TECHNOLOGIES

Quelques réflexions impromptues sur l'avenir de la Science

Claude Allègre

Le XXIe siècle sera d'abord celui des sciences naturelles, c'est-à-dire des sciences de la Terre et de la biologie. Car, après avoir compris les lois élémentaires de la nature, qui sont celles de la physique, on essaie désormais de comprendre le fonctionnement de la nature dans toute sa complexité. La physique demeure la base de tout, mais elle devient un socle pour comprendre la nature ou développer des technologies, elle n'est plus un but. On va étudier la Vie, sa nature, son fonctionnement avec sans doute une nouvelle formalisation : la physique s'est développée avec comme substrat le langage universel des mathématiques. Pour l'instant, les mathématiques classiques ne jouent qu'un rôle mineur dans le développement de la biologie. Par exemple, la biologie moléculaire, qui est une discipline extrêmement abstraite, se développe à partir de schémas cybernétiques qui ne sont pas vraiment mathématiques. Il y a donc une grande question : les mathématiques seront-elles toujours le langage universel de la Science ? Pour les géosciences, avec notamment l'usage intensif des systèmes différentiels couplés et de la théorie du chaos, la réponse est sans doute positive. Pour la biologie on ne sait pas. Si c'est le cas, il s'agira de nouvelles mathématiques sans doute proches de l'information théorique ou d'une logique de dessins symboliques. La combinaison biologie-informatique est en marche : l'informatique qui sert à comprendre la biologie, par exemple avec les analyses statistiques pour décoder le génome, et l'informatique qui s'inspire des méthodes de la biologie, à la fois des méthodes de la génétique (comment sélectionner des informations avec une méthode fructueuse) mais aussi sur le plan du calculatoire, en imitant le cerveau, d'où les calculateurs qu'on appelle réseaux neuronaux.

De grands progrès auront lieu dans le domaine du climat, secteur scientifique dont on parle beaucoup mais dans lequel on est très ignorants ! On ne comprend ni le fonctionnement du climat, ni de l'océan, ni le couplage entre l'activité interne de la Terre et son activité externe, ni l'interaction biologie-climat. La circulation océanique n'est pas comprise, la recherche est très difficile et très chère, car l'océan est immense, il y a quatre mille mètres de profondeur, et est opaque aux rayonnements électromagnétiques. Or c'est l'océan qui contrôle le climat en tant que réservoir d'H_2O et CO_2 et en tant que réserve de chaleur. La manière dont la biosphère réagit aux fluctuations atmosphériques des teneurs en CO_2 et de la répartition de la pluie est pratiquement inconnue aussi. La connaissance et la maîtrise du sous-sol deviendront un enjeu. On commence à chercher à stocker le gaz carbonique, or c'est là un problème à la fois fondamental et appliqué. Le gaz carbonique représentait 80 % de l'atmosphère terrestre au début de l'histoire de la Terre. Ce gaz carbonique est toujours présent dans cette proportion dans l'atmosphère de Vénus mais, sur la Terre, il s'est transformé en calcaire. Si on détruisait tous les calcaires, on refabriquerait une atmosphère de gaz à 85 % de CO_2 avec une pression à la surface de douze atmosphères. On essaie de faire l'inverse, c'est-à-dire comme la nature l'a fait dans le passé stocker le gaz carbonique sous forme de calcaire mais en accélérant le processus, en utilisant par exemple des bactéries comme catalyseurs. Je crois qu'il y a là un développement formidable pour résoudre nos problèmes écologiques comme l'acidification de l'océan ou l'éventuelle influence du CO_2 anthropique sur le climat ! Mais la solution dépend de nos progrès en recherche fondamentale.

On va aussi faire des images 3D du sous-sol pour rechercher des matières premières. Les techniques sismiques et électromagnétiques nous permettent de le faire avec une bonne précision jusqu'à cinq ou six mille mètres. L'informatique est au cœur de tout et va bien sûr continuer à se développer. On va petit à petit remplacer la transmission électrique par de l'optique, qui a comme grand avantage de moins dégager de chaleur. Aujourd'hui, l'une des limites à la taille des ordinateurs est qu'ils dégagent de la chaleur. Quand l'on pénètre dans un grand centre de calcul qui fonctionne à plein régime, il y fait très froid, la climatisation marche à plein pour évacuer les calories. Si on transmet l'information par des moyens optiques, on générera moins de chaleur et la transmission d'informations sera plus rapide.

Les progrès technologiques en matière d'énergie auront des conséquences fondamentales sur la vie des gens. La manière dont on générera l'électricité et on la distribuera sera très différente d'aujourd'hui. Nous vivons encore dans une période où la production d'électricité, avec l'utilisation du courant alternatif pour le transport et la construction de centrales électriques, est centralisée. Je crois que dans le futur chaque maison, chaque immeuble va produire son énergie lui-même y compris son électricité. Chacun sera autosuffisant. Nous aurons des pompes à chaleur, des panneaux solaires, un peu de vent – encore que le vent est un problème difficile car lorsqu'il s'arrête brutalement il met des discontinuités dans les circuits électriques et l'électricité n'aime pas les coupures ! Nous serons autonomes, chacun pouvant moduler ressources naturelles et nouvelles technologies.

Il y a plusieurs domaines dans lesquels la science fondamentale patine depuis longtemps. D'abord, celui de l'unicité des forces en physique. Il y a deux types de forces. D'un côté les forces électromagnétiques et de l'autre les forces de gravité. Les physiciens aimeraient réunifier ces forces en une seule. Le pourront-ils ? Il est difficile de répondre aujourd'hui. On a réussi à unifier les forces électromagnétiques avec les forces électrofaibles et les forces nucléaires fortes (c'est ce qu'on appelle la théorie standard). Mais, de l'autre côté, il y a la gravité de Newton qui s'est enrichie de la relativité d'Einstein. Et on n'a pas réussi à unifier ces deux forces. Rien n'indique que la nature est construite à partir d'une seule force. Les physiciens ont tendance à penser qu'on doit tout unifier parce que la physique a avancé ainsi. On dépense beaucoup d'argent afin d'y parvenir, mais peut-être qu'il n'y a pas d'unification possible. Serait-ce si gênant à admettre ? Est-ce que l'idée de faire fonctionner l'univers avec deux forces est forcément contraire à toutes les spiritualités, à l'unité du monde, etc. ? Je n'en suis pas sûr ! Une réflexion pourrait être menée sur ce sujet… Les physiciens vont-ils continuer à s'acharner sur ce problème sur le plan théorique avec la fameuse théorie des cordes et sur le plan expérimental avec la mise en évidence des ondes gravitationnelles ou la construction d'accélérateurs de particules de plus en plus gros et chers ?

Mais le système le plus compliqué de l'univers et le plus mystérieux est sans doute le cerveau humain. C'est dans ce secteur que l'on fera sans doute les progrès les plus importants. Les neurosciences vont devenir l'une des grandes sciences du XXIe siècle. L'interface homme-machine va être un sujet particulièrement actif. L'immensité de l'accumulation des connaissances fait qu'il va falloir trouver une façon d'apprendre plus vite puisqu'il y a davantage de connaissances. Pourquoi ne pas s'aider de l'informatique ? On commence d'ailleurs à avoir des communications cerveau-machine, le cerveau lui-même étant maintenant capable de commander à des engins, à des membres artificiels, etc. Par exemple, on sait qu'on peut artificiellement vous rendre sourd, de l'extérieur, ou faire en sorte que vous ne voyiez plus d'un œil. Je pense qu'on a aussi des moyens d'influencer la manière de penser. On parle beaucoup de l'éthique concernant la génétique, les OGM, les manipulations génétiques, l'embryon… mais très peu d'éthique sur le cerveau ! Pourtant le secteur des neurosciences va être un secteur clé à ce sujet. Par exemple, les Américains pensent utiliser une machine à détecter les mensonges dans les tribunaux, grâce à de l'imagerie. Est-ce que vous avez le droit de savoir si quelqu'un ment ou pas ? D'abord, ça pose un problème parce qu'on sait que la mémoire n'est pas fidèle, et quelqu'un peut mentir d'une manière tout à fait involontaire. La première réponse est donc de dire non, nous n'avons pas le droit d'utiliser ces machines. Mais ai-je le droit d'empêcher des scientifiques de chercher pour obtenir ces résultats ? Je pense qu'il faut créer un comité consultatif d'éthique uniquement sur les problèmes des neurosciences, avec des psychologues, des philosophes, des scientifiques et des informaticiens. C'est là que vont se poser dans le futur les problèmes les plus importants, avec la possibilité de véritables manipulations, bien pires que celles des médias aujourd'hui. Car les neurosciences ouvrent des perspectives qui sont à la fois formidables et vraiment inquiétantes, comme dans les films de science-fiction où on prend quelqu'un, on lui nettoie le cerveau et on lui met de nouvelles idées. C'est une expérience qui, dans le siècle prochain, sera à mon avis tentée.

Cela conduit au problème de l'éducation. Aujourd'hui, il y a des programmes éducatifs mais, à l'avenir, les logiciels vont être plus adaptés au cerveau des uns que des autres. Cependant a-t-on le droit de faire l'analyse d'un cerveau et de dire qu'un individu est plus doué qu'un autre ? La France développe actuellement avec le Commissariat à l'énergie atomique des machines à imagerie cérébrale, dites « neurospins », qui font des images de plus en plus précises du cerveau, notamment de celui des souris. Cet animal n'est génétiquement pas loin de l'homme et on peut lui faire des choses qu'on ne fait pas sur l'homme, comme lui injecter des drogues. Par conséquent, on va avoir les moyens, d'abord sur la souris ou sur le rat et peut-être sur le singe, de voir dans le détail le fonctionnement du cerveau. Naturellement, la tentation du passage sur l'homme va être constante, y compris pour des problèmes qu'on a évacués complètement et qui, à mon avis, vont se poser à nouveau, comme l'utilisation de prisonniers pour un certain nombre de tests. Certains pays seront tentés. Je pense que demeurent donc une grande quantité de problèmes d'éthique et qu'il existe, en même temps, des perspectives formidables grâce à cette merveilleuse machine qu'est le cerveau qui dès qu'on aura compris son fonctionnement permettra de fabriquer des ordinateurs beaucoup plus puissants que les ordinateurs actuels. Il faut avoir présente à l'esprit une chose toute simple : l'ordinateur fonctionne en transmettant l'information à trois cent mille kilomètres à la seconde, soit à la vitesse de la lumière. Le cerveau, lui, transmet l'information de dix à cent mètres à la seconde, ce qui est ridiculement lent et pourtant, grâce à son architecture, sur un certain nombre de process, le cerveau est meilleur que l'ordinateur. Comme, par exemple, pour la reconnaissance des formes. Il me faut une seconde pour reconnaître Jacques Attali s'il est devant moi, tandis que l'ordinateur a besoin d'un travail considérable pour le même résultat. On voit bien qu'il y a quelque chose dans le fonctionnement, dans l'architecture du cerveau, qui est plus puissant que tout ce qu'on a fabriqué et qu'il reste à déchiffrer. Là aussi, on aura une révolution.

Mais ce qui est nouveau depuis la fin du XXe siècle, c'est que certains domaines scientifiques sont épuisés. On sait tout ou presque sur tel ou tel sujet. Par exemple, la minéralogie qui reste pourtant une base pour la géologie. Il faudra l'enseigner avec des professeurs qui ne seront pas des chercheurs. De fait le nombre de professeurs de minéralogie a énormément décru. Et on a beaucoup de secteurs comme celui-ci. La physique du solide classique, qui a été un domaine extraordinaire (il y a vingt ans, la moitié des physiciens français travaillaient dans ce domaine), est terminée ; les chercheurs se sont reconvertis dans les nanotechnologies. L'optique géométrique, l'optique des instruments, sont des domaines où il n'y a plus beaucoup de chercheurs. Et pourtant, il faut enseigner, il faut poursuivre les travaux ! C'est une première dans l'histoire du monde : il y a des domaines qui sont finis. Qui gardera le savoir dans ces domaines ? Qui pourra les enseigner ?

Et puis il y a l'inattendu. Il y a quelques années, je vous aurais dit qu'on allait avoir une explosion sur l'utilisation des cellules souches pour guérir la maladie d'Alzheimer ou la maladie de Parkinson. Il s'avère que la manipulation des cellules souches est beaucoup plus difficile, beaucoup plus délicate que prévu, qu'il reste des tas de mécanismes qu'on ne comprend pas et qu'aujourd'hui il n'y a pas un arrêt, mais un manque d'optimisme auquel s'ajoutent bien sûr les tabous religieux. De la même manière, on s'aperçoit en génétique que la chose la plus importante n'est pas seulement l'ADN, mais que l'acide ribonucléique, l'ARN, celui qui fait les transferts, qui transmet l'ADN au reste de la cellule et qui le modifie aussi un peu, est très, très important. Il y a des ARN qui bloquent certains processus, d'autres qui les accélèrent. Les ARN interférents constituent sans doute une clef pour notre compréhension de la vie.

Quel avenir pour les mathématiques ? Elles ont été à la base du développement scientifique de la physique et de la technologie. Sans mathématiques, il n'y avait pas de physique, pas d'ingénieurs. Pour calculer la construction d'un pont ou celle d'une locomotive, il fallait connaître les mathématiques. Aujourd'hui, on a des programmes informatiques tout faits qui les calculent. Et les mathématiques ont tendance à se développer comme un domaine autonome avec de très beaux raisonnements, sans forcément d'application. Les mathématiques seront peut-être demain plus de l'ordre de la philosophie ou de la musique… Le problème est de savoir si dans la recherche d'une langue universelle qui pourrait être la grammaire de l'univers, on va être capable de développer des « langages symboliques » ou des méthodes graphico-mathématiques comme les diagrammes de Feynman comme en développent les informaticiens, des langages qui ne sont pas vraiment des mathématiques au sens classique du terme. Car, lorsque vous parlez à un scientifique moyen, 80-90 % des mathématiques qu'il utilise datent du XIXe siècle, inventées il y a très longtemps. Aujourd'hui beaucoup de recherches en mathématiques sont très déconnectées du réel ! Mais là encore l'avenir n'est écrit nulle part. L'informatique s'est développée à partir de l'algèbre binaire de Boole qui n'intéressait plus personne. Le chaos est la poursuite des réflexions de Poincaré. Les fractales reprennent de vieilles questions que se posaient Julia ou Levy, etc. Alors que sera demain ? L'imagination des mathématiciens a souvent été très féconde, et beaucoup s'intéressent aujourd'hui à la biologie. Alors ?

Dans le monde moderne, deux phénomènes pèsent lourd : l'excès d'information, mais également la frustration des chercheurs submergés par des découvertes multiples qui se produisent un peu partout, qui les paralysent et ne leur permettent pas de développer leur propre originalité. On aurait pu penser que la mise en place d'Internet allait créer des découvertes scientifiques en mettant deux idées en corrélation. C'est très peu le cas ! Ce qui veut dire que la créativité scientifique n'est pas si différente de la créativité littéraire. Il y a un problème d'imagination, mais aussi d'engagement, de gratification individuelle et de quiétude intellectuelle, de sérénité. Les auteurs qui vous disent « j'écris pour moi », ça n'existe pas. Un scientifique dans sa phase de grande créativité qui dit « je travaille pour moi », ça n'existe pas non plus (on travaille pour soi à l'âge mûr !). Dans le passé, ce qui intéressait Pascal était que Fermat soit d'accord avec ce qu'il faisait. Pour lui, c'était une gratification. Le problème est de laisser des espaces de liberté, c'est quelque chose d'extrêmement important. Grigori Perelman, le Russe qui a eu la médaille Fields (l'équivalent du prix Nobel pour les jeunes mathématiciens), et qui l'a refusée, est un peu un original, mais c'est aussi un visionnaire. Il refuse d'envoyer ses articles aux journaux scientifiques, il dit qu'il y a une censure, qu'on lui pille ses idées, donc il met ses articles directement sur le web. Il a réussi, après des discussions terribles à l'Union des mathématiques, à faire admettre que ce système était valable ! Il y a là un vrai débat : faut-il mettre tous les résultats sur le web et arrêter le principe des revues scientifiques avec comité de lecture ? Dans le domaine de la communication, les choses aussi vont beaucoup évoluer.

Malheureusement, il y a aujourd'hui, en particulier en Europe, et en particulier en France, une sorte de lassitude à l'égard de la science. Or c'est la science qui va largement déterminer l'avenir dans un contexte de compétition internationale acharnée. Par exemple, Singapour a décidé d'être un centre de la production de la matière grise. On va y faire des découvertes, on va y prendre des brevets, mais on ne fabriquera pas. Les brevets seront vendus aux Chinois, aux Coréens, aux Européens, etc. Il commence à y avoir une surenchère des salaires pour attirer les grands chercheurs ou les meilleurs professeurs d'université vers Singapour. Ils ont des salaires de sportifs. On mise sur eux parce qu'on pense que ça va rapporter… Il y aura des pays « maîtres de la science » avec la majorité des chercheurs qui n'auront pas la nationalité d'origine. Ça va devenir comme au football.

flashcode

La Recherche *: Comment obtenir un prix Nobel*

web

Qu'on le veuille ou non, on est dans le bain « international ». Aujourd'hui, nos meilleurs élèves nous disent : « Nous ferons une thèse avec vous, mais nous partirons ensuite comme professeurs aux États-Unis. Vous comprenez, nous ne pouvons pas faire vivre une famille avec ce que vous nous donnez. » Ceci étant, il faut savoir qu'il y a des équipes de premier plan en Europe. Une preuve : non seulement les États-Unis nous prennent nos élèves, mais les sociétés américaines passent des contrats avec de nombreux laboratoires européens. Il est dommage qu'il n'y ait pas plus de sociétés européennes qui passent des contrats avec des laboratoires européens. Je ne suis pas désespéré de l'Europe pour autant, je reste optimiste, si nous savons utiliser nos atouts. Nous avons un fonds culturel scientifique très important. Il faut se réveiller sans tarder. Demain, il sera trop tard. L'Europe ne sera plus l'un des poumons scientifiques du monde !

L'avenir de l'éducation

Jacques Attali

Aucun autre sujet ne concerne plus l'avenir : nous formons, aujourd'hui, des enfants dont certains deviendront des professeurs qui eux-mêmes formeront ensuite pendant soixante ans des étudiants, qui seront eux-mêmes encore au travail quarante ans plus tard. Autrement dit, nous formons aujourd'hui des gens qui auront un impact direct sur le savoir de gens qui travailleront dans un siècle ! D'où l'extraordinaire importance de savoir à quoi nous devons former les jeunes qui seront, demain, des professeurs. On constate, dans l'enseignement français ou américain, la difficulté de trouver des gens qui acceptent de faire ce métier si difficile, si mal reconnu dans la société, si mal rémunéré ; c'est certainement une des sources à terme du discrédit du savoir lui-même.

Aux États-Unis, jusqu'à présent, le système de l'enseignement primaire et secondaire est relativement moins bon qu'en Europe.

Avec les siècles, les formes les plus efficaces d'université sont connues : celles qui donnent le sens de l'effort, dans des lieux confortables, où les professeurs sont bien payés, où il y a une très forte intégration entre la vie étudiante et celle des professeurs, où le professeur est aussi un chercheur, où les anciens étudiants participent à la vie de l'université comme administrateurs ou comme mécènes. Tout cela suppose une grande autonomie de l'université, capable de se diriger elle-même, de ne pas dépendre pédagogiquement de forces politiques ou syndicales, et doit accepter d'être évaluée par les étudiants, les professeurs et des experts internationaux.

flashcode

Le classement de Shanghai des meilleures universités

web

Ça ne passe pas seulement par le niveau de rémunération des professeurs mais aussi par le confort des écoles dans lesquelles ils pourront envoyer leurs enfants, la présence d'un orchestre symphonique dans la ville et la qualité de l'environnement urbain des espaces verts.

Pour avoir les meilleurs étudiants dans les universités américaines, les États-Unis ne peuvent pas se contenter de sélectionner les meilleurs étudiants américains des collèges américains, il leur faut attirer les étudiants de l'étranger. 80% des étudiants de ces universités, dans certains départements, sont étrangers. Ils sont aujourd'hui de moins en moins nombreux, études faites, à rester vivre aux États-Unis. Les autres pays considéreront de plus en plus l'enseignement supérieur comme le principal investissement collectif.

À l'avenir, on distinguera deux modèles d'enseignement supérieur. L'un selon lequel se former sera un investissement privé, et l'autre pour qui c'est une activité socialement utile. Dans le premier cas, les étudiants devront, pour financer leurs études, emprunter auprès de banques sur la promesse de leur réussite (ou même entrer en Bourse apportant à des actionnaires copropriétaires les revenus futurs de l'étudiant). Dans ce cas, la société considérera que faire des études supérieures n'est pas seulement utile à l'étudiant, mais aussi à la société. Comme dans un orchestre, où un musicien, en améliorant ses compétences, améliore l'orchestre tout entier.

flashcode

Réagissez à ce chapitre !

web

flashcode

Interview de Daniel Cohen

web

L'avenir de la vie

Daniel Cohen

Que sera la vie en 2050 ?

La durée de vie en France augmente à peu près d'une année tous les quatre ans. Les statistiques disent qu'une petite fille qui naît aujourd'hui a toutes les chances d'être centenaire et il y a de plus en plus d'hommes qui peuvent vivre jusqu'à 110, 120 ans. Y a-t-il une limite inéluctable ? Y a-t-il un moment où on ne peut plus dépasser un certain âge ? Les lois de l'évolution enseignent qu'il y a une limite dans toutes les espèces. L'espèce humaine étant la dernière arrivée, avec une force d'imagination et un pouvoir technologique extrêmement importants, on peut effectivement penser qu'il serait possible de repousser ses limites au-delà de ce que l'évolution nous en dit… Jusqu'alors, on pensait que le vieillissement était lié à la dégradation des télomérases, c'est-à-dire les extrémités des chromosomes, et on a imaginé qu'en les reconstituant on pourrait atteindre une certaine forme d'immortalité. C'est l'une des voies qui permettent d'imaginer que la durée limite de la vie puisse être augmentée, car on s'est aperçu qu'avec le temps ces extrémités diminuaient en longueur : on a alors trouvé les mécanismes qui les rapetissent, ce qui fait qu'on sait éventuellement comment empêcher leur rapetissement.

Mais ce n'est pas de vieillir qui me paraît important, plutôt de vieillir bien, de vieillir en bonne santé et de rester jeune. Ce qui soulève une autre question : y a-t-il urgence à faire des recherches sur le vieillissement par rapport à toutes les autres détresses de l'humanité en général, aussi bien dans les pays riches que dans les pays pauvres ? Certes, on réfléchit sur la façon d'augmenter la durée de vie et de dépasser les limites. Un nombre très important de scientifiques étudient des modèles d'animaux très particuliers et tentent de faire des vers et des mouches centenaires pour essayer de modéliser le principe… Mais, il y a deux réflexions à avoir : l'une sur les problèmes d'urgences, l'autre sur la qualité du vieillissement. On peut imaginer de faire en sorte que la vie reste intacte jusqu'au bout, puisque l'espérance de vie ce n'est pas de mourir vieux, mais de mourir jeune. Pour cela, il faudrait que les organes ne vieillissent pas ! Aider à régénérer les organes sert à vieillir mieux et longtemps, mais aussi à guérir les maladies des très jeunes…

flashcode

Classement mondial des espérances de vie

web

C'est un sujet qui est au centre de beaucoup de discussions. De façon tout à fait réaliste, dans les huit dernières années, ce type de recherche sur la régénérescence a apporté énormément de choses : c'est le sujet des cellules souches. Les cellules qui sont dans notre organisme dorment un peu mais sont là pour régénérer. Il y a encore peu de temps, on pensait que très peu de choses étaient régénérables dans notre corps. On sait maintenant que le cerveau, dont on croyait qu'il décroissait à partir de 18 ans, présente une plasticité de régénérescence énorme. Idem pour les muscles, le cœur… C'est une source extraordinaire d'espoir pour les maladies et pour le vieillissement ! Chaque jour est une source d'émerveillement car des choses auxquelles on ne s'attendait pas arrivent. On fait des recherches sur le prolongement de la vie, mais on cherche aussi à ralentir la dégénérescence de certaines cellules. Ça fait partie du processus : lutter contre la dégénérescence et activer la régénérescence potentielle.

Dans l'histoire de nos sociétés, la prévention concerne les masses et la régénérescence concerne les gens riches qui désirent à tout prix, quel que soit leur âge, ne pas mourir. On peut penser que c'est ce domaine qui concentrera l'essentiel des moyens de recherche. Les assurances vont être un acteur absolument déterminant et leur puissance de frappe va faire qu'elles vont certainement peser en faveur de la prévention et donc de la surveillance. Est-ce qu'on aura chacun dans notre carte d'identité une carte génétique qui dira, en fonction de la structure génétique de chacun d'entre nous, que telle et telle maladie est probable, à tel degré, donc que tel ou tel comportement ou métier nous est interdit, que telle ou telle prime d'assurance doit être déterminée ? Est-ce qu'on connaîtra la date de notre mort puisqu'on sera peut-être atteint de maladies génétiques incurables ? Est-ce qu'on le dira à tout le monde ? Est-ce qu'il faut dire à quelqu'un qu'il est atteint d'une maladie qu'on ne sait pas guérir ?

Depuis une vingtaine d'années, depuis que la génétique est devenue « à la mode », on se dit qu'on va pouvoir prédire les maladies, ce qui entraîne un débat extrêmement vif. Il y a quelque chose d'un peu inexorable dans la prédiction. Pourtant les prédictions de type génétique, c'est-à-dire vraiment basées sur l'ADN, ne sont pas d'une qualité extraordinaire. Pour la simple raison qu'une maladie, ou même le vieillissement, n'est pas simplement liée à l'orthographe de notre génome, mais qu'elle est aussi liée à notre environnement. En combinant des facteurs génétiques identifiés, mais aussi des facteurs non génétiques, on assurera une meilleure probabilité de prédiction. Les tests ADN ne seront pas la panacée pour les assurances. Je pense plutôt qu'il y aura des bouleversements à l'échelon individuel. Nous prendrons mieux en considération que nous avons à la naissance un capital santé et que c'est à chacun, à l'aide de la société, de le faire fructifier ou de le dégrader, de savoir bien le placer ou mal le gérer. À cela s'ajoutent des tas de facteurs qui permettent de mesurer les risques, mais que veut dire : « J'ai 50 % de chances de faire un infarctus » ? Je veux savoir si je vais avoir un infarctus ou si je ne vais pas avoir un infarctus ! Une probabilité ne conduit pas à un comportement, surtout si vous fumez ou mangez trop de beurre, si vous ne faites pas de sport, etc. On peut supposer que l'alliance de telle structure génétique avec tel comportement ou tel environnement est mauvaise et qu'en conséquence les compagnies d'assurances pourront dicter des comportements. C'est un risque.

Le génome ne dicte pas votre destin, mais un destin « possible si… ». Et les assurances ont beaucoup de mal à définir le « si ». Il est surtout difficile à comprendre que notre destin est à la fois déterminé et sans aucune certitude. Cela s'explique avec les probabilités, qui sont une science très particulière. L'assurance, parce qu'elle raisonne en termes probabilistes, pense pouvoir le faire mais il y aura toujours une discussion éthique, philosophique et sociale autour du fait que le génome des gens ne doit pas être le substrat de la prédiction de leur futur, et encore moins de ce qu'ils doivent payer à leur compagnie d'assurances. Le génome nous dit ce que nous sommes par rapport à un environnement, pas en tant qu'individu seul. Un individu n'existe que dans un environnement donné. Il y aura toujours une réflexion politique, sociale, économique, scientifique à avoir et à maintenir à un très haut niveau, mais en tant que biologiste, je pense que les assurances et la société auront beaucoup de mal à justifier la non-mutualisation du risque, car il est le même pour tout le monde et, après tout, on va tous mourir de quelque chose.

Une personne sur cinq mourra d'infarctus, une personne sur sept d'un cancer, une personne sur dix d'accident cérébral, les autres causes les plus fréquentes étant le suicide et les accidents de voiture. On ne peut pas changer grand-chose à ces statistiques. Seul l'âge d'un assuré pourra être un facteur déterminant pour les assurances. Il déterminera le risque d'avoir plutôt un infarctus ou plutôt un cancer. Mais le risque est le même pour tout le monde et la seule solution, à mon avis, serait la mutualisation c'est-à-dire le fait de payer les mêmes primes. Comme nous n'allons pas vers un risque d'individualisation croissante mais, au contraire, de mutualisation plus grande, plusieurs types de préventions vont s'imposer, relatives au mode de vie, et il faudra inscrire dans les mœurs que, pour éviter ces trois grandes causes de mortalité, il y a un certain nombre de choses à faire. D'abord, il faut prendre en compte l'alimentation et l'activité physique. Manger moins et marcher plus. Marcher quarante minutes par semaine, voire dix minutes par jour, suffit à diviser par deux le risque cardiovasculaire. Manger correctement s'apprend très jeune, s'enseigne à l'école et se fait très naturellement. La nutridiététique est une autre méthode de prévention : on va probablement rajouter dans les aliments des substances naturelles, les alicaments, qui vont aider à lutter contre le vieillissement mais aussi contre certaines maladies. Enfin, on s'est aperçu que pour beaucoup de maladies, lorsqu'on commençait à donner les traitements très tôt, dès la certitude du risque, on empêchait la progression de la maladie ou même la survenue de la maladie. La prévention est donc absolument fondamentale. Tout comme l'hygiène de vie et l'éducation. Avec ces trois facteurs, on peut s'attendre à beaucoup de progrès.

Les grands projets de demain

Avant d'essayer de savoir si l'on saura prolonger la vie d'ici 2050, il faut se demander si le médecin et les soins seront les mêmes. Nous allons, c'est absolument extraordinaire, créer des robots qui vont s'occuper d'examiner les patients et les traiter comme dans les films de science-fiction : un individu est blessé, meurt, on le met alors dans une machine et il ressort complètement cicatrisé et guéri. Nous allons connaître ça grâce à des palpeurs électroniques, fruits d'une recherche entre physiciens, biologistes et médecins. On mettra le sujet dans une espèce de scanner, l'appareil le palpera et prédira s'il y a une tumeur dans le sein, si le foie est dur, souple, etc. L'individu pourra aussi être placé dans un environnement électronique et, au moyen d'une chirurgie non invasive, uniquement par ultrasons ou par rayons, les tumeurs seront guéries, sans bistouri, sans intervention, sans ouvrir l'organe. Le patient ressortira complètement guéri. C'est un progrès énorme dont la médecine bénéficiera en 2050. Cela arrivera plus tôt que la régénération des organes qui prendra, elle, entre trente et cent ans. La robotique non invasive sera tout à fait envisageable, c'est-à-dire que l'on pourra envoyer des gens pendant cinq ans dans l'espace, même s'ils tombent malades, car ils pourront être opérés sans bloc opératoire. 2050 verra aboutir des projets majeurs qui sont déjà en train de se mettre en place.

Cela signifie que l'industrie de l'équipement médical va devenir une des plus grandes industries d'après-demain, une industrie aussi fondamentale que l'industrie automobile ou que celle des biens d'équipement ménager. Et, puisque le fait d'anticiper est la clé, les gens voudront sans doute avoir ce genre d'appareil, non seulement dans les hôpitaux mais, peut-être, pour les plus riches, à domicile, afin de pouvoir faire un examen complet de leur corps tous les matins. Nous verrons aussi se développer les arches de santé : lorsque les gens prendront le métro ou iront à leur travail, ils passeront sous une arche leur permettant de suivre tous les jours la façon dont évolue leur anatomie, même de façon microscopique. Ils pourront suivre, jour par jour, l'évolution de leur anatomie, la taille de leurs artères, mais aussi découvrir une tumeur qui commence… Il y aura finalement des robots pour la prévention et des robots pour la guérison. Des robots pour suivre, observer, signaler, des robots pour confirmer, des robots pour guérir.

La voie électronique et la voie génétique sont donc deux grandes voies d'avenir. La voie médicamenteuse traditionnelle, chimique, cependant, n'est pas finie. Parmi les voies thérapeutiques, il y a la régénérescence, mais il y a bien d'autres choses. Finalement, qu'est-ce qu'une maladie ? Ce sont des molécules qui sont trop ou pas assez actives dans l'organisme… Remplacer un organe est facile. Une fois que l'on a trouvé quelles sont les molécules anormalement actives, on peut soit donner une molécule qu'on appelle un médicament, qui va rentrer dans le corps et moduler l'activité de cette molécule – c'est la pharmacie classique –, soit corriger le gène. Il existe aujourd'hui des outils de chirurgie génétique extrêmement précis, qui permettent d'aller corriger exactement ce que l'on veut, à l'endroit où l'on veut, sans rien toucher d'autre que le gène défectueux. Tout cela grâce à des technologies françaises ! Je pense qu'il va, à nouveau, y avoir un bond en avant des thérapies géniques. La thérapie médicamenteuse va repartir à condition qu'elle s'adapte à la réalité biologique. On traitera les malades avec des mélanges complexes de médicaments plutôt qu'avec les molécules uniques que nous utilisons aujourd'hui de façon trop simpliste.

L'utilisation de cellules souches, elle, ouvre deux voies : la thérapeutique et le clonage. On peut aussi imaginer le clonage de façon thérapeutique : cloner un individu pour pouvoir être « un petit peu » de cet individu. Il faut comprendre pour quelles raisons c'est important sur le plan thérapeutique pour un médecin. On peut imaginer greffer les cellules souches lorsqu'un foie ne marche pas : on greffe alors des cellules souches au malade pour que son foie repousse. Si l'on greffe les cellules souches de n'importe qui à ce malade, elles peuvent être rejetées, comme une greffe. Si, par contre, les cellules souches viennent de lui-même, il n'y aura pas de rejet. Mais on peut, peut-être, espérer une autre façon de faire : prélever à la naissance, pendant les premières années de vie, des cellules souches d'un individu et les garder en pensant que, plus tard, elles pourront être réinjectées. Ou bien cloner un organe d'un individu, faire pousser une partie de cet organe, le garder et, le jour où l'on a besoin de ses cellules souches, avoir une source. Le clonage thérapeutique ne me choque pas, au contraire. Je persiste à croire qu'en 2050, on clonera des organes par les cellules souches et que ça sera une thérapie parmi d'autres. Le problème est qu'on ne clonera pas que des organes, on clonera des individus. Et là est le risque. Cependant, techniquement, j'ai beaucoup de doutes sur le fait d'arriver à un individu qui soit complètement viable par le clonage.

Il y aura une résistance énorme à ce type de clonage, pour des milliards de raisons, toutes valables d'ailleurs. D'abord techniquement, cela posera un problème car on va cloner l'individu à partir d'une cellule qui est descendante d'un ancêtre extrêmement lointain, l'œuf fécondé. Et, contrairement à ce qu'on pensait, il est maintenant certain que le génome de la cellule descendante n'est pas exactement le même que celui de la cellule initiale. Donc le clone sera peut-être double en apparence, mais il n'aura pas la mémoire de l'individu. C'est son fils qui est cloné, pas son frère. Le clone ne se souviendra absolument pas de ce que l'autre a vécu. Ensuite, nous nous confronterons à une autre difficulté : la viabilité. Pour faire Dolly, le premier mouton cloné, il a fallu faire quelques milliers d'essais, à chaque fois extrêmement laborieux. Certes, cela a marché mais on se pose toujours la question de la santé de Dolly.

Échapper à la naissance

Toutes ces questions, ces réflexions, ces recherches renvoient à imaginer la possibilité de l'immortalité. J'espère que nous n'y parviendrons pas. Ce ne serait pas intéressant et ennuyeux, terriblement ennuyeux. Car notre énergie vient du fait que nous savons que nous allons mourir. Cependant, pourrions-nous arriver à l'immortalité ? Je ne pense pas. La vie repose sur la mort et j'ai envie de citer une phrase très connue qui m'amuse toujours : « La vie est une maladie mortelle et sexuellement transmissible. » Toute l'évolution impose qu'il y ait un système et l'évolution s'appuie sur la mort. C'est parce qu'on peut mourir qu'on a pu évoluer. Il me semble donc difficile d'aller contre ce principe si fondamental. Si l'homme, qui est la première espèce à pouvoir contrôler son évolution, à pouvoir se transformer lui-même en artefact, décide de le faire, cela nous amène à une autre dimension, qui serait d'échapper à la naissance par l'utérus artificiel. C'est une autre forme d'artefact qui n'est pas impossible. Je ne sais pas si cela prendra dix ans ou cent ans mais, sur le plan médical, des femmes stériles pourront avoir leur propre enfant avec le sperme de leur conjoint et leurs propres œufs. Le danger de l'utérus artificiel est qu'il est proche d'une forme de clonage. On pourra prendre des œufs de n'importe quelles femmes, des spermes de n'importe quels hommes, les mélanger et produire des humains, cela me fait peur.

Saura-t-on rester dans un cadre extrêmement limité ou prendra-t-on des risques beaucoup plus grands ? Certes, il y a un courant de femmes qui se demandent pourquoi elles continueraient de supporter une contrainte que les hommes n'ont pas. On peut donc imaginer que les femmes puissent vouloir se débarrasser de cette dernière différenciation négative à l'égard de l'homme... Mais des scientifiques avancent que l'espèce humaine n'évolue plus parce que la taille du cerveau est limitée par les conditions de la naissance. Et que si l'enfant naissait hors d'un utérus féminin, les conditions de la sortie de cet utérus ne limiteraient plus la taille du cerveau, donc l'être humain pourrait avoir un cerveau qui continuerait à grandir, ce qui n'est plus le cas depuis à peu près trente mille ans. Je ne suis pas tout à fait d'accord. Le moteur de l'évolution n'est pas uniquement la possibilité donnée au cerveau de grandir. L'évolution a pu se faire parce que les espèces ont été exposées dans des milieux différents et ont dû s'y adapter. Le problème, aujourd'hui, est qu'à cause des possibilités de communications et de transports, il n'y a plus de milieux différents : tous les êtres humains vivent dans le même environnement ! Il y a donc très peu de chances qu'on soit exposé au besoin de grandir. Pour créer les utérus artificiels, il faudra créer un environnement spécial à la propension de boîtes crâniennes plus importantes. C'est en cela que ce sera extrêmement compliqué.

Maintenir la différence entre les hommes et les femmes

Vouloir faire des hommes et des femmes des êtres égaux est une erreur fondamentale, biologique et philosophique. Hommes et femmes doivent être différents physiologiquement, ce qui ne veut pas dire qu'ils n'ont pas les mêmes droits. Je ne pense pas que le cerveau d'un homme et celui d'une femme fonctionnent de la même façon, et heureusement. Ils ont un système hormonal différent qui influence leurs fonctions cérébrales de façon très importante. Cette complémentarité est le moteur du maintien de l'espèce. On pourrait également imaginer qu'à cinquante ans ou au-delà, on arrive à des êtres unisexes qui s'autoreproduisent. Mais cela me paraît très compliqué. Vouloir homogénéiser les êtres n'est pas une solution, pas plus que la multiplication des sexes. Aujourd'hui, il y a des êtres masculins, féminins et hermaphrodites chez les animaux (escargots, certains types de vers, serpents). J'ai du mal à voir un quatrième type de sexe. L'éloge de la diversité a été un grand rationnel scientifique, politique, social et économique : vouloir « égaliser ». Maintenons la diversité en commençant par maintenir la différence entre les hommes et les femmes.

S'il y a une plus grande uniformité de l'environnement, il y aura une moins grande exposition à la diversité, donc une moins grande sélection naturelle qui se produira, une moins grande évolution, et c'est l'espèce elle-même qui sera menacée. Cela se compte en millions d'années, mais c'est tout à fait possible et on y pense beaucoup. Pourquoi évoluer ? C'est extrêmement philosophique et lointain. Puisque l'on sait que la Terre va être amenée à disparaître dans quatre ou cinq milliards d'années, parce que le Soleil va se rapprocher ou s'éloigner, on a besoin de se dire que notre espèce ne survivra que si elle part ailleurs. Et pour partir, il faut vraiment être beaucoup plus intelligent que nous le sommes. Donc, nous avons besoin de nous faire surévoluer pour partir. Cela ouvre un grand débat : est-ce qu'on peut se faire surévoluer intellectuellement, ou bien est-ce que le cerveau est tellement extraordinaire et plastique qu'il va pouvoir réaliser ces exploits tout seul ? Je pense, aujourd'hui, de façon un peu contradictoire, que si l'on peut se donner un coup de pouce pour être plus performant, il faudra le faire mais à une seule condition, que ce soit réversible. La communauté internationale, à l'échelle de la planète, devra approuver cette réversibilité. Le problème est de savoir quand il faudra prendre cette décision de sauver l'espèce.

Vers une médecine sans médecins ?

Techniquement, il est possible qu'à l'avenir on puisse se passer de médecin. Il n'y a rien qui l'interdise. Les scanners ou les IRM seront là pour palper, examiner. Les diagnostics peuvent déjà se faire automatiquement et l'automatisation permettra que ce soit encore plus précis, encore plus efficace. Cependant, nous savons que les facteurs psychologiques sont très importants dans la survenue des maladies et qu'un robot aura beaucoup de mal à remplacer le contact avec le médecin. Cela renvoie à une question fondamentale qui est de savoir quelle est la définition du normal, de l'anormal et du pathologique. Autrement dit : qu'est-ce qu'être malade ? Par exemple, 1 % de la population est schizophrénique. Pour que cette maladie se soit maintenue depuis des millénaires, voire des millions d'années, peut-être les schizophrènes avaient-ils une utilité à un moment donné de l'histoire de l'homme ? Peut-être fallait-il des gens particuliers pour surveiller le feu ? Qui sait si nous ne devons pas quelque chose à ces gens dits aujourd'hui « marginaux » ? La même question se pose pour l'homosexualité. Il y a 5 à 10 % d'homosexuels. Certains disent que c'est une maladie, d'autres non. Dans un monde où l'on a du mal à se reproduire, il est extraordinaire de penser qu'il y a 5 à 10 % d'homosexuels de tout temps. C'est peut-être bien qu'il y a une utilité à cette tendance que l'on ne connaît pas. Donc respectons-la ! Respectons les différences. Malgré tout, j'ai du mal à imaginer ce qu'on va pouvoir considérer comme normal ou pas, ce qui tiendra de la pathologie ou du mode de vie.

L'avenir de la santé

Jacques Attali

À l'horizon 2050, la part des dépenses de santé aura considérablement augmenté, en raison des problèmes du vieillissement, de l'obésité et des maladies nouvelles. Une part croissante de ces dépenses sera consacrée à des objets de soins – prothèses, électroniques et génétiques, organes artificiels –, qui remplaceront progressivement des services (médecins) et, dans les fantasmes d'achats, ce qu'ont été l'automobile, la machine à laver, la télévision, l'ordinateur, le téléphone mobile. Ces prothèses, de surveillance ou de traitement, permettront de prévenir et de traiter des maladies.

Le médecin sera à la fois un « ingénieur » (qui fait un diagnostic, qui traite) et un homme de relation (qui doit apprendre à annoncer un diagnostic, à aider à vivre avec une maladie, à se rebeller et à créer les conditions pour que le dialogue du malade avec la maladie l'aide à guérir). Le relationnel sera au moins aussi important que le technologique.

L'accès aux soins sera d'autant plus efficace qu'il sera rapide : le temps sera donc, là aussi, la valeur principale et il faudra être en situation de pouvoir être soigné très vite. Ceux qui en auront les moyens se feront surveiller en permanence.

Il est très intéressant de voir un généticien comme Daniel Cohen expliquer que ce n'est pas la génétique qui va dominer la médecine, mais l'électronique et les nanotechnologies : le nouveau secteur industriel des prothèses et des robots (essentiellement américain, japonais et coréen) offre un potentiel gigantesque d'évolution de la santé et de l'économie mondiale.

Les laboratoires pharmaceutiques, devenus entreprises globales de santé, auront du mal à maintenir des profits suffisants pour développer leurs recherches. Se mettra peut-être en place un début de financement public mondial, sur le principe de la taxe sur les billets d'avion dont le produit est consacré à l'achat pour les plus pauvres de médicaments contre le sida.

Il est vraisemblable qu'en 2050, la moitié de l'humanité vivra encore en dessous du seuil de pauvreté et qu'on n'aura pas réussi à mettre en place, à l'échelle de la planète, un système d'assurance sociale planétaire avec distribution gratuite ou à très bas prix de médicaments, d'instruments de prévention.

On ne soignera en fait chez les pauvres que les maladies épidémiques menaçant les riches, comme aujourd'hui le paludisme, la tuberculose, le sida, la grippe aviaire, la grippe A. Elles seront traitées avec des médicaments génériques, gratuits ou à bon marché, avec des prix allant de 1 à 100 pour un même produit sur la planète.

On peut rêver d'une planète où la médecine serait gratuite pour tous, où l'ensemble des moyens de soins et de prévention seront accessibles à tous ceux qui en ont un réel besoin. Cela ne sera pas une dépense inutile. La santé n'est pas une charge mais un facteur de croissance. La médecine n'est pas une consommation mais un investissement, puisque les hommes vivent mieux et plus longtemps grâce à elle. Si l'on cesse de concevoir la santé comme une charge et qu'on la considère comme une promesse, alors l'humanité basculera dans un tout autre moment de son histoire, avec une très forte croissance. Si l'humanité mettait ainsi progressivement en place un système de gouvernement mondial, des services de sécurité sociale nationale fédérés en sécurité sociale mondiale pourraient jouer un rôle.

Plus vraisemblablement, les compagnies d'assurances, privées ou publiques, joueront ce rôle. Elles expliqueront qu'il faut différencier les primes comme on différencie les traitements, en fonction de la connaissance des risques, liée à celle des comportements. Si les cartes d'identité génétique ou électronique restent peu précises, la mutualisation des risques se maintiendra. Si, en revanche on accède à une connaissance plus fine des risques de chacun, les primes d'assurances seront de plus en plus personnalisées.

Plus tard, les neurosciences, prenant le relais de la psychanalyse, transformeront profondément la connaissance du cerveau et des relations du cerveau avec le corps, et la façon dont la prise de conscience par le cerveau des maladies peut agir sur la réaction du corps. Elles pourraient aussi ouvrir des perspectives thérapeutiques où, en soignant les réactions du cerveau face à la maladie, on soignerait la maladie elle-même.

À plus long terme, l'homme sera accompagné de prothèses de surveillance lui permettant de se soigner et de prothèses néotechnologiques puis génétiques issues de cellules souches disponibles, substitut aux organes à greffer trop peu nombreux. Fantasme ultime : il sera propriétaire de clones complets.

Jusqu'où ira-t-on ? Par exemple, si les cellules souches nécessaires à la régénérescence du foie viennent à être brevetables, la capacité de régénérer le foie humain sera-t-elle, un jour, la propriété d'une entreprise privée ?

L'humanité doit collectivement se doter d'instruments d'analyses et de décisions établissant un sanctuaire de la vie, composé du génome humain et de quelques caractéristiques particulières de l'être vivant, sur lesquelles il s'interdira de faire des mutations irréversibles.

flashcode

Réagissez à ce chapitre !

web

Science : les avatars de la personne humaine

Henri Atlan

Utérus artificiel : techniques du présent et du futur

Nos sociétés se sont engagées sur une voie de dissociation entre procréation et sexualité, qui a commencé il y a déjà une cinquantaine d'années avec la pilule contraceptive et qui s'est amplifiée avec toutes les nouvelles techniques de procréation médicalement assistée déjà existantes et entrées dans les mœurs. Cette voie va continuer à se développer, avec exactement la même logique qui consiste, d'abord, à mettre au point une technique pour des raisons médicales et, ensuite, cette technique une fois au point, à ce qu'elle soit appropriée par des hommes et surtout des femmes, essentiellement au nom du droit qu'elles revendiquent, à juste titre, à disposer de leur corps. C'est le sens du livre de semi-fiction ou expérience de pensée que j'ai écrit sur l'*U.A.* ou *utérus artificiel.* Qu'est-ce donc qu'un utérus artificiel ? Actuellement, on fait des fécondations *in vitro*, c'est-à-dire en laboratoire, des fécondations en dehors du corps d'une femme : on maintient en vie les embryons produits par cette fécondation en dehors du corps durant quelques jours. Autrement dit, on a déjà un commencement d'ectogénèse, c'est-à-dire de gestation extra-corporelle ou d'« utérus artificiel ». Sauf que, pour le moment, il ne s'agit pas de l'utérus mais seulement de maintenir en vie l'embryon encore microscopique dans les premiers stades de son développement dans une petite boîte comme un tube à essai. Mais, à l'autre bout de la grossesse, les grands prématurés sont maintenus en vie dans des couveuses, en dehors du corps de leur mère, et passent, dans ces couveuses, les deux à trois derniers mois de la grossesse, ce qui est quand même beaucoup ! Il s'agirait de combler l'espace entre les cinq jours qui suivent la fécondation *in vitro* et la vingt-quatrième semaine, qui est le seuil de viabilité, compte tenu de l'état actuel des techniques concernant ces couveuses, et faire se développer toutes les étapes du développement de l'embryon et du fœtus dans une cavité ou une couveuse beaucoup plus performante que l'actuelle, puisqu'il faudra qu'elle soit capable de reproduire les fonctions du placenta. C'est évidemment cela la grosse difficulté, ce qui fait que ce n'est pas pour demain. Je ne veux pas donner l'impression que nous sommes à la veille de l'utilisation de l'utérus artificiel… On peut prévoir, en ne prenant pas beaucoup de risques, que ce sera d'ici cinquante à cent ans. Contrairement à ce que l'on croit, c'est énorme, cinquante ou cent ans, quand on envisage le rythme des innovations technologiques des cent dernières années. C'est pourquoi on peut penser que cela arrivera. D'autant plus que certains ont déjà commencé à y travailler. Je ne verrais alors aucune raison de considérer qu'un être humain deviendrait un objet parce qu'il aurait été conçu et se serait développé de cette façon.

Au début, certains disaient, en effet, que la fécondation *in vitro* allait produire quelque chose d'inimaginable avec le jeu des expressions les plus frappantes, comme le « bébé éprouvette ». On imaginait alors que ce ne serait pas un bébé comme un autre. Or on sait bien que ce sont des bébés comme les autres. Par hypothèse, cette couveuse performante, cet « utérus artificiel », réussirait à faire se développer normalement le corps de mammifères, puisque c'est par là forcément que cela passera au début, notamment avec des singes. Ensuite, les premiers essais sur l'homme seront faits dans des conditions héroïques pour sauver, peut-être, des embryons qui normalement devraient être avortés ou pour permettre à des femmes sans utérus d'avoir un enfant. Et s'il s'avère que le développement de ces embryons et de ces fœtus est physiologiquement normal, il n'y a absolument aucune raison de considérer qu'on n'aurait pas affaire à des êtres humains à part entière. Il n'y a pas de séparation entre l'esprit et le corps. Si l'anatomie et la physiologie sont normales, l'esprit le sera aussi. Les relations de toutes sortes entre le fœtus et la mère qui s'effectuent pendant la grossesse s'effectueraient par hypothèse à travers la médiation de la couveuse. C'est actuellement le cas des bébés grands prématurés, alors que ces relations sont évidemment les plus riches à la fin de la grossesse, justement quand ces bébés sont transférés en dehors du corps de leur mère.

C'est vrai, on peut imaginer combiner cette technique-là avec d'autres techniques. L'utérus artificiel pourrait, éventuellement, comme c'est le cas dans le roman d'Aldous Huxley, *Le Meilleur des mondes*, faciliter des modifications génétiques programmées, ciblées, orientées vers ce que certains généticiens fous considèrent, encore, comme une amélioration de l'espèce humaine. On pourrait imaginer que l'utérus artificiel rende peut-être ce genre de technique un peu plus facile mais, en soi, l'utérus artificiel n'a rien à voir avec la génétique ! Il s'agit uniquement de prothèses, comme les couveuses qu'on utilise actuellement pour les grands prématurés. Simplement, cela durerait tout le temps de la grossesse.

Dans les années 1960, un des grands pionniers de la biologie moléculaire, Joshua Lederberg, faisait exception dans la communauté des biologistes à propos du clonage parce que, lui, au contraire de ses collègues qui pensaient que c'était impossible, prédisait qu'on arriverait à cloner des mammifères et, donc, qu'on arriverait à cloner des êtres humains. Il envisageait ainsi la possibilité du clonage reproductif. Il disait, pourtant, que cela poserait des problèmes d'acceptabilité par la société, mais il prophétisait d'une certaine façon que le clonage reproductif humain deviendrait acceptable seulement après que l'utérus artificiel eut été mis au point et utilisé couramment dans l'espèce humaine. Autrement dit, on peut imaginer des combinaisons de techniques qui peuvent produire des effets non souhaitables, comme le clonage reproductif, comme des thérapies géniques ou des prétendues « améliorations génétiques » de l'espèce humaine. Mais il ne faut pas tout mettre dans le même panier. De la même façon qu'il ne faut pas mettre dans le même panier clonage reproductif et non reproductif.

Clonages, embryons et pseudo-embryons

Il y a aujourd'hui un très large consensus international pour interdire les recherches conduisant au clonage reproductif humain. Pourquoi ? Parce que l'état actuel de la technique est tel que le pourcentage de succès est extrêmement faible. En effet, le pourcentage d'anomalies de développement des bébés animaux qui naissent de cette façon est énorme. Essayer de transposer cette technique sur des hommes est totalement contraire à toutes les règles concernant l'expérimentation humaine. Donc, ne serait-ce que pour cette raison-là, indépendamment de toute raison d'ordre métaphysique, philosophique ou religieux, la quasi-totalité de la communauté scientifique et médicale s'oppose à cela. Mais si la technique est maîtrisée sur l'animal la question de la légitimité de son application à l'homme et à la femme se reposera. Il faudra alors se poser aussi la question de ses motivations. Pourquoi faire naître des bébés de cette façon ? Les indications médicales seraient pratiquement inexistantes, contrairement à celles de notre hypothétique utérus artificiel. Et les inconvénients d'ordre social et psychologique concernant notamment le brouillage des filiations l'emporteraient largement sur les avantages supposés, largement fantasmatiques (immortalité, reproduction du même, etc.). Il faut en effet se poser la question à propos de ces techniques non seulement de pourquoi les interdire mais aussi pourquoi le faire. Les scientifiques et les techniciens, tout naturellement, fabriquent des artefacts parce que c'est la façon la plus efficace de comprendre comment fonctionne la nature. Ça a l'air peut-être paradoxal, mais c'était déjà le cas en physique. Les machines, le plan incliné, les mouvements sans frottement, toutes ces choses artificielles, les physiciens les ont développées pour mieux comprendre les lois de la matière, les lois de la nature. C'est pareil pour la chimie. Les polymères, les produits synthétiques sont des artefacts. Jusqu'à présent, on ne faisait pas d'artefacts biologiques. Les grands succès de la biologie moléculaire du XXe siècle permettent maintenant d'en faire. Il faut se rendre compte de la révolution que ça représente ! En même temps, un artefact ne peut être manufacturé, fabriqué, qu'en obéissant aux lois de la nature.

C'est dans ce contexte que se posent les questions du clonage reproductif et non reproductif. Dans le premier cas il s'agirait de faire naître des bébés. Dans le second il ne s'agit que de fabriquer sans fécondation des cellules qui ont certaines propriétés des cellules embryonnaires mais pas toutes, tant qu'elles ne sont pas implantées avec succès dans un utérus qui réunit les conditions de leur développement. Ceci a un intérêt à la fois scientifique et médical dans la mesure où c'est une technique parmi d'autres de fabrication de cellules souches embryonnaires peut-être utilisables pour traiter différentes maladies. Ces cellules artificielles sont produites par des techniques qui font éclater les définitions essentialistes sur ce qu'est un embryon : ce ne sont pas vraiment des embryons, bien qu'elles puissent éventuellement le devenir si elles sont implantées dans un utérus et s'y développent comme telles. Les problèmes éthiques de leur fabrication et utilisation sont donc très différents de ceux posés par un clonage reproductif humain éventuel.

La personne humaine

Cette question ne doit pas être confondue avec celle, beaucoup plus ancienne, de savoir à partir de quand un embryon peut être, ou doit être, considéré comme une personne humaine. Il y a tout un éventail de positions. Ceux qui, avec l'Église catholique, considèrent que ça commence avec la fécondation ; d'autres, les Anglo-Saxons, qui, justement, guettent les premières ébauches de la structure nerveuse et ont défini la notion de pré-embryon avant 14 jours ; d'autres encore qui fixent ce seuil à 5 jours pour des raisons techniques de l'ordre du développement des premières cellules après la division ; d'autres, de traditions anciennes remontant à Aristote et qui ont été reprises aussi bien par le judaïsme, l'islam et l'Église catholique dans sa première version, la version thomiste, avaient, eux, adopté l'idée selon laquelle on avait affaire à un être humain seulement à partir de 40 jours, étant entendu que ça n'était qu'à partir de cela qu'on pouvait distinguer une forme humaine, et notamment un visage humain. Il s'agissait de la thèse de l'animation tardive, celle que saint Thomas d'Aquin préconisait dans l'Église, à la suite d'Aristote, de Maïmonide, d'Averroès, etc. Plus tard, l'Église a changé d'avis et a adopté la thèse actuelle de l'animation précoce. Cette question est un domaine sur lequel la science à proprement parler n'a pas grand-chose à dire. Pour une raison très simple, c'est que la notion de personne n'est pas une notion scientifique. C'est une notion juridique et morale et non biologique. On voit mal comment un critère biologique pourrait dire à partir de quand on a affaire à une personne. Ce serait pour certains à partir de l'apparition de la conscience. Mais la conscience se développe progressivement. On a, là aussi, affaire à un processus continu dans lequel il est très difficile de fixer un seuil, sinon de façon conventionnelle comme la majorité à 18 ans par exemple.

Techniques et société

Quand vous faites une petite enquête autour de vous, ou quand vous lisez la littérature féministe, vous vous apercevez que les femmes sont extrêmement divisées sur la question de la procréation en dehors du corps. Pour certaines d'entre elles, c'est le point d'orgue, la fin de ce processus de libération qui a commencé avec la contraception, la libéralisation de l'avortement, etc. Pour elles, ce serait la possibilité d'accomplir la revendication « un enfant si je veux, quand je veux » par « un enfant si je veux, comme je veux » et de décider, au nom de leur droit à disposer de leur corps, de porter leur enfant dans leur ventre ou à l'extérieur. Puis, au contraire, il y a tout un courant, extrêmement fort, féministe aussi, qui a une position radicalement opposée et considère que toutes ces techniques, depuis la fécondation *in vitro*, depuis les inséminations artificielles, n'ont pour objet que de renforcer le pouvoir patriarcal, ce même pouvoir patriarcal qui s'est développé en réaction contre le privilège que la nature avait donné aux femmes dans la procréation. L'utérus artificiel, évidemment, deviendrait à leurs yeux le maximum de dépossession de leur privilège maternel. Ces deux opinions s'affrontent très fortement. Mais, comme une proportion importante pense qu'il s'agirait d'une libération, je vois mal comment, dans un régime démocratique, cela pourrait être interdit.

flashcode

Sondage interactif :
Pour ou contre l'utérus artificiel ?

web

Le but de mon livre *L'Utérus artificiel* n'était pas tellement de réfléchir dans les détails sur ce qui se passera dans cent ans, parce que ce serait une prédiction à trop long terme. C'était à l'occasion de cette évocation, qu'on peut appeler une expérience de pensée, de projeter la lumière sur la situation actuelle, telle qu'elle existe déjà aujourd'hui, avec cette dissociation procréation/sexualité déjà bien engagée. Je voulais réfléchir entre autres à ce qui est moralement acceptable et à ce qui ne l'est pas. On s'aperçoit que ce n'est pas la technique toute seule qui est moralement acceptable ou au contraire condamnable, c'est le contexte social, moral, culturel, dans lequel elle est appliquée. Il en serait exactement ainsi avec l'utérus artificiel. On peut parfaitement imaginer un couple traditionnel, une famille traditionnelle, hétérosexuelle, monogame, qui, pour des raisons diverses, décide d'utiliser un utérus artificiel. Ces enfants seraient élevés dans les mêmes conditions que les enfants que nous connaissons maintenant. En revanche, on peut évidemment comprendre, comme c'est déjà le cas maintenant, comment la multiplicité des options de procréations médicalement assistées rend possible une multiplicité de structures familiales. La famille contemporaine est aujourd'hui déjà plus fragile, plus instable, avec la montée du divorce, des familles monoparentales et l'apparition de l'homoparentalité. Les différentes options possibles de différentes sortes de procréations renforcent cette fragilité.

La procréation médicalement assistée sera-t-elle capable de transmettre les valeurs familiales traditionnelles ? C'est tout le problème de l'adaptation aux nouvelles techniques. Le mythe biblique est à ce titre intéressant. La chute ou l'expulsion du jardin d'Éden d'Adam et Ève s'est traduite par la double malédiction : Adam doit travailler dur pour gagner sa vie et la femme doit enfanter dans la douleur. D'abord, il faut comprendre que la malédiction biblique est faite pour être levée. Contrairement à ce que pensent certains, elle ne condamne pas pour toute l'éternité la condition humaine à rester ce qu'elle est, bien au contraire : puisque c'est une malédiction, ça veut dire que ce n'est pas la nature originelle de l'être humain. Et on s'aperçoit que, justement, les techniques actuelles, depuis au moins plus d'un siècle, contribuent à lever cette malédiction. D'une part, nous travaillons de moins en moins et de façon de moins en moins dure, d'autre part, les femmes enfantent de moins en moins dans la douleur. L'évolution vers l'utérus artificiel ne ferait qu'accomplir ce processus.

Science et liberté

Toutes ces techniques sont autant d'armes à double tranchant. Elles ouvrent des options qui n'existaient pas auparavant car on ne choisissait pas, on ne décidait pas d'avoir un enfant. Tout au plus pouvait on décider, et encore sans grande efficacité, de ne pas en avoir. La pilule contraceptive a permis ensuite de décider d'avoir des enfants, et d'organiser le planning familial, le contrôle des naissances. Il y a plus de cinquante ans que cela a commencé. Les procréations médicalement assistées permettent maintenant, pour la première fois dans l'histoire de l'humanité, qu'un enfant puisse naître à partir d'un ovule qui vient d'une femme et puisse être porté dans l'utérus d'une autre femme. Chose totalement inouïe qui n'avait jamais, jamais existé ! Des options nouvelles s'ouvrent, des possibilités de choix qui, d'un certain point de vue, sont autant de libertés. Dans le même temps, on sait malheureusement que les choix ne sont pas toujours libres, qu'ils le sont même très rarement. Ils sont déterminés par un certain nombre de désirs qui, eux-mêmes, sont plus ou moins aliénés, et le désir d'enfant n'échappe pas à ce type d'aliénation. Fondamentalement, la nature des problèmes a changé du fait de la multiplication des techniques.

La science peut être au service de la liberté des mœurs et de l'éclatement des familles qui l'accompagne parfois. C'est ce qui s'est passé dans les sociétés occidentales. La science augmente les possibilités de choix et les choix sont faits individuellement, puisque nous sommes dans des sociétés plus ou moins individualistes, aux États-Unis un peu plus qu'en Europe. De qui, maintenant, est-ce l'affaire de faire un enfant, puisque avant, on ne décidait pas ? Si on décide, qui doit décider ? C'est une question de plus en plus fréquente avec ces techniques qui mobilisent l'intervention de la société par le biais des structures médicales. La question devient alors qui peut avoir accès, qui a droit à ces techniques compliquées et coûteuses ?

Aux États-Unis, la question ne se pose même plus. On dit : « C'est l'individu. » Certains savants un peu fous disent même : « C'est l'espèce. » En Europe, ça n'est pas tout à fait comme ça. La société se mêle de ces décisions et essaie d'imposer une certaine régulation. Il est très difficile de trouver un équilibre. Une tendance naturelle consiste à pousser vers l'égoïsme, l'hédonisme maximum et, dans ce cadre, les premières victimes sont les enfants. On peut imaginer plusieurs scénarios, catastrophiques ou optimistes, à propos de l'utérus artificiel, y compris ce que j'ai décrit comme « une utopie fraternelle ». Un des scénarios catastrophes est que les enfants soient purement et simplement abandonnés par les adultes. Aldous Huxley, dans l'un des commentaires sur son livre, expliquait qu'il voyait arriver le temps où non seulement les enfants, mais aussi les hommes pour les femmes, et les femmes pour les hommes, les partenaires sexuels, seraient acquis comme des chiens et des chats, pour un certain temps, et ensuite jetés. Des objets de consommation…

Comme on l'a vu, la gestation artificielle pose la question de l'absence d'histoire intra-utérine. Toutefois, ce n'est pas inévitable. On peut parfaitement concevoir que l'enfant soit entouré de soins, d'amour, de stimulations affectives, à travers les parois de cette couveuse, comme c'est déjà le cas avec les couveuses pour les grands prématurés. Les parents viennent suivre le développement de leur enfant, lui parlent, lui font entendre de la musique. Si on peut reproduire en dehors du corps de la femme les échanges qui s'effectuent normalement à travers le placenta avec l'embryon et le fœtus, en y associant des stimuli sensoriels reproduisant ceux qui se produisent pendant la vie intra-utérine, par hypothèse les résultats seront aussi normaux. Ils ne seront pas identiques, mais ils seront aussi normaux ou même parfois peut-être moins anormaux – parce que la maternité peut être aussi pathogène, et pour l'enfant et pour la mère : les échanges naturels de la vie intra-utérine se traduisent parfois aussi par des troubles plus ou moins pathologiques.

Encore une fois, tout cela est plus qu'hypothétique dans la mesure où il est pratiquement impossible de prédire de quoi sera fait l'environnement technique, social, culturel, moral, dans lequel vivront nos descendants dans cent ans, de même que personne au début du XXe siècle ne pouvait imaginer les conditions dans lesquelles nous vivons aujourd'hui. Mais l'examen de ces différentes hypothèses peut nous aider à réfléchir sur notre condition actuelle en y projetant une lumière plus crue à l'aide de la fiction.

L'avenir de la reproduction humaine

Jacques Attali

Pendant des millions d'années, plusieurs espèces quasi humaines ont coexisté. L'espèce *Sapiens sapiens* n'a que très récemment accompagné ou provoqué – on ne sait pas encore – la disparition des autres, créant une fragilité particulière : c'était justement la présence simultanée de plusieurs espèces humaines, ou quasi humaines, qui avait permis leur adaptation. Par ailleurs, cet *Homo sapiens sapiens* a progressivement transformé en objets tous les services : le lancer est devenu l'arc, la laveuse est devenue la machine à laver, et le conteur la radio ; puis le soin devient prothèse. Demain, les couples choisiront le sexe de leurs enfants, la couleur des cheveux ou des yeux. L'homme accomplira peut-être une transformation de lui-même en objet, sous forme de robot et de clone.

Cela passera d'abord par l'utérus artificiel, qui permettra de faire se développer un embryon et naître un enfant dans un environnement totalement extérieur ; et par ailleurs, de transformer l'enfant à naître en un artefact par le clonage.

Tout pousse à sa mise au point : comprendre les mécanismes du vivant, comme l'écrit très justement Henri Atlan, exige de faire des objets artificiels vivants. Et le clone serait lui-même un homme artificiel.

Plus tard, on créera des chimères : des chimères animales (comme la salamandre, capable de résister à de hautes températures, nécessaires pour des travaux que l'homme ne voudra pas faire), des chimères thérapeutiques (utilisées pour les greffes d'organes), puis des chimères mêlant une conscience humaine avec le corps d'un robot ou d'un animal. Comme il existe des paradis fiscaux où les gens fortunés peuvent trouver refuge, il y aura des paradis génétiques où il sera possible de fabriquer des clones et des chimères.

Depuis trente ans au moins, cette évolution s'inscrit dans une tendance longue de l'Histoire. Rien ne semble l'arrêter. Il est insensé qu'aujourd'hui encore, nul n'ose en parler. Nul n'ose même en débattre. Comme si l'humanité avait déjà pris acte de sa propre disparition.

IV

ÉCONOMIE ET POLITIQUE

flashcode

Interview de Michel Rocard

web

Le rôle du politique

Michel Rocard

Depuis la démocratie athénienne, un homme ou une femme politique représente toujours la même chose : c'est une personne engagée dans le fonctionnement des pouvoirs publics dans la cité. Aujourd'hui, se poser la question de savoir si ceux qui manœuvrent ou représentent les institutions démocratiques ont encore un rôle à jouer, c'est se poser la question de la définition des unités administratives dans lesquelles on définit le pouvoir. Et malheureusement, un morceau substantiel des difficultés du monde actuel tient à ce que les pouvoirs publics sont organisés sur une base nationale absolument souveraine, sans ingérence dans les affaires intérieures des autres. La charte des Nations unies l'interdit : au nom des grands principes qu'elle prévoit, elle ne permet pas que la communauté des nations aille s'occuper d'une nation qui se conduirait mal par rapport à la charte. Cette organisation de la démocratie, c'est-à-dire des États-nations sur une base fractionnée, quand tous les problèmes du monde sont devenus globaux, est un affaiblissement dangereux de l'efficacité du politique. Ça ne change rien à sa fonction, et ça devrait l'obliger à travailler – c'est d'ailleurs un chantier ouvert aujourd'hui – à la réforme des Nations unies, à la mise en cause du caractère absolu de ces souverainetés nationales qui empêchent une coopération internationale convenable.

Je préside un « collegium international, éthique, scientifique et politique », qui est constitué d'un certain nombre d'anciens chefs d'État, d'anciens Premiers ministres et de quelques philosophes, savants et économistes. Nous sommes tous en retraite et nous considérons que nos neurones ne se sont pas éteints avec nos fonctions... Nous travaillons à proposer aux Nations unies une déclaration d'interdépendance. L'adoption par l'Assemblée générale d'une telle déclaration serait le fondement intellectuel d'abord, politique ensuite, mais juridique aussi, de l'ouverture d'un pouvoir donné à la collectivité des nations de préparer une régulation du monde qui serait contraignante pour les nations de base. On peut très bien imaginer une interdépendance organisée et suivie avec sérieux, où tous les accrocs, que ce soit des accrocs à la justice sociale ou à l'environnement par exemple, soient sanctionnés de manière internationale et sans ingérence interne. Il faut des étapes partout.

L'homme politique a-t-il un rôle historique dans l'orientation que prend la nation ?

La nature, mes gènes, ma mère, m'ont fait modeste. Je n'ai donc point d'arrogance au naturel. Mais ce que je vais vous dire a une fabuleuse propension à être très arrogant, car j'ai eu un rôle historique en tant qu'homme politique, de deux façons. La première concerne quelques décisions de gouvernement qui ne se seraient point prises si je n'avais pas été là. Et la seconde concerne quelques orientations longues de notre pays. Cette distinction est importante.

Voici la première, avec les trois cas les plus visibles et les plus connus : je suis nommé Premier ministre six jours après un épouvantable massacre à Ouvéa en Nouvelle-Calédonie. L'essentiel de l'establishment français, des autorités françaises, en tout cas toutes leurs autorités militaires mais aussi une bonne partie des autorités civiles, et pas seulement à droite, pensaient en termes de répression. Je n'aurais pas été protestant, ce qui sur cette terre très conflictuelle où les Canaques sont en majorité protestants et les Européens catholiques, et après tous les conflits que nous avons connus où les protestants sont la neutralité même, je n'aurais pas été un militant anticolonialiste vigoureux et à tous risques – y compris celui de ma carrière – pendant la guerre d'Algérie, je ne suis pas sûr que ce que j'ai fait en réussissant une négociation, en créant la paix là-bas, aurait pu se faire. D'ailleurs cela a été salué à cette mesure. Je n'ai pas d'arrogance, mais je sais que sans moi ça ne se serait pas fait.

Mon deuxième exemple est beaucoup plus facile, et là on pourrait dire que tout le monde l'aurait fait à ma place parce que tout le monde était d'accord : le revenu minimum d'insertion. Il y a maintenant un million de titulaires de cette prestation. La création du revenu minimum d'insertion a sauvé, sinon de la mort, de la faim du moins, de la grande misère et de l'exclusion sociale totale, depuis quinze ans qu'il fonctionne, près de trois millions de personnes, dont un petit tiers s'en sont sortis par le haut, grâce à l'insertion. Ce fut une révolution pour le droit de l'assistance, le droit de la sécurité sociale et le droit du travail, puisqu'il s'agit d'un contrat de travail sans travail mais ouvrant le droit à la sécurité sociale… Le concept majeur, et là je pense que ma patte a compté, n'est pas celui d'allocation. Depuis Saint Louis et la création de l'Hôtel-Dieu, l'État sait verser de l'argent aux pauvres. Le concept est de mettre de l'argent et des fonctionnaires publics au service d'une conduite de réinsertion. La création du RMI, c'est la découverte de ce que la politique sociale de demain – qui pourrait s'étendre aux personnes âgées dépendantes, aux malades du sida, aux longs convalescents, aux handicapés, aux enfants orphelins, etc. – doit être un accompagnement personnalisé vers une démarche de socialisation. La France est la première au monde à avoir inventé ça. C'est donc une assez grande affaire.

Le troisième cas est celui qui m'a fait perdre quinze points dans les sondages et probablement les chances d'être candidat à la présidence de la République : la contribution sociale généralisée. C'est la seule réforme fiscale de quelque ampleur qui se soit faite en France depuis la TVA, depuis tout juste un demi-siècle. C'est un impôt de justice qui consiste principalement à assainir économiquement le financement de la Sécurité sociale en ne le faisant pas peser sur les seuls salaires, donc aux dépens de l'emploi. C'est un impôt sur le revenu. Il est brutal, juste, proportionnel au premier franc, il est donc un peu terrible, il ne faut pas trop l'augmenter, mais c'est une œuvre de justice.

Laissez-moi maintenant vous parler d'autre chose : aucun gouvernant ne peut faire uniquement des mesures ponctuelles. Je viens d'en citer trois grandes, mais elles ne sont que ponctuelles. À côté de cela, j'ai consacré l'essentiel de ma vie à deux causes principales, sur lesquelles je pense avoir gagné et fait changer mon pays. La première débute lorsque je suis entré aux Étudiants socialistes SFIO[1] en 1949. Il était alors interdit à un membre des mouvements de jeunesse catholiques d'y adhérer. Les militants catholiques ne pouvaient donc pas se reconnaître dans la gauche institutionnelle. Et comme la grande affaire fut ensuite la guerre d'Algérie, il était impossible de connecter les réseaux de combattants contre la guerre d'Algérie (politiques, laïcs) de ceux qui se recommandaient d'une foi, et surtout de la foi catholique ! J'ai été le premier à violer les règles de mon parti en faisant adhérer en masse des étudiants catholiques aux Étudiants socialistes de la SFIO. Dès que la violence de la guerre d'Algérie nous a conduits à nous séparer du tronc principal du socialisme français, alors représenté par Robert Lacoste, l'homme de la torture et du contingent en Algérie, nous avons créé le PSU (Parti socialiste unifié) et j'ai pu en faire un outil d'accueil massif des militants de gauche orphelins qui se voulaient chrétiens. J'ai continué dans cette voie comme ministre de l'Agriculture en organisant la paix scolaire entre l'enseignement technique agricole public et l'enseignement technique agricole privé. Ce qui a été fait à ce moment-là a servi de modèle et d'image aux accords Lang-Cloupet de 1992. Après quatre-vingts ans de batailles administratives, la France est en paix scolaire. J'ai l'outrecuidance de me considérer – on n'est pas tout seul dans ces causes – comme l'un des agents déclencheurs majeurs. Et de ça, j'ai une vraie et profonde fierté.

La seconde affaire dont je voulais vous parler est la décentralisation. En 1966, j'ai publié un pamphlet anonyme – mes meilleures œuvres sont anonymes – sous la signature collective du Club Jean-Moulin, qui s'appelait *Décoloniser la province*, où je soutenais pour la première fois par écrit que l'excès de centralisation française était asphyxiant pour le développement de tous nos terroirs en dehors de l'agglomération parisienne elle-même. Cela a fait un tollé dans la presse, une bagarre, on a organisé des meetings, on a débattu dans toute la France. La décentralisation est devenue un sujet majeur. Mai 68 l'a reprise. Au point que Charles de Gaulle l'a incluse dans son projet de référendum de 1969. Suicidairement, il émet l'idée, en plus, de réformer le Sénat, c'est-à-dire d'éteindre

1. Section française de l'Internationale ouvrière, tel était à l'époque le nom que portait le Parti socialiste de France.

les perspectives de carrière de cinq cent mille conseillers municipaux. Une démarche pareille de la part de Charles de Gaulle est à l'évidence suicidaire, mais je ne suis pas psychanalyste et je ne vais pas chercher à l'expliquer. Toujours est-il que son échec a libéré le thème qui a pu être réapproprié par la gauche. François Mitterrand l'a pris en charge, mais je suis le père intellectuel de la décentralisation. Si c'est Gaston Defferre qui a eu la responsabilité de la mettre en place, j'ai pu la compléter au même moment en inventant le concept de « contrat de plan » qui réintroduisait une égale dignité entre les négociateurs de programmes d'avenir, l'État et ses « sujets ». Et dans ces sujets, il y avait aussi les régions et les départements. Le mouvement de décentralisation a été très combattu par la droite à l'époque, mais Gaston Defferre a eu l'habileté d'accepter trois mois de débats parlementaires et l'examen de quelque trois mille cinq cents amendements dont il a dû concéder un millier. Cette loi a finalement été votée avec une majorité infiniment plus forte que la majorité arithmétique du gouvernement. Nous sommes aujourd'hui en décentralisation et personne ne songe plus à y toucher. Tout le monde sait que la gauche a la paternité de cette décentralisation. Et dans la gauche, je suis aussi un peu l'agent déclencheur de cette loi.

Tout ça, ce sont des affaires qui se jouent sur vingt ans et pour lesquelles s'il n'est pas absolument nécessaire d'être un homme politique, cela vaut mieux, parce qu'il faut en assurer le détail et le suivi. Ce sont des transformations sur lesquelles vingt-cinq à trente ans de continuité et de fermeté sur une façon de penser sont, évidemment, essentiels.

Une nécessaire popularité

En démocratie, comme en dictature d'ailleurs, il est impossible d'arriver à gouverner si on n'est pas populaire. Il faut bien gagner des élections. La pérennité est confirmée, de temps en temps, par le fait qu'on est toujours populaire, quoi qu'il en soit. Reste que le pouvoir est difficile, qu'il est constant qu'aucun pouvoir, jamais, quelle que soit son orientation, ne peut totalement satisfaire ses mandants et, a fortiori, ceux qu'il voudrait rallier mais qui n'avaient pas voté pour lui au début. Par conséquent, il y a des phases d'usure mais c'est une notion seconde. Les deux notions premières sont celles d'efficacité et d'autorité, au sens général et fort du terme. Exemple : Tony Blair qui, et c'était la première fois depuis près d'un demi-siècle et la première fois pour les travaillistes, a été réélu pour un troisième mandat, à cause d'une immense autorité intellectuelle. On a voté pour lui par respect pour cette force qui est à la fois une force intellectuelle et une force de persuasion, qui a attiré des confiances qu'il n'aurait pas eues sur la substance même des politiques de détail. Enfin, il y a l'efficacité. Tout baratin sur l'idée d'améliorer la politique en améliorant les procédures de la démocratie se heurte à cette idée qu'aussi longtemps qu'il y aura du chômage, ou surtout des licenciements abusifs et fréquents, les Français considéreront que les politiques ne font pas leur travail. Et aucune procédure ne pourra corriger ça. Il faut donc des éléments de sécurisation qui tiennent à l'efficacité de l'art de gouverner. Cette efficacité exige d'abord des solutions techniques ou scientifiques, mais aussi parfois des formes de procédure. C'est une des raisons pour lesquelles j'ai toujours été hostile au scrutin proportionnel, qui est un scrutin d'affaiblissement et de paralysie. Je continue à le penser. Encore que dans la France actuelle, il faille avoir des doutes… Mais je suis persuadé que les résultats, et notamment dans le monde économique et social, sont aujourd'hui une des conditions majeures de restitution d'une confiance entre gouvernants et gouvernés.

La nature du métier politique

La France est le plus évident des pays d'Europe où l'État s'est conduit de manière à détruire la société civile. Nous ne pratiquons presque pas le dialogue social. La condition d'un travailleur est régie à 85 % ou 90 % par la loi et à 10 ou 12 % par des accords ou des conventions collectives. C'est moitié-moitié partout ailleurs. L'absence de dialogue social est un des grands drames français. Je ne parle pas que des syndicats ! Il y a l'oubli de l'influence potentielle du monde coopératif et mutualiste. Et puis il y a l'oubli de l'influence de tout ce qui est associatif. Par rapport à cela, l'idée de sélectionner quelques personnes de talent sorties de là pour en faire des ministres n'est pas la réponse. Je l'ai pourtant tenté. Efficacement avec Roger Fauroux et Alain Decaux par exemple – j'ai eu d'excellents ministres sortis de la société civile. Mais ils n'avaient pas le poids d'un militant qui a derrière lui de longs combats, des victoires, des défaites, des créances et une puissance. Il faut bien réconcilier le système : la France a besoin de retrouver le dialogue social. C'est à peu près fait sur le plan territorial, ça ne l'est pas du tout sur le plan sectoriel vertical. Le désengluement de notre Sécurité sociale, aussi bien du côté de l'assurance maladie que de l'Éducation nationale, passe par un dialogue entre les professionnels et l'État. Et il est toujours pratiquement impossible.

Quant à l'ENA, on a dit beaucoup de bêtises sur cette malheureuse école. La première étant de croire que ses élèves monopolisent tous les postes ministériels : ça n'a jamais été plus d'une dizaine de pour cent. Deuxièmement, l'ENA n'est pas du tout un système de pensée unique. Je suis l'exemple type du penseur non conformiste qui a survécu à l'ENA tout en restant un socialiste vigoureux. Et personne ne m'a jamais empoisonné la vie, ni contrôlé, ni même menacé dans ma carrière – sauf pendant la guerre d'Algérie mais là, c'était autre chose. Je suis le seul haut fonctionnaire français qu'il ait été question de révoquer, à l'occasion de la guerre d'Algérie. C'est Edmond Michelet qui m'a sauvé. Reconnaissons simplement qu'il y a une prime aux anciens élèves de l'ENA parce que le métier de gestionnaire de l'État, sinon tout le métier politique, est horriblement complexe, qu'il a une technicité qu'il faut apprendre et connaître. Effectivement, il y a une prime en politique aux gens qui l'ont apprise, quel que soit ce qu'ils pensent. Je pense à un autre énarque, que je connais bien, que je combats avec virulence, et dont je crois la doctrine maléfique au point que si on l'appliquait plus qu'elle ne l'est, elle serait dangereuse pour notre pays, c'est Alain Madelin. C'est un homme tout à fait honorable, c'est un parfait collègue, sa convivialité est délicieuse, nous étions au Parlement européen ensemble, on s'y entendait pas mal pour les tactiques budgétaires. Il pense dangereusement, mais il sort aussi de l'ENA. L'ENA, c'est la France, et on s'y bat comme partout !

Vient le problème de savoir si la décentralisation n'a pas créé une autre population de politiques. C'est possible. Mais d'abord, le peu de décentralisation que nous avons fait, car nous ne sommes pas allés bien loin, donne à nos régions des pouvoirs qui ne sont pas le quart ou le cinquième de ceux des *Länder* allemands, pas la moitié de ceux des régions italiennes, et pas le dixième de ceux des autonomies espagnoles ou de l'Autriche qui est aussi un pays fédéral. Ne nous racontons pas d'histoires ! Nous sommes semi-décentralisés, comme la Grande-Bretagne. Donc, il n'y a pas grand danger. Deuxième élément : le monde est un village planétaire, nous sommes mondialisés, jusque sur le plan du fonctionnement financier de la planète. Et nous vivons une période très étrange et très dangereuse où les actifs financiers, les spéculations financières représentent entre cent et cent cinquante fois le volume de la production physique en biens réels. Tout ça ne peut pas tenir très longtemps. Nous avons déjà eu la bulle de l'e-économie. Et aujourd'hui, sous l'effet d'une autre bulle américaine, nous vivons une crise généralisée.

Tout ça est gravissime et traduit un changement du mode d'emploi du capitalisme. Vous achetez une nouvelle voiture ou une machine à laver, il faut bien lire le mode d'emploi. Ils peuvent changer ! Nous avons eu de 1945 à 1980 un mode d'emploi relativement paisible. Michel Albert avait appelé ça le « capitalisme rhénan », je dirais plutôt, pour dire la même chose, le « capitalisme avec correcteurs ». Les correcteurs étant l'un signé Beveridge, avec la Sécurité sociale, qui est un stabilisateur du système ; l'autre, signé Keynes, qui utilise la finance publique pour amortir les secousses du système ; le troisième correcteur étant la politique des hauts salaires. Le capitalisme est un système génial de production de masse, il ne marche que quand il y a une consommation de masse, en quantité et en qualité. Dès l'instant que la politique des hauts salaires disparaît, le capitalisme perd ses marchés et devient une arme pour préserver le gain financier de ses propriétaires tout en écrasant les autres. Et nous voilà en manque de croissance, par manque de dynamisme de la demande, à cause de cette politique de pouvoir d'achat... Ces vingt dernières années nous ont ramenés dans des crises financières et ont durci tous les enjeux. C'est ça qui fait que la moitié des travailleurs de France, les salariés du privé, sont inquiets pour leur emploi. C'est ça qui fait qu'il y a un Monopoly invraisemblable de restructuration, dans toutes nos grandes entreprises ; et ce Monopoly n'est pas du tout à horizon français, il est à horizon parfaitement mondial. Les délocalisations, qui représentent 8 % du chômage d'aujourd'hui, pourraient représenter plus, de toute façon elles font mal là où elles passent, car elles sont sans contrôle et sans précaution. Tout ça vient de ce système politique.

Par rapport à cela, les responsables politiques français ont vu leur marge de liberté, leur pouvoir de correction, rendu presque négligeables. Et, de ce fait, nous sommes dans une crise où, à la difficulté économique, au manque de croissance, au chômage permanent, s'ajoute le manque de confiance dans les politiques, pour inefficacité.

En conséquence, aujourd'hui, les jeunes talents issus des grandes écoles ne pantouflent plus pour aller en politique. En plus, l'opinion publique souhaite des hommes politiques relativement pauvres. Après tout, pourquoi pas ? Moi, je n'ai pas fait ce métier pour faire fortune, et je ne l'ai pas faite, je n'ai pas puisé dans la caisse. Reste que tout le monde ne fait pas ce choix. Se faire insulter est une logique dans la fonction, mais il y a des questions de mesure. On le sait depuis Démosthène ou Cicéron : on se fait insulter en politique. Quand on y est, on a l'habitude, on a la peau dure. Cependant, pour le conjoint et les enfants, ça n'est jamais vraiment tolérable. Il me semble que nous sommes dans une phase d'accélération, d'aggravation ou plutôt de perte d'éventuelles compensations. La principale ayant été le respect, et puis, à travers un défaut français, le cumul des mandats, une certaine stabilité de carrière, maintenant détruite. Soyons tranquille : plus personne sortant de l'ENA n'a envie de s'engager en politique ! Par conséquent, nous n'aurons plus en politique, parce que le métier devient infaisable, que des élus locaux montés en puissance à travers des mandats qu'ils ont bien exécutés, avec l'inconvénient de voir arriver à la tête de l'État quelqu'un qui n'a jamais voyagé, ne connaît pas le monde extérieur, ne sait pas ce qui se passe. Ça a été le cas du président Reagan, comme de Bush. Et ça peut commencer chez nous. M. Raffarin en est un exemple. C'est un très brave homme, fort intelligent, mais très typique de cette catégorie d'hommes politiques qui montent en responsabilités de sommet, sans aucune expérience du monde extérieur, alors que nous sommes totalement mondialisés. C'est un drame pour notre pays.

Vers une politique à l'échelle mondiale ?

Pour le moment, la politique à l'échelle mondiale n'est que la création de certaines interdépendances à travers des traités, des agences, entre des hommes politiques nationaux. Cependant, pour assumer divers combats, contre le changement climatique, contre les grandes épidémies, la malaria, le paludisme, qui sont en plein redémarrage parce qu'on ne s'en occupe plus assez, mais surtout contre les inégalités, la pauvreté, la volatilité du système et son aggravation (presque un milliard et demi d'hommes n'ont pas accès à l'eau potable et par conséquent multiplient les maladies), nous avons besoin de l'émergence d'un milieu politique planétaire. Le dire comme ça est une naïveté, parce que ça ne sera produit que si des institutions s'en chargent. Il faut bien définir des structures de pouvoir, électives, contrôlées.

Nous avons eu avec Kofi Annan la chance de vivre sous le règne du meilleur secrétaire général des Nations unies qu'on ait connu depuis le début de l'ONU. Cet homme a exercé ses fonctions dans la pire des périodes. Il a été plus impuissant que pas mal de ses prédécesseurs, contre son gré, et il le dit. Nous avons besoin de donner à la collectivité des nations le droit d'intervenir chez l'une d'entre elles, si elle pollue la planète au-delà d'un droit minimal accepté, si elle assassine son propre peuple, si elle exporte du terrorisme.

Le parler vrai

Je suis un défenseur de l'importance de dire la vérité. Le « parler vrai » est un titre que j'ai choisi pour un de mes recueils de discours. J'ai essayé de mentir un peu moins que la moyenne, je crois que j'y suis à peu près parvenu et qu'on m'en donne acte, donc j'ai cette espèce de placard sur le front. Je maintiens qu'il est nécessaire et possible de parler vrai au sujet des choses, des faits, des chiffres, des dossiers ; et que quiconque y manque, manque à son devoir, est en situation de forfaiture. Je n'oserais jamais dire qu'on peut parler vrai au sujet des rapports entre les hommes. Déjà, dans la vie privée, il n'y a pas beaucoup de couples qui y résisteraient complètement. Et dans la vie internationale, quand on négocie, on ne peut pas dire à un négociateur en face « vous êtes un imbécile », on ne le reverrait plus, même si on le pense profondément, et même si c'est vrai, dans la mesure où ce serait mesurable. Le parler vrai traite des faits, des choses. Dans les rapports entre les hommes, il peut s'accommoder de prudence et de précaution, sans lesquelles je ne pense pas que nous puissions vivre en commun.

Pourquoi la vérité ferait-elle nécessairement peur ? Il est vrai que nous sommes devant des enjeux créés de main d'homme, mais redoutables. C'est aussi bien la pollution, le terrorisme, que le volcan financier sur lequel nous vivons et dont nous ne savons pas comment il finira. Je prétends que la façon de présenter ces enjeux, l'explication des phénomènes et leur relation avec un contexte est de nature à déminer cette peur. Et je pense que le parler vrai nécessaire d'un homme politique, qui veut créer le consensus à une réforme difficile, s'exercera d'autant mieux et rencontrera plus d'acceptation et de consensus s'il est incontestable sur le plan de la vérité, et si sa présentation et son explication de la vérité sont de nature à déminer la peur.

L'avenir du politique

Jacques Attali

Le « parler vrai » évoqué par Michel Rocard pose la même question que le « parler vrai » du médecin à l'égard du malade : pour parler vrai, il faut connaître le vrai. Or, tout comme le médecin, l'homme politique peut se tromper de pronostic. Parler vrai au sens de « dire sincèrement ce qu'on pense et ce qu'on souhaite » est possible et souhaitable. Mais parler vrai au sens de « dire la vérité » est impossible. On peut donner comme vrai un diagnostic, mais pas un pronostic. Parce que la vérité de l'avenir n'est connue de personne. Donc, l'homme politique ne peut pas affirmer qu'il parle vrai. « Parler sincère » oui, mais parler vrai, sûrement pas. « Parler vrai », c'est un slogan d'orgueil.

Dans les sociétés traditionnelles, l'homme politique fut successivement un seigneur de la guerre, puis un prêtre, puis un monarque, puis un élu. Aujourd'hui, la fonction essentielle du politique est d'organiser la solidarité et la protection de la culture et du système de valeurs qui va avec : le mode de vie, le mode d'organisation, la nourriture aussi bien que la recherche. La « personne politique », comme on dirait aux États-Unis, doit faire en sorte que toute personne, quelle que soit sa place dans la société, puisse avoir la même récompense.

Par ailleurs, le rôle du politique, de tout temps, est de faire prendre conscience des risques ou des menaces extérieures. Cette conscience a toujours été un grand moteur de l'effort dans les périodes de guerre, de tension ou de reconstruction.

Demain, les maires, les gouverneurs, les présidents de région, vont de plus en plus disposer de pouvoirs concrets. Face à la mondialisation, nous ne parvenons pas à construire des entités politiques continentales, sauf aux États-Unis, en Russie, au Brésil, en Inde ou en Chine. Ailleurs, la démocratie, qui n'arrive pas à se mettre à la taille du marché, choisit une sorte de stratégie de repli, soit sur des entités communales, soit en rompant l'unité nationale vers des nations plus petites. L'exemple fascinant des cités-États, qui se protègent mieux que les grandes nations de la dislocation désordonnée, est à méditer.

Enfin, le politique sort progressivement de son champ propre pour s'infiltrer dans les ONG, les organisations internationales, les organisations professionnelles, les organes de régulation. Les hauts fonctionnaires des institutions internationales, les responsables des grandes ONG ou de structures autoproclamées – le Comité olympique, par exemple – parlent au nom de la planète, et pas au nom de l'intérêt d'une nation ou d'un continent. Demain, ou après-demain, ils construiront les lieux d'une gouvernance planétaire. Étrange nouveauté : alors que, jusque-là, l'homme politique cherchait à prendre un pouvoir dans un lieu préexistant, demain, l'homme politique devra construire l'outil de sa puissance.

flashcode

Réagissez à ce chapitre !

web

L'argent

Jean-Claude Trichet et Xavier Emmanuelli[1]

L'argent dans sa fonction

Jean-Claude Trichet. – L'argent peut être la meilleure ou la pire des choses, comme la langue d'Ésope. Mais ses fonctions sont d'être un instrument de mesure de la valeur, un moyen d'échange et un instrument de conservation de la valeur. Il a été au cœur de progrès remarquables. On peut l'associer à l'émergence de la langue écrite et de la littérature avec les premières villes car, d'une certaine manière, la culture suppose qu'il y ait un moyen de la financer, un moyen d'échanger les produits culturels contre ce qui est nécessaire à la subsistance. Si on reste dans une économie de troc, on ne peut pas y arriver. Donc, l'argent est l'un des éléments qui nous ont permis d'accéder à un niveau supérieur de civilisation.

Xavier Emmanuelli. – Que représente l'argent ? Évidemment, c'est le pouvoir et l'échange, mais c'est comme si, au cours de l'évolution, il y avait eu d'abord l'argent numéraire, des pièces en or, visibles pour tout le monde, et puis, petit à petit, un argent devenu abstrait, des billets, des représentations de l'argent, l'évocation de l'argent et que, maintenant, l'argent, c'était des capitaux. La représentation de ce pouvoir est devenue de plus en plus complexe, insaisissable, et l'argent est une espèce de puissance qui échappe mais dont, pourtant, on ne peut pas se passer. Cette représentation du pouvoir complexe et abstrait fait qu'on est mal à l'aise quant à la valeur de l'argent.

1. Cette conversation s'est tenue le 1er juillet 2005.

Jean-Claude Trichet. – Le développement économique et la monnaie sont inséparables. On ne peut pas sortir de l'économie de troc sans argent. Et, donc, la possibilité d'avoir une large division du travail social est offerte par l'argent. L'argent, d'ailleurs, a commencé non pas avec des pièces d'or mais avec des têtes de bétail, avec des coquillages. Nous trouvons de nombreux exemples possibles d'invention spontanée de la monnaie dès que la société devient plus complexe et dès que travaillent ensemble des êtres humains producteurs de valeurs, lesquels arrivent à un degré supérieur de production parce qu'ils échappent au pur troc. Il faut essayer de s'imaginer ce qu'est une société dans laquelle il n'y a que le troc !

Xavier Emmanuelli. – L'argent est non seulement un instrument d'échange mais aussi de compte et d'accumulation. À partir du moment où il devient instrument d'accumulation, il devient instrument de pouvoir, dont la fonction dépasse celle du marché proprement dit. Aujourd'hui, cette dimension-là a pris une importance considérable, au point qu'on peut considérer qu'il y a deux argents différents. Il y a l'argent comme moyen et l'argent comme finalité. L'argent demeure le moyen d'échange, le moyen de posséder quelque chose dans notre civilisation, notre culture, notre culture du désir mimétique. Il est nécessaire pour pouvoir simplement exister. Et on ne peut pas s'empêcher de posséder des choses, on n'a pas d'autres moyens de réfléchir que d'obtenir des objets… Mais au-delà de ce moyen, la finalité est un instrument de pouvoir abstrait.

Les gens pris en charge par le Samu social cherchent de l'argent ardemment, tout le temps. C'est vraiment le mythe, le thème. L'argent, c'est le rêve, une espèce de désir jamais assouvi, impossible à assouvir, comme on attend l'intrusion d'un prince charmant, d'une fée qui viendrait apporter ce qui manque. L'argent, c'est un inassouvissement.

Jean-Claude Trichet. – Lorsqu'on regarde comment la langue écrite a été inventée, on voit que tout part des jetons d'argile qui servaient à comptabiliser les échanges de marchandises à Sumer, en Mésopotamie. C'est à partir de ces jetons d'argile, à partir d'une comptabilité d'administrateurs et de marchands, que l'on arrive par étapes à la langue écrite telle que nous la connaissons aujourd'hui.

Il y a là un lien très profond. Les mots mêmes sont évocateurs : commerce des esprits, commerce de l'argent, échanges, conservation de la valeur… La langue écrite permet de conserver la « valeur » administrative, littéraire, juridique ; de même l'argent conserve une autre forme de « valeur ». Ce sont des fonctions essentielles qui sont remplies par l'argent. Elles peuvent être déviées ou mal utilisées, la langue elle-même peut être le véhicule de l'amour ou le véhicule de la haine, le véhicule de l'autoritarisme ou celui de la démocratie. L'argent, c'est la même chose. Il peut être bien utilisé ou mal utilisé, il faut le discipliner, il faut avoir des règles. Par exemple il faut des banques centrales pour introduire un ordre dans un domaine qui peut être en grand désordre.

Xavier Emmanuelli. – La monnaie est devenue un instrument d'identité nationale qui, peu à peu, s'installe comme l'instrument de solidarité ou d'absence de solidarité entre les participants d'une même collectivité. Elle reste un des derniers liens sociaux, avec tout ce que ça signifie de faiblesse et de réussite dans des sociétés où les individus sont de plus en plus isolés et solitaires. La signification de l'argent en cas de crise, de catastrophe ou de grand événement, est vraiment très importante, les gens font des dons spontanés. Ça me fait penser aux anciennes indulgences. On achète quelque chose qui permet de se dépasser, d'acquérir de l'humanité, de la fraternité, on achète sa part de ciel. Dans cette mesure, c'est un petit peu dévié, dévoyé, me semble-t-il. Ensuite, l'argent comme offrande est un échange avec le ciel. C'est un commerce qui peut servir de ciel laïc : la bonté, la charité, la fraternité. On achète sa part en somme, en se rattrapant devant le destin. Ça fait penser à un archaïsme. L'argent est une transaction secrète de soi avec l'autre. C'est un engagement très mystérieux, qui ne passe pas forcément par l'argent. C'est de la manifestation d'une certaine idée de l'amour surnaturel qui doit nous unir les uns aux autres et qui fait qu'on apporte avec son être la réparation.

C'est ce que je dis à mes équipes : vous êtes dans une fonction, mais vous êtes aussi dans une mission. La fonction, c'est très facile, on fait des procédures, mais la mission vous implique plus, et elle n'est pas forcément dicible. Je ne crois pas qu'on puisse acheter cela facilement, même si l'argent en fait certes partie. Prosaïquement, on donne son temps et son implication. Je dis toujours qu'il faut donner de l'être. Mais, si la question que pose ici Jean-Claude Trichet est : « Est-ce qu'on peut imaginer une société qui ne soit que de l'échange de temps et d'implication ? », je réponds que ce serait pas mal s'il y en avait beaucoup. Car c'est un peu désincarné de ne donner que de l'argent ! Et parallèlement, on a besoin de l'argent, sans ça on ne peut rien. Si on s'arrête aux actes seuls, on fait de l'émotion.

Quand l'argent dépasse ses fonctions rationnelles

Jean-Claude Trichet. – Il y a une potentialité de l'argent d'aller au-delà de sa fonction économique fondamentale et irremplaçable. C'est la raison pour laquelle on a besoin de préserver ou d'introduire l'ordre dans cette sphère de l'argent. La Banque de France a une jolie devise, qu'elle a eue dès l'origine, il y a deux cents ans : « La sagesse fixe la fortune. » Il s'agissait d'éviter les excès inflationnistes des assignats de la Révolution et l'extraordinaire inflation monétaire qu'ils avaient engendrée.

Il faut des autorités pour discipliner la tentation de la spéculation pure : c'est la fonction des banques centrales et, d'une manière plus générale, de l'ensemble du système de régulation national, européen et mondial, qui existe et qui est nécessaire. Parce que c'est vrai que l'argent peut servir à la meilleure et à la pire des choses, comme toutes les créations humaines ! Et il y a besoin de discipline si l'on veut préserver la confiance raisonnable dans la capacité de l'argent à conserver sa valeur. C'est pourquoi je me référais à l'institution des banques centrales pour contrôler l'émission du papier-monnaie, après les premiers exemples de monnaie de papier à très haut niveau d'inflation et donc de déstabilisation sociale que l'on a pu connaître dans le passé. Dans cette conception minimale, il s'agit pour les banques centrales de faire en sorte que l'étalon de mesure et de conservation de la valeur soit un étalon correct. Ce n'est pas assuré, a priori. Il faut des institutions et des règles pour y parvenir. C'est très important pour les plus démunis dans nos sociétés. Ce sont eux qui sont les moins bien protégés contre l'inflation. Quand on garantit la stabilité de la monnaie et des prix, on remplit une fonction qui est considérée en particulier par les plus pauvres – tous les sondages, toutes les enquêtes d'opinion le montrent – comme étant une fonction indispensable et fondamentale. C'est la responsabilité que l'on a donnée aux banques centrales.

flashcode

Les inégalités de revenus dans le monde

web

Xavier Emmanuelli. – On peut imaginer que cette abstraction croissante de la monnaie arrive à supplanter sa dimension proprement matérielle pour aller vers une abstraction pure. Autrement dit, que les plus démunis disposent d'une monnaie abstraite, sous forme d'unité de compte disponible ou sous forme de cartes, comme elles existent au Brésil où même les plus pauvres ont une carte de crédit. C'est une belle utopie, extrêmement intéressante, parce qu'elle donnerait accès aux échanges normaux, aux services publics, aux médecins, etc. Ce serait à la fois normal et un dû. Mais, d'un autre côté, il y a le fait de tenir quelque chose de réel entre ses mains. Cela peut faire sourire, mais parmi les gens qui sont dans la galère, il y en a beaucoup qui vont jouer au Loto ou qui « claquent » de l'argent… Je sais bien que les anciens disent : « L'argent du jeu, c'est l'impôt des imbéciles », mais le fait de posséder, d'avoir quelque chose en main, a une signification. Il faudra toujours avoir une réalité possible à mettre dans sa poche, à saisir.

Jean-Claude Trichet. – Il y a deux questions dans cette idée : le problème de la gratuité et le problème de la dématérialisation de la monnaie. La monnaie est déjà très dématérialisée et se dématérialise de plus en plus. La monnaie scripturale, celle qui consiste simplement à échanger des signes et non des pièces et des billets, est généralisée ; et dans la masse monétaire elle représente de très loin la partie dominante. La monnaie électronique devient elle-même de plus en plus importante, la dématérialisation est en route et de façon très rapide. Mais, finalement, on est exactement en présence du même phénomène que celui qui a conduit à remplacer les pièces d'or et d'argent par la monnaie fiduciaire, par des billets de banque qui n'avaient plus de valeur intrinsèque. Ce phénomène est complètement différent du fait de savoir si l'abondance de la production de biens et de services que nous promettent les merveilles de la technologie et de la science peut, un jour, nous conduire à disposer d'une richesse économique telle que l'on puisse distribuer sans limites des signes monétaires abstraits à tout le monde. Cela me paraît une utopie.

Xavier Emmanuelli. – Chez les personnes dont je m'occupe, les strates de population qui vont des précaires aux grands exclus, on observe fréquemment une perte de lien, qui est une perte de la représentation du monde et d'eux-mêmes. Ils ne voient plus leur corps dans son intégralité. Ils perdent même la représentation du temps, et surtout la représentation de l'abstraction des secours. C'est-à-dire qu'ils ne comprennent pas comment faire pour aller chez le médecin ou au centre d'hébergement. Il faut les prendre par la main, il leur faut un accompagnement. Or, si l'argent est dématérialisé, s'il devient de plus en plus abstrait, cela ne les concerne pas. En tout cas, pas dans l'état actuel des choses. Pour nous, cela semble pratique. Nous payons tout le temps avec une carte bleue, nous faisons des chèques, mais c'est une représentation de concept.

Les taux d'intérêt

Jean-Claude Trichet. – Les taux d'intérêt dans le monde sont à l'un des plus bas niveaux séculaires. On peut, en simplifiant beaucoup, dire qu'il y a dans ces taux nominaux, en premier lieu, un élément d'anticipation de l'inflation future. Ensuite il y a un élément qui représente des primes de risques diverses contre des aléas de toute nature, et qui dépendent de la qualité des signatures des emprunteurs des prêts en question. Et puis il y a les taux d'intérêt « réels » tels qu'ils peuvent être aujourd'hui extraits de ces taux d'intérêt nominaux. Il semble qu'il y ait maintenant une tendance à l'intégration mondiale des taux d'intérêt réels, la globalisation financière mettant en communication l'ensemble des grands marchés.

Le bas niveau actuel des taux d'intérêt de marché est lié en particulier à l'importance de l'épargne venant des pays émergents d'Asie et aussi à toute l'« épargne forcée » venant des chocs pétroliers récents. Et puis, en particulier en Europe, il y a les anticipations d'inflation qui, elles-mêmes, sont basses dans beaucoup de cas. Cela est lié à la crédibilité de la Banque centrale européenne et de l'eurosystème, qui fait qu'on peut se projeter à cinq ans, dix ans, trente ans, même à cinquante ans, avec le sentiment que la stabilité des prix sera assurée sur une longue période. Cela contribue à nous donner des taux d'intérêt de marché à long terme bas. Et puis, il y a les primes de risques elles-mêmes. Il semble qu'il y ait, en ce moment, dans les marchés, pour des raisons également très complexes, le sentiment que le prix du risque peut être estimé à un bas niveau. Au total, cela nous donne des niveaux qui sont historiquement très bas.

Jacques Attali. – Pourtant, jamais le monde n'a eu autant conscience du risque de sa précarité et de sa vulnérabilité. L'industrie de l'assurance est devenue une des plus grandes industries de la planète. Et malgré cela, la valeur de l'argent est exceptionnellement basse. Ce qui pousse d'ailleurs, aussi, à une consommation effrénée, donc à réduire l'épargne.

Jean-Claude Trichet. – Conscience du risque et, en même temps, couverture de ce risque par des systèmes sophistiqués qui visent de manière intertemporelle et internationale à faire se rencontrer les vendeurs et les acheteurs de risques. Si bien que, au total, le marché du risque peut fonctionner au niveau mondial. Même si on est beaucoup plus conscients qu'auparavant des risques encourus…

Xavier Emmanuelli. – Pour certains, l'argent peut aussi être un instrument de retour dans la société, à condition de faire acquérir des codes et des références, comme la gestion. On ne voit plus dans les centres d'hébergement de gens qui touchent le RMI ! Ils prennent une chambre d'hôtel pendant quelques jours, ou se paient un restaurant avec des copains, et se retrouvent à nouveau sur la paille. Donc, il y a un apprentissage à mettre en place. Cet argent qui a toujours manqué, qui est là, soudainement, et qui va redisparaître, il faut se l'approprier. Une fois qu'on a réacquis cet alphabet – parce qu'il y a un mode d'emploi ! – , alors le retour est possible. C'est à travers des assistances de ce genre qu'on peut penser que les gens retrouveront leur stabilité, leur équilibre. Au fond, à l'école, on apprend des tas de choses, mais l'on n'apprend pas à se servir de l'argent, sa valeur morale, la valeur de l'argent gagné ou pas gagné, etc.

Jean-Claude Trichet. – Je crois qu'il y a l'émergence d'un ensemble de règles et de principes moraux qui doivent devenir de plus en plus universels. Je suis très frappé de voir qu'au cours de ces cinq ou dix dernières années, sous la pression de crises très puissantes déferlant sur une planète économique très interconnectée, nous voyons la nécessité de règles et de codes de bonne conduite sur l'ensemble des marchés de l'argent dans l'ensemble du monde, et également la nécessité de la création de règles de prudence pour l'ensemble de ceux qui manipulent l'argent (banquiers, assureurs, marchés d'actions ou de valeurs mobilières). Tout cela est indispensable. Je vois se constituer progressivement un réseau mondial de soixante-dix codes de ce genre, considérés comme étant les bons principes par les pays émergents aussi bien que par les pays industrialisés, dans le cadre d'une concertation internationale, qui doit s'intensifier. Il me semble que l'on doit et que l'on va graduellement assister à la naissance d'une sorte d'éthique de fonctionnement de l'ensemble des marchés de l'argent.

Vers une monnaie unique pour tous ?

Jean-Claude Trichet. – Aujourd'hui nous sommes encore très loin d'une monnaie unique planétaire. Mais nous vivons une période de régionalisation assez intense des monnaies. L'euro en est, évidemment, un exemple très puissant, et nous avons des ambitions parallèles dans un assez grand nombre de continents dans le monde : au Proche-Orient, en Afrique, en Asie… Je crois qu'il s'agit d'un mouvement général, cependant je ne voudrais pas trop l'anticiper. Les systèmes continentaux ou régionaux importants, fonctionnant avec une monnaie unique vont se constituer progressivement. Mais ultimement, la monnaie unique mondiale, c'est vraiment pour après après-demain…

flashcode

Indice Big Mac

web

L'étape intermédiaire vers une monnaie unique, ce sont les mécanismes de change permettant de définir des « zones de stabilité relative entre les monnaies ». Ce sont des monnaies différentes qui fluctuent entre elles de manière plus organisées. Dans le contexte européen, un tel mécanisme de change a été l'anticipation qui allait conduire à l'euro. Au niveau mondial, il me semble que les choses sont très différentes, surtout dans notre période de modification structurelle majeure de l'économie internationale. Ce qui se passe dans les pays émergents est extraordinaire, absolument inédit depuis la Seconde Guerre mondiale, et peut-être inédit tout court, quand on voit la rapidité du développement de la Chine, de l'Inde et de l'ensemble de l'Asie émergente ! Dans ces périodes de modifications extrêmement rapides, nous ne sommes pas du tout au niveau très élevé de stabilité de l'économie mondiale qui permettrait d'arriver à l'évolution ultime d'une monnaie mondiale unique. C'est pourquoi je reste très convaincu, à ce stade, qu'une bonne organisation monétaire continentale ou régionale, en tenant compte de toutes les solidarités qui existent à ces niveaux, est probablement la meilleure manière d'organiser le monde d'aujourd'hui.

Comment lutter contre l'extrême pauvreté avec l'argent ?

Xavier Emmanuelli. – Quand j'allais à l'école communale, il y avait des panneaux sur les murs : « L'argent ne fait pas le bonheur », « Bonne renommée vaut mieux que ceinture dorée », des slogans qui étaient l'instruction civique de base ! Nous vivons aujourd'hui dans une société de consommation, une société extrêmement dynamique et extrêmement rapide, toujours au bord d'une crise pressentie, qui n'arrive pas, une crise psychique, sociale, sociétale, affective, une société de l'immédiateté et de la rapidité. Dans ce contexte d'évolution, il faudrait apprendre aux gens à avoir ce recul, cette domination de l'argent. C'est vrai que l'argent est un moyen de pouvoir, mais il faut aussi savoir s'en servir. L'argent est nécessaire et on ne reviendra pas au troc. Je ne crois pas une seconde à ces utopies d'échanges spontanés. Il faut un intermédiaire. Ce sera la fonction d'abord de l'école, des programmes et des parents. Pour apprendre à avoir une maîtrise du monde ! Dans une société de consommation, on n'attend pas que les objets vieillissent : on les jette. Tout est consommable, tout doit s'acheter et se jeter. Tout est métabolisme. Penser que l'argent ne sert qu'à cet échange-là et qu'on ne peut pas le thésauriser est un peu difficile à comprendre…

Jean-Claude Trichet. – Il faut laisser aux valeurs leur propre domaine. Et les valeurs ne sont pas forcément tout à fait les mêmes dans le monde. Je suis très frappé de voir qu'actuellement en Asie le niveau de l'épargne spontanée des ménages, compte tenu de l'attachement qu'ils ont précisément à mettre de l'argent de côté, conduit à des taux qui nous paraissent extraordinaires : plus de 40 % en moyenne dans certaines économies. Aux États-Unis, le pays industrialisé le plus avancé, on est plutôt proche de zéro ! Deux perceptions de l'argent extraordinairement différentes. En Europe, on est aux alentours de 10 % d'épargne en moyenne, avec des économies plus précautionneuses que d'autres. Mais, au total, l'attitude n'est pas du tout la même ! Je crois qu'il faut respecter les uns et les autres, ils ont leurs raisons pour cela. Une partie de ces raisons sont probablement morales, pas simplement économiques. Mais j'insisterais quand même sur la nécessité de conserver des principes économiques clairs au niveau de l'économie mondiale. Le gaspillage évoqué par Xavier Emmanuelli n'est pas bon, où que ce soit. Il ne permet pas précisément de donner aux plus démunis ce qu'on pourrait leur donner s'il n'y avait pas de gaspillage. Il ne permet pas de préparer un avenir qui serait meilleur s'il n'y avait pas de gaspillage. Il y a des principes économiques fondamentaux que l'on a toujours avantage à respecter. Non seulement, l'enseignement de l'éthique de l'argent mais l'enseignement de l'économie de base me paraissent très importants parce qu'on peut, en croyant bien faire et en professant le mépris de l'économie, faire d'énormes bêtises. Précisément, par rapport aux ambitions généreuses et aux valeurs que l'on voudrait promouvoir.

Xavier Emmanuelli. – Dans les communautés d'Emmaüs, les gens tissent des liens quasiment familiaux, très forts, et peu d'argent circule. Ce sont des communautés fermées, sans échanges monétaires, et ceux qui y vivent ont du mal à en sortir… L'argent est quand même un moyen d'appartenir au supragroupe, au désir général de vivre ensemble. Autrement, on est replié sur la communauté. On n'est pas encore un clochard, on n'est pas un grand exclu, mais on n'avance plus. L'argent est une sorte de langage dont il faut comprendre les normes et les usages.

Jean-Claude Trichet. – En Europe, notre marché unique à monnaie unique est un ciment très fort. L'euro est aussi une sorte d'emblème de l'identité européenne. Je suis très frappé de voir que les billets, dans l'ensemble de l'Europe et dans tous nos panels d'usagers, ont été considérés comme étant beaux et représentant bien l'Europe. Ils avaient été critiqués à un moment, car ils ne reproduisent pas des monuments clairement identifiés. En relisant Braudel, je me suis persuadé que cette idée que nous avons eue, spontanément, de prendre les âges stylisés de l'architecture européenne, était en réalité une idée profonde. Parce que l'identité de l'Europe s'illustre bien dans la rapidité de l'expansion sur l'ensemble du territoire européen de ses âges architecturaux successifs. Et donc, en les retenant pour illustrer nos billets, nous avons une représentation emblématique puissante de la dynamique de l'identité européenne. C'est très frappant. Nous étions contents de nos ponts et de nos portes, représentant les âges successifs de cette architecture européenne. Il est remarquable d'observer la vitesse avec laquelle l'invention du gothique s'est répandue dans l'ensemble de l'Europe. Quand un âge nouveau naît en Europe, il ne reste pas localisé. Il naît toujours quelque part, mais il se diffuse très vite.

Xavier Emmanuelli. – Il faut dire aussi qu'il y avait une culture commune, la chrétienté. Et une langue commune, le latin. C'est peut-être pour cette raison que ça a diffusé si rapidement et que l'Europe a connu son âge d'or.

Vivre sans argent ?

Xavier Emmanuelli. – Nous avons tellement d'habitudes, d'usages, tellement de traditions, que c'est un effort intellectuel de penser qu'on puisse vivre dans une société sans argent. C'est une rupture totale avec nos mythes, nos thèmes et notre façon de voir. On peut rêver bien sûr, mais ce sera dans très longtemps, dans une société où les valeurs de référence auront changé.

Jean-Claude Trichet. – Je partage votre sentiment. Nous sommes encore tellement plongés dans la rareté qu'imaginer une société où il y aurait une abondance de biens et de services telle qu'elle permettrait de n'avoir plus besoin d'argent, cela s'apparente à l'utopie, au messianisme de Marx. Je ne la crois pas possible. Compte tenu de nos ambitions, compte tenu aussi de l'avidité de la nature humaine, nous serons probablement toujours plongés dans la rareté ! Il faudra l'organiser avec le plus d'éthique et de respect de nos valeurs possible.

L'argent

Jacques Attali

Avant que n'existe la monnaie, les choses rares ont commencé par s'échanger les unes avec les autres par des processus très complexes permettant d'organiser l'équivalence. Dans de très nombreuses sociétés existait un rituel dit de l'« échange silencieux », dans lequel on posait les objets à échanger dans un lieu très particulier, un lieu neutre, en général une clairière, ayant une vertu religieuse. Le vendeur y laissait l'objet et se retirait ; celui qui voulait l'obtenir posait quelque chose en échange ; si le vendeur l'acceptait, il venait prendre l'autre chose et partait avec. L'échange était aussi conclu sans que les partenaires se voient. Si cela ne convenait pas, le vendeur ne venait pas et l'acheteur devait retirer sa proposition. Pourquoi faisait-on ainsi ? Parce que l'échange d'objets est, par nature, dangereux. Il renvoie à l'échange d'otages, dans lequel il faut absolument créer un équilibre, pour ne pas déclencher de violence (rapt, vol, meurtre). Tout troc doit donc être extrêmement ritualisé, sinon il conduit au vol, au rapt, à l'arbitraire, à la barbarie.

L'invention de la monnaie a permis de créer une mesure universelle de la valeur de toute chose rare, et ainsi de réduire les discussions et les sources de violence. La monnaie constitue donc un formidable progrès dans la gestion de la violence consubstantielle à l'échange.

Les échanges de biens rares se font par le troc, la monnaie ou la puissance publique. Ils sont alors financés par l'impôt.

Dans bien des domaines, la tendance est à l'expansion de l'usage de la monnaie, à la régression de la gratuité : le marché envahit de nouveaux secteurs. Il suffit désormais d'avoir une certaine fortune pour acheter un passeport suisse, américain ou canadien, de même que naît progressivement une bourse du sang, des organes, de la police. En particulier, dans les pays pauvres, la gratuité recule, notamment pour ceux qui n'ont pas d'autre chose à vendre que leur corps. L'économie de la sexualité montre une marchandisation croissante, un recul de la gratuité de l'amour.

La monnaie envahit tous les échanges de biens rares. Elle gagne sa bataille contre la gratuité (qui répartit la rareté par l'impôt), symbole de la victoire du marché sur la démocratie. Demain, nous irons sans doute vers une monnaie unique mondiale, condition nécessaire d'une gouvernance mondiale comme elle fut la condition d'une gouvernance européenne. À l'inverse se multiplieront peut-être les monnaies émises par les entreprises, légales, illégales ou criminelles.

flashcode

Réagissez à ce chapitre !

web

flashcode

Interview de Denis Kessler

web

L'assurance de demain

Denis Kessler et Jacques Attali

L'après-tsunami ou la vulnérabilité du monde

Denis Kessler. – Le concept de vulnérabilité est absolument clé pour comprendre beaucoup des phénomènes économiques et sociaux actuels. La vulnérabilité est étymologiquement le sentiment de pouvoir être blessé, c'est-à-dire de pouvoir, tout d'un coup, subir dans son intégrité physique et morale des blessures, voire d'en décéder. Ce concept est extrêmement puissant, puisque des gens qui ne sont pas touchés par le risque peuvent se sentir soudain concernés en se disant qu'ils auraient pu être eux-mêmes blessés, victimes de sa survenance. Les risques modernes ont la plupart du temps comme caractéristique d'être invisibles, de frapper à un moment indéterminé, de ne pas être localisés, pouvant surgir en n'importe quel lieu. Prenons quelques exemples : le terrorisme et les attentats du 11 septembre ont eu un impact mondial incroyable, parce que chacun s'est dit qu'il aurait pu être lui-même dans une tour en train de travailler, ou dans un avion et se retrouver victime de ces attentats barbares. C'est la même chose avec le tsunami, tout le monde peut se projeter : on a tous rêvé d'aller sur ces plages de rêve ou on y est déjà allés. Et puis, une vague sortie de l'océan emporte tout, dévaste tout. Souvenez-vous des risques de ces quinze dernières années qui ont eu tant d'impacts sur la population mondiale, comme le sida. On ne savait pas d'où ce virus provenait, ni comment il se transmettait au départ, cela a eu un impact mondial. Autre exemple : la vache folle. On avait, dans son assiette, un morceau de viande et on se demandait s'il ne contenait pas des prions, si on n'allait pas être concerné. Idem pour les champs électromagnétiques ou l'amiante, ce sont des risques que les gens ne voient pas, que l'on ne détecte pas à l'œil nu, pourtant ils se sentent potentiellement concernés. Ce qui est anxiogène, c'est moins la taille de la population qui est effectivement touchée que l'idée taraudante que toute la population se dit qu'elle peut être amenée à être touchée à un moment donné. D'où la résonance politique, sociale et économique de ces phénomènes qui est tout à fait exceptionnelle ! Le tsunami a en fait concerné le monde entier, puisque chacun, d'une manière ou d'une autre, a pu se dire qu'il aurait pu, ou pourrait être, victime d'un phénomène extrêmement rare, qui se déclenche de manière tout à fait inattendue et frappe brutalement des populations exposées.

Jacques Attali. – J'aime beaucoup ce concept de vulnérabilité, il renvoie à deux points très importants. Le premier est qu'en effet il y a une interdépendance croissante liée à la mondialisation, qui fait qu'un petit événement, quelque part, peut toucher absolument n'importe qui, ailleurs, en raison des réseaux qui interconnectent. La deuxième raison est que le marché lui-même, par sa nature, crée une vulnérabilité en cassant les frontières et en ouvrant à la réversibilité des choix, donc à la vulnérabilité, que je nomme par ailleurs « précarité ». Il faudrait, sans doute, peut-être, inclure dans la vulnérabilité le sentiment pour chacun d'être vulnérable à la délocalisation, au chômage, à l'ensemble des risques qui sont inhérents à la société de marché.

Denis Kessler. – Cette remarque est tout à fait fondamentale. Il faut une abstraction pour que le sentiment de vulnérabilité se développe, se propage et se transforme en un véritable phénomène de masse, puisqu'au bout d'un certain temps les gens se sentent tellement concernés qu'ils changent de comportement d'épargne, de comportement économique, de comportement d'alimentation, de modes de transports, etc. La globalisation est une abstraction et si elle est présentée comme un risque, comme une menace, alors tout le monde se sent véritablement concerné, aujourd'hui, par ce phénomène. L'idée de voir, tout d'un coup, son entreprise, son emploi se déplacer à des milliers de kilomètres, ou au contraire que quelqu'un développe, quelque part dans le vaste monde, une entreprise qui va avoir des conséquences fondamentales sur sa propre activité à des milliers de kilomètres de là, fait vivre la mondialisation comme une menace qui n'affecte pas simplement les gens directement concernés par la globalisation ou la délocalisation, mais la quasi-totalité du corps social. Quand vous avez un phénomène qui atteint ce degré de prégnance, qui fait que chacun, dans son être et dans sa chair, peut se considérer potentiellement concerné, cela a des effets politiques extraordinaires. À cet égard, on ne peut que se rappeler la force du séisme qu'a représenté le vote « Non » au référendum sur l'Europe en 2005 ! L'Europe a été perçue comme une menace, réelle, potentielle ou virtuelle, le peuple français a pris peur et a exprimé cette angoisse en rejetant le projet qui lui était présenté.

Il y a un vrai paradoxe. On pensait que, dans les sociétés modernes, les gens accepteraient plus facilement le risque que dans les sociétés traditionnelles. On s'est dit qu'avec l'élévation du niveau d'éducation, de culture et de connaissances, relayée par les médias, la société moderne accepterait plus facilement le risque. Plus riche, elle était plus globalement à l'aise pour accepter des risques qu'auparavant elle redoutait. C'est exactement l'inverse qui semble se produire et c'est vraiment un paradoxe que tous les sociologues, tous les économistes constatent. Les sociétés modernes sont bel et bien « risquophobes », ce sont des sociétés qui craignent le risque, qui se prémunissent contre le risque, qui demandent sans arrêt davantage de mesures contre les risques et qui consacrent sans cesse davantage de ressources individuelles et collectives à la gestion des risques ! Plus d'un tiers de la richesse nationale des grands pays développés est consacré, à l'heure actuelle, à la protection contre les risques vieillesse, maladie, dépendance, chômage, etc. Et rajoutez les dépenses privées de sécurité, les dépenses en matière de défense nationale, etc., et l'on dépassera les deux cinquièmes du PIB !

Jacques Attali. – L'assurance au sens large (incluant la banque) est le premier secteur économique mondial aujourd'hui. Tout en sachant que le concept de vulnérabilité ouvre à l'idée que la meilleure protection contre la vulnérabilité ou le risque est le bouclier, c'est-à-dire la fermeture, le refus de l'extérieur. Il y a aussi un goût du risque rendu possible par l'assurance : je prends un risque parce que je peux en être protégé. L'assurance est une façon d'accepter de prendre le risque puisqu'on peut être couvert contre ses conséquences. Les premiers à avoir conçu le risque de vulnérabilité sont les financiers eux-mêmes ; ils sont les premiers à s'être assurés contre la vulnérabilité de leur propre richesse. Et tout ce qu'on a vu se développer dans le monde financier, avec les *hedge funds* et les marchés des dérivés, devrait être compris comme la première forme de l'assurance, puisque c'est l'assurance des financiers pour leurs propres ressources. Si on inclut ces richesses-là dans le monde de l'assurance, une part gigantesque du patrimoine mondial est consacrée à l'assurance.

Denis Kessler. – Vous avez raison, toute la finance moderne est en fait un extraordinaire développement, avec des mécanismes de plus en plus subtils, de plus en plus complexes, qui permettent aux uns et aux autres d'échanger les risques, de transférer les risques, de se protéger contre les risques. Ceci s'applique quasiment à tous les phénomènes. Il faut savoir que la construction de l'Union européenne, pour un économiste comme moi, est une manière de protéger les divers pays européens et leurs populations contre des risques de toute nature. Prenons un exemple : lorsqu'on a décidé de faire une monnaie commune, on a voulu éradiquer les phénomènes de change, les dévaluations compétitives aux effets très négatifs et déstabilisants. La politique agricole commune permettait une meilleure régulation des marchés concernés, etc. Pendant une première phase, la construction européenne a été perçue comme un moyen d'établir durablement une zone de paix et de prospérité économique : on mutualisait grâce à l'Europe les risques de chacun des pays membres dans un ensemble plus vaste. Cela a d'ailleurs globalement bien fonctionné. De ce fait, un grand nombre de citoyens européens ont vu dans l'Europe une gestion collective des risques en définitive plus intelligente que celle des gestions réalisées pays par pays. Et puis, tout d'un coup, l'Europe est devenue un peu risquée, perçue comme un phénomène comportant des menaces, et le sentiment pro-européen de la population a changé. Analysez les textes qui sont présentés aux Parlements des démocraties, vous constaterez que l'immense majorité de ces législations a comme objet de traiter d'un ou de plusieurs risques donnés. On introduit là une législation protectrice, on modifie ici un texte protecteur. Ceci est aisément explicable. La « risquophobie » absolue et relative des citoyens augmente et il existe face à cette demande croissante de protection, au sens large du terme, une offre politique de plus en plus nourrie. La gestion des risques est bien au cœur de la matrice politique.

Assurer les populations

Denis Kessler. – L'essentiel de la richesse du monde, à l'heure actuelle, est assuré. Dans les pays industrialisés, tout est quasiment assuré. La quasi-totalité des bâtiments, la grande majorité des activités économiques, tous les patrimoines, la valeur des vies humaines, la retraite, l'inactivité, les accidents de la vie... tout est assurable et quasiment tout est assuré. Mais telle n'est pas la situation dans les pays émergents ou moyennement développés. Dans une grande partie du monde contemporain, l'immense majorité des hommes, elle, n'est pas couverte par les assurances. Et de ce fait, la maladie, l'accident, les catastrophes naturelles, se traduisent par une immense détresse et une grande précarité sociale. La gestion des risques reste l'apanage des démocraties modernes.

Pour améliorer le sort des populations des pays émergents, et réduire la précarité et la misère, on peut envisager que les organisations internationales aident leur couverture par l'assurance. Prenons le mécanisme de régularisation des cours des denrées agricoles : il existe déjà, à l'heure actuelle, des mécanismes qui contribuent à limiter les fluctuations de certains produits agricoles, par exemple le cacao ou le café. C'est en quelque sorte un mécanisme d'assurance pour les populations dont les revenus dépendent des prix agricoles, qui permet d'éviter que l'effondrement de ces cours ne se traduise par une paupérisation et, éventuellement, des drames individuels, familiaux et sociaux. On peut imaginer que dans le domaine des catastrophes naturelles, dont les conséquences sont très douloureuses, on assure les populations concernées grâce à un abondement des organisations internationales existantes. On peut aisément démontrer que l'assurance *ex ante* est toujours préférable à l'assistance *ex post.*

L'assurance est un mécanisme plus spontané qu'on ne le croit souvent. Pour moi, il y a l'assurance formelle, telle qu'on la pratique sur les marchés organisés, mais il y a aussi des assurances que l'on peut qualifier de « naturelles ». Dans les pays en développement, le fait d'avoir beaucoup d'enfants est en réalité un quasimécanisme d'assurance. On fait beaucoup d'enfants parce que c'est ce qui va permettre sa prise en charge ultérieurement lorsqu'on sera âgé, la famille, et a fortiori la famille élargie, c'est ce qui va permettre la mutualisation des risques. Lorsque l'un est malade, il sera pris en charge par la famille élargie qui a largement disparu dans nos sociétés. La tontine, qui existe dans tous les pays africains et dans beaucoup d'autres pays en voie de développement, est un mécanisme d'assurance dans lequel on va partager les ressources. Le microcrédit est un mécanisme d'assurance. Je pense qu'il y a quelque chose de naturel, de spontané, dans l'organisation des sociétés humaines. Le problème est de passer à la formalisation de ces mécanismes informels de couverture, de partage et de portage des risques. La famille élargie, qui joue encore des rôles très importants dans les pays où il y a peu d'assurance, est un mécanisme efficace de couverture des individus contre beaucoup des risques collectifs ou individuels. Cette solidarité peut aussi s'exercer en dehors de la famille au sein des métiers ou des corporations. D'ailleurs le mutualisme a toujours puisé ses sources dans ces formes traditionnelles de partage des risques.

Jacques Attali. – Au fond, nous allons de plus en plus vers une société de l'individualisme, par la démocratie et par le marché. Mais cet individualisme s'accompagne d'une prise de conscience des risques, donc de la vulnérabilité, donc d'une assurance. Cette assurance est de moins en moins publique, de plus en plus privée ; on assiste, par une sorte d'ironie étrange, à ce que plus il y a d'individualisme, plus il y a de collectivisme. Il y a beaucoup de collectivisme privé, mais c'est du collectivisme au sens où la part des richesses nationales transitant par des organes collectifs continue à augmenter – jusqu'à atteindre en 2030 dit-on 50 % aux États-Unis, peut-être 60 % dans d'autres pays –, comme si l'individualisme s'accompagnait nécessairement d'une notion de collectivité qui n'est plus nationale. Ce n'est plus la nation, mais les entités non nationales globales qui assurent cette collectivité. Avant, peut-être, un *retour* vers l'individualisation et la capitalisation des risques couverts.

Denis Kessler. – Oui, c'est un mouvement historique qui semble quasiment irréfragable. Cela avait été détecté par Schumpeter, qui disait qu'il y avait une espèce de loi des sociétés modernes faisant qu'*in fine* on mutualiserait, on socialiserait la plupart des activités économiques. Ce qui s'est passé, c'est que le XXe siècle a été, véritablement, le siècle où l'État a été désormais perçu comme l'acteur majeur, supposé absorber tous les risques de ses citoyens. On a forgé le concept d'État-providence et quasiment dans tous les pays – qu'ils soient sociaux-démocrates ou, à l'époque, communistes – on a désormais vu dans l'État le grand pourvoyeur de sécurité, qui devait assurer la sécurité de l'emploi, la sécurité des familles, la sécurité sociale, la prise en charge de la maladie, de la retraite, etc. L'État a absorbé beaucoup des ressources de la nation pour les redistribuer au travers d'organismes de toutes natures, qui s'appellent tous « assurances » : la Caisse nationale d'assurance maladie, la Caisse nationale d'assurance vieillesse, etc. Ce qui pourrait se passer au cours du XXIe siècle n'est pas qu'il y ait moins de protection, c'est simplement que la protection ne sera plus assurée par le seul État, lequel tend à se désengager pour des raisons budgétaires, mais aussi à cause d'une certaine inefficacité. La gestion des risques pourrait davantage passer par des mécanismes non étatiques, en recourant davantage aux marchés d'assurances autour de systèmes de mutualisation des risques nouveaux. Là où vous avez tout à fait raison, c'est que l'assurance par construction, c'est la mutualisation. Celle-ci peut prendre des formes diverses et il faut apprécier chacune de ses formes à l'aune de leur efficacité et de leur équité.

Jacques Attali. – Est-ce qu'on ne peut pas imaginer, craindre, souhaiter que, à la place des États protecteurs, ce soit l'industrie de l'assurance qui gère les risques ? Que cette industrie de l'assurance, par la nature même du marché, se concentre en trois, quatre, cinq, six assureurs mondiaux, deux ou trois réassureurs, que ces assureurs et ces réassureurs gèrent les risques, c'est-à-dire disent aux entreprises, aux États, aux citoyens qu'il faut prendre telle et telle mesure ? Par exemple, ils diraient aux fumeurs de ne plus fumer, aux obèses de ne plus manger. L'obésité, fléau majeur de l'avenir, sera particulièrement combattue par la gestion du risque.

flashcode

web

« If you don't move, you get fat. »

Cela poserait la question de la légitimité des recommandations qu'ils pourraient faire, qui seraient la condition de leurs prises de contrôle des risques, mais qui auraient une conséquence extrêmement lourde sur la souveraineté des nations de plus en plus imposées à un regard extérieur sur leur gestion de risques. Cela semble une évolution inévitable.

Denis Kessler. – C'est une évolution inévitable ! Le premier interpellé, lorsqu'un risque survient, c'est l'État, le politique. Lorsqu'il y a un grand naufrage avec des pollutions sur les côtes, la première interpellation va vers le politique : comment se fait-il qu'une législation n'ait pas été déjà introduite, qui interdise à des supertankers de s'approcher des côtes ou de ne pas avoir de système de double coque ? Comment se fait-il qu'on n'ait pas envoyé des remorqueurs en temps et en heure ? L'interpellation est toujours politique. On le voit de manière culminante avec l'introduction du principe de précaution en France par une initiative du président de la République lui-même – Jacques Chirac, à l'époque.

Les nouvelles vulnérabilités

Denis Kessler. – Les vulnérabilités nouvelles sont celles qui font peur, celles que l'on ne voit pas. Prenons quelques exemples, comme l'extraordinaire charge émotive et affective des OGM. On dit que les OGM présentent des risques. En fait, personne n'a jamais pu démontrer qu'il y avait un risque certain, attesté, incontesté. Pourtant, une grande partie de la population résiste aux OGM, considère que c'est le fléau numéro un et qu'il faut les interdire. Prenons un autre exemple, les nanotechnologies. À l'heure actuelle, tous les développements technologiques et industriels conduisent à leur multiplication. Il y a évidemment beaucoup d'interrogations pour savoir si ce développement présente des risques. Si nous devons inhaler, absorber des microparticules, en permanence, contenues dans toutes ces nanotechnologies, cela va-t-il affecter notre santé ? On voit que tout développement scientifique, par définition, comme on l'a vu avec le nucléaire, suscite des interrogations. La science, en progressant, trouve des solutions à beaucoup de risques existants mais elle est en même temps génératrice de risques nouveaux. Mais ne surestimons pas le rôle de la science dans ce domaine des risques. Quand on regarde les données statistiques, c'est la nature, le premier générateur de risques au monde : la nature est infiniment plus destructrice que ne l'est la technologie ou les activités humaines ! Les trois quarts environ des destructions sont dues à la nature : les tremblements de terre, les phénomènes de sécheresse qui ravagent les pays, les phénomènes qui ont des conséquences sur les bâtiments, la construction, les raz de marée, les ouragans, les tornades, etc., sont infiniment plus destructeurs qu'une usine qui explose ou qu'un naufrage. Cela nous donne une leçon d'humilité. Nous ne sommes en fait pas parvenus à domestiquer la nature…

Assurance et démocratie

Jacques Attali. – Au fond la démocratie augmente la nécessité de l'assurance, dans la mesure où elle pousse à la transparence et donc à la perception de la vulnérabilité, à la connaissance des risques. Il y a moins besoin de s'assurer dans des sociétés totalitaires et la démocratie est un agent recruteur des compagnies d'assurances.

Denis Kessler. – Cette remarque est essentielle. Si vous prenez d'une part un indicateur du degré d'approfondissement des démocraties, et d'autre part un indicateur qui est la prime d'assurance par tête dans la population, les deux indicateurs apparaissent totalement corrélés. Le pays où la prime d'assurance est la plus élevée par tête est la Suisse, et on reconnaît aisément que la démocratie suisse, notamment par les votations, est une des démocraties les plus participatives au monde. Qu'est-ce qu'un pays totalitaire ? C'est un pays dans lequel il n'y a pas d'assurance, parce que l'assurance est une forme de liberté, autorise la liberté, permet de prendre en charge l'exercice de sa liberté et donc de sa responsabilité quand on fait du tort à autrui. Et que la liberté, c'est notamment la liberté de se protéger et de protéger les autres.

L'avenir du droit

Jean-Michel Darrois

Les évolutions majeures du droit des affaires d'ici 2050

Il est difficile pour un juriste de prévoir l'avenir. Et il est un peu paradoxal de le lui demander, puisque, par nature, les juristes sont plutôt tournés vers le passé, vers l'étude de la jurisprudence et celle des textes.

Pour l'avenir : jungle ou réglementation ? L'analyse ou les perspectives du droit sont très différentes selon qu'on raisonne dans les dix ans à venir, ou à l'horizon de 2050. Aujourd'hui, on constate une montée en puissance du droit anglo-saxon et des réglementations internationales. Cela présente beaucoup d'inconvénients, car les réglementations internationales sont en général des réglementations de compromis, tenant compte de l'histoire juridique de chacun des États membres. Donc, on aboutit à des textes illisibles, très longs, très complexes. Un professeur de droit français, le professeur Soyer, a comparé la déclaration d'Indépendance américaine, qui comporte un peu moins de deux cents mots, et une circulaire des années 1980 sur la commercialisation des œufs de cane qui comporte… plus de soixante-dix mille mots ! Cette tendance rend le droit de plus en plus illisible.

Il faut aussi se poser la question de l'utilité du droit. Lorsque les rédacteurs du Code civil ont présenté leur projet, ils ont expliqué, par la voix d'un très célèbre juriste nommé Portalis, que la loi devait régir les masses, alors que la jurisprudence devait régler les situations individuelles. Il y avait peu de lois, elles fixaient les principes généraux. C'étaient nos traditions juridiques, c'était aussi la tradition du droit continental. Et le juge n'intervenait qu'à l'occasion de conflits pour adapter, interpréter la loi, il lui était interdit de rendre des arrêts de règlement. Et les lois, au fond, étaient assez stables, claires. Aujourd'hui, les choses sont tout à fait différentes. D'abord, les lois ne sont plus stables, car le législateur réagit à chaque catastrophe, à chaque scandale, à chaque fois que la loi en place apparaît inadaptée : on voit donc se multiplier des lois, de plus en plus longues et illisibles. Et le législateur intervient, non plus pour régler des équilibres généraux, mais pour essayer de pondérer des situations individuelles. On a vu, par exemple, récemment, le ministre de la Justice annoncer que sa principale préoccupation était les victimes. Dans les temps passés, jamais un garde des Sceaux n'aurait dit cela, car la loi était là, non pas pour régir le sort des victimes ou celui de telle ou telle catégorie sociale, mais pour essayer de concilier au plan général les différents intérêts en présence. Cette façon de faire, par principe, par des raisonnements clairs, se traduisait également dans la conception des contrats dans les rapports individuels, et les contrats de droit français renvoyaient aux textes généraux qui étaient clairs, brefs et faciles à comprendre. Ils reposaient, au fond, sur une sorte de confiance : on faisait confiance à son interlocuteur et on faisait confiance à la loi et à la sagesse des juges, s'ils étaient saisis d'un conflit.

La méthode anglo-saxonne est tout à fait différente. Les décisions de jurisprudence ont beaucoup plus d'importance dans la tradition anglo-saxonne que dans notre tradition. Si bien que les contrats ont toujours été beaucoup plus complexes lorsqu'ils étaient rédigés par des avocats anglais ou des avocats américains que par des avocats français. Car ils reposent sur deux éléments : d'une part, on ne fait pas confiance à sa contrepartie, d'autre part on essaie de prévoir toutes les situations qui peuvent se présenter pour les résoudre, a priori. Par définition, on ne peut pas, en matière juridique, tout prévoir. Et Portalis disait que les institutions peuvent prendre des décisions de principe car elles connaissent, à l'avance, l'avantage de ces décisions, mais que seule la pratique permet d'en connaître les inconvénients.

Aujourd'hui, ces principes simples d'élaboration et d'interprétation de la loi, et des contrats, ont été oubliés. Si bien que, d'une part, on réagit sous l'influence de la mode, d'autre part, on essaie de prévoir toutes les situations. On introduit, de ce fait, une grande insécurité dans l'univers juridique. Les cabinets anglo-saxons étant plus puissants, les États-Unis dominant aujourd'hui notre monde, il est exact que ces pratiques juridiques ont tendance à se développer. Mais elles risquent d'aboutir à une situation d'une telle confusion, avec une multiplication des textes, avec une jurisprudence de plus en plus incompréhensible, aléatoire, imprévisible, qu'on peut penser qu'à un moment il faudra en revenir à la détermination de règles simples. Les États seront-ils en mesure de le faire ? Les unions d'États seront-elles en mesure de le faire ? Si cela continue, on peut prévoir que non. Et on peut envisager que l'élaboration des normes ne soit plus seulement confiée aux États ou aux unions d'États, mais aussi à des institutions nationales ou internationales plus expérimentées dans les domaines qu'elles auront à trancher. On assistera ainsi à une multiplication des sources de normes qui seront des normes particulières, corporatistes.

Le droit global des affaires, lui, aura plusieurs sources. Là encore, tout dépend de la période à laquelle on se place. Dans les dix ou quinze prochaines années, le besoin de droit normatif sera sans doute de plus en plus important. On voit déjà se multiplier différentes institutions qui produisent des normes de droit. Cependant, lorsqu'il y a du droit, il faut des juges. Et pour que les juges puissent trancher, il faut qu'on leur fasse confiance. Et pour qu'ils tranchent bien, il faut qu'ils aient des lois claires à appliquer afin que la société leur fasse confiance. Or, aujourd'hui, on constate une perte de confiance dans les juges.

On constate aussi l'apparition en France, par exemple, d'autorités administratives indépendantes. Ce sont des autorités administratives qui produisent du droit, comme l'Autorité de la concurrence, le CSA (Conseil supérieur de l'audiovisuel), l'AMF (Autorité des marchés financiers), et qui exercent également des fonctions quasi juridictionnelles, puisqu'elles peuvent poursuivre les personnes qui enfreignent leurs règles. Ce sont des institutions qui reçoivent une partie de l'autorité. Par exemple, en matière boursière – on le constate dans tous les pays du monde, en France, en Grande-Bretagne, aux États-Unis, en Chine –, elles vont être des autorités de régulation du marché boursier. Comment font-elles ? Elles organisent, par la voie du règlement, le fonctionnement du marché boursier. Ces règlements doivent être respectés par les opérateurs boursiers. S'ils enfreignent ces règlements, alors ils sont poursuivis par ces autorités administratives indépendantes qui font la loi, l'appliquent et en sanctionnent la violation. Elles sont à la fois législateur et policier, exécutif et législatif. Et en partie juge. Les trois pouvoirs sont donc confondus, sous la tutelle des magistrats. Cela pourrait entraîner les grandes entreprises, en particulier dans le domaine financier, à installer leurs sièges à l'étranger pour faire dépendre leurs droits des pays les moins regardants.

D'ailleurs, on peut constater aujourd'hui la délocalisation d'un certain nombre d'entreprises dans des pays où la règle de droit n'est pas la plus pure, la plus claire, la plus solide... Mais à l'horizon de 2050, il me semble qu'il est improbable que cela puisse se prolonger, ne serait-ce que pour des questions de concurrence. Pour rentrer dans le commerce international, il est probable que ces différents pays devront aussi s'ouvrir à une règle de droit plus claire. On le voit avec le Luxembourg, avec Monaco, pour citer des exemples de pays très proches, qui appliquent des réglementations extrêmement souples aux investissements étrangers et qui, en matière de fiscalité, sont aujourd'hui conduits à régulariser leur droit et leurs méthodes de fonctionnement pour revenir dans le concert des nations.

En matière d'OPA, il est probable qu'à l'horizon 2050 nous irons vers une unification des normes. Les investisseurs se déplaçant d'un pays à l'autre seront un jour en droit d'exiger que les mêmes règles s'appliquent dans tous les pays. Mais les institutions locales auront probablement pour mission d'appliquer ces normes générales et de les adapter aux particularités locales. On peut imaginer que les mêmes normes s'appliquent en Europe, en Amérique du Sud et en Afrique, mais il est évident que, sur ces trois continents, les mêmes normes ne s'appliqueront pas exactement de la même manière, car le développement de ces pays et celui de leurs marchés boursiers seront très différents. Les OPA ne concernent d'ailleurs pas que le droit, elles concernent aussi l'évolution économique. Et l'on constate que les OPA viennent par vagues ; elles se succèdent pendant un certain temps, puis elles disparaissent et réapparaissent. En 2050, s'il existe encore des sociétés à acheter, s'il y a de l'argent en quantité importante dans le monde et si les actionnaires continuent, comme aujourd'hui, à faire prévaloir leurs intérêts sur ceux des autres partenaires de sociétés, c'est-à-dire les salariés, les créanciers, les clients, les fournisseurs... alors, on peut penser qu'il continuera à y avoir des OPA. Si, au contraire, les choses se rééquilibrent, que l'intérêt des actionnaires n'est plus qu'un intérêt parmi d'autres, et que, par exemple, l'on sollicite l'avis conforme des salariés avant qu'une OPA ne soit lancée ou ne réussisse, alors les choses peuvent être différentes. Tout dépendra donc, au fond, des masses d'argent disponibles dans le monde, et de la prééminence ou non des intérêts de l'une ou l'autre des catégories sociales qui contribuent à la vie de l'entreprise.

Si l'on se pose la question de savoir quelle est la partie du droit qui est, aujourd'hui, la plus faible et devrait être renforcée afin que les règles du jeu de l'économie mondiale soient stables, la réponse est que toutes les parties qui composent le droit sont un peu faibles ! Disons qu'il y a deux domaines essentiellement différents : les activités criminelles et les activités commerciales. Pour ce qui concerne les activités criminelles, il semble que des progrès aient été faits récemment, même s'ils sont encore insuffisants pour traquer, débusquer, les grands trafics. Dans ce domaine, il faudra aller vers une unification des règles. On en est encore loin, mais des organisations se sont créées qui vont dans le sens de l'amélioration des poursuites, comme le Gafi (Groupe d'action financière). Nécessairement, ces organisations remettent en cause les libertés, car elles souhaitent que les avocats dénoncent leurs clients lorsqu'ils ont des soupçons de blanchiment. Non seulement dans les honoraires qu'ils reçoivent, mais dans les affaires que viennent leur confier des clients. Cela va complètement à l'encontre des principes traditionnels du secret professionnel et de la confiance qu'un client peut avoir dans son avocat, en ce qu'il ne révélera pas les secrets qu'il lui confie. La lutte contre les trafics de drogue, les trafics d'êtres humains, les grandes corruptions internationales, fait que les avocats doivent envisager de dénoncer leurs clients. Ils s'y opposent, ils manifestent contre cette tendance, mais c'est sans doute une tendance lourde. La surveillance et la lutte contre le crime conduiront nécessairement à une restriction des libertés individuelles.

En matière commerciale enfin, la mode est à l'encouragement des investissements et donc aux privilèges accordés aux actionnaires.

Vers un capitalisme nouveau ?

Le risque de tout cela est qu'on aille vers plus de droit pour restreindre les libertés des individus et qu'on aille vers moins de droit pour libérer les mouvements des capitaux... Sauf si naît une espèce de réaction contre ce capitalisme nouveau, qui n'est plus celui des deux cents familles, mais des deux cents ou deux mille fonds. Ces fonds ne sont plus uniquement privés puisqu'on voit apparaître des fonds d'investissements étatiques, en particulier venant de pays pétroliers qui manient des sommes gigantesques et qui font que leur intérêt prévaut. Peut-être que surgira un mouvement contre cela, disant qu'il n'y a pas de raison que seul l'intérêt des actionnaires prévale au détriment de l'emploi ou de l'intérêt des clients. Il faudra alors faire appel à des règles, sans doute des règles de droit, pour rééquilibrer les avantages et les forces des différents intérêts en présence.

Pour l'instant, on a moins de droit, contrairement aux apparences, puisque les règles se multiplient en matière boursière, mais elles vont toutes dans le même sens, c'est-à-dire dans le sens de l'intérêt des actionnaires – c'est peut-être aujourd'hui une excellente chose si on a besoin de financements, mais cela peut soulever des questions légitimes qui sont celles, notamment, une fois encore, des salariés dont les intérêts peuvent être sacrifiés à celui des actionnaires. Tout ça ne pourra se faire, sans doute, qu'au niveau international. Supposons que la France, qui est un vieux pays de droit et d'équilibre des intérêts, et de prévalence de l'intérêt général, prévoie que la règle de lancement des OPA soit modifiée pour tenir compte plus encore de l'intérêt des salariés. Le risque, c'est qu'il n'y ait plus d'OPA en France, si on considère que c'est un risque. Qu'il y en ait en Grande-Bretagne, aux États-Unis, mais plus en France. Si l'on veut vraiment normaliser tout ce secteur, il faudra évidemment le faire au niveau international. Par exemple, si on veut aussi limiter l'activité des *hedge funds*, il s'agit d'une décision politique, cela ne pourra se faire que par des règles internationales qui soient notamment des règles fiscales.

Pour l'instant, il n'y a pas d'organisation mondiale de la fiscalité, il n'y a pas de structure internationale pour édicter le droit. L'OMC édicte un droit commercial par jurisprudence, l'OIT fait des esquisses de droit du travail, qui ne sont naturellement jamais appliquées, mais il n'y a pas d'organe pour mettre en place un droit mondial des affaires. En matière fiscale, cela se fait par voie de conventions, parfois bilatérales, qu'on pourrait rendre multilatérales. Reprenons l'exemple des *hedge funds*, qui se fondent notamment sur des effets financiers de dettes et de fiscalité : si on rendait plus lourde la fiscalité des *hedge funds*, on réduirait sans doute le nombre d'opérations ou l'importance des opérations qu'ils engendrent. Mais pour ce faire, il faudrait un accord entre tous les États. Et on voit combien en matière fiscale cela est difficile, puisque, par exemple, dans l'Union européenne, il n'y a pas de règle fiscale commune…

Il faudrait imaginer, comme on a fait un protocole de Kyoto pour limiter la production de gaz à effet de serre, qu'on fasse un protocole de Londres ou de Paris pour maîtriser l'évolution du droit des affaires. Autrement dit, une sorte de traité international qui se substituerait aux conventions bilatérales et qui serait une sorte de droit mondial. Les gens y travaillent dans l'Union européenne. Encore faudrait-il savoir si, aujourd'hui, ce serait une bonne chose… Il est probable qu'on pourrait arriver à des règles cohérentes, uniformes, en Europe, peut-être aussi avec les États-Unis, dans certains domaines, comme le domaine boursier. On n'en est pas encore là mais on constate, un peu, dans les différents pays, les mêmes tendances : la transparence, l'information des actionnaires, le libre jeu des surenchères en matière d'offres. Évidemment, il y a des particularismes locaux qui font que l'élaboration de ces règles communes est difficile. Mais ce n'est pas impossible puisque, dans tous ces pays, on constate les mêmes modes, une fois encore, qui sont des modes reposant sur la volonté d'attirer les investisseurs, donc les actionnaires, donc une volonté de tenir grand compte de leur information et de leur intérêt. On pourrait envisager que des juristes de tous les pays spécialisés en droit des affaires se réunissent et parviennent à un certain nombre de règles communes. Mais ce serait nécessairement des règles qui protégeraient d'abord l'intérêt des actionnaires. Là encore, c'est une question politique. On peut y parvenir, mais est-ce que, si on fait ça, on ne risque pas d'engendrer des mouvements profonds ? De renforcer le pouvoir des actionnaires contre les autres acteurs de l'économie mondiale, lesquels pourraient en être mécontents ?

Les évolutions du droit de la personne

Il paraît assez complexe d'imaginer une normalisation planétaire, même progressive, du droit de la personne, parce que le droit de la famille, le droit de la propriété, est évidemment fonction de l'état des sociétés et de leur histoire. On voit mal le même droit de la famille s'appliquer en France et en Afrique. Ce qui est plus certain, c'est qu'il y aura, comme aujourd'hui, un certain nombre de principes fondamentaux qui auront tendance à s'appliquer dans les différentes réglementations et juridictions nationales. Aujourd'hui, on voit même la difficulté, au niveau européen, de prévoir un régime commun de divorce. Lorsqu'une femme vit en Grande-Bretagne et son mari en France, qu'ils ont des enfants qui habitent chez chacun d'eux, et qu'ils viennent à divorcer ou que l'un des deux vient à mourir, les règles sont élaborées, connues, mais d'une interprétation extrêmement complexe, parce que ce sont des textes de compromis. Quand on voit dans des pays aussi proches et aussi civilisés que les pays de l'Union européenne la difficulté à promouvoir ce genre de règles, même en 2050, je crois qu'on aura du mal à les atteindre pour le reste du monde ! Tout simplement parce que les mœurs de la société évoluent plus vite que le droit, et que le droit n'est pas en phase avec la société. Il vaut mieux que le droit ne change pas trop vite. On a vu, par exemple, qu'en matière boursière, en matière commerciale, les effets de mode font que la règle évolue trop vite et devient absolument incompréhensible. Or, si l'on croit à la force du droit, il faut que le droit apporte de la sécurité, de la prévisibilité. On ne peut pas être à géométrie constamment variable.

Le droit évolue moins vite que la société, alors qu'il est là aussi pour encadrer l'évolution de la société. Évidemment, cela pose le problème de la justice qui rend la justice, au nom de principes de droit dépassés par la société – les mœurs par exemple, l'homosexualité, l'adultère, mais aussi la question de la frontière entre le bien et le mal, que la société fait changer beaucoup plus vite que le droit n'est prêt à l'accepter. En principe, le droit ne devrait pas uniquement fixer la frontière entre le bien et le mal. C'est de la morale. Le droit n'est pas moral, ou plutôt : pas uniquement moral. Le problème est compliqué parce qu'on constate aujourd'hui un besoin beaucoup plus fort qu'auparavant de s'adresser aux juges. Sans doute parce que les institutions traditionnelles se sont effondrées, qu'elles ont perdu de leur légitimité. On voit aujourd'hui des enfants qui téléphonent aux juges pour se plaindre de leurs parents ! Auparavant, les problèmes étaient réglés au sein de la famille.

Les institutions que sont la religion, la politique, s'effondrent ou s'affaiblissent et les gens se tournent vers le juge. Mais, pour que le juge puisse régler leurs problèmes, encore faut-il qu'ils aient confiance en lui. Or, là aussi, on constate un paradoxe, on se tourne de plus en plus vers le juge, mais on entend de moins en moins les gens dire qu'ils ont confiance en la justice de leur pays. C'est même plutôt l'inverse. L'affaire d'Outreau a démontré combien l'opinion publique pouvait s'émouvoir de certains fonctionnements judiciaires et avait besoin d'une autorité. Aujourd'hui, on ne trouve plus que le juge pour remplacer les institutions traditionnelles, mais le juge ne peut pas faire face à tout ! D'abord, il n'y en a pas assez, ensuite ils raisonnent, par tradition, de manière un peu conservatrice.

Il est possible qu'on voie apparaître de nouvelles autorités de régulation, comme on le voit déjà en matière économique. Cela voudrait dire que le juge se limitera à intervenir pour vérifier ces autorités, comme c'est déjà le cas dans le sport, notamment, avec la FIFA qui est à la fois opérateur et juge, ou encore, dans le domaine financier, avec l'AMF. On se tournerait alors vers ces autorités disons de « régulation », qui sont les plus proches des personnes ou des marchés, les connaissent le mieux et le juge serait là uniquement pour vérifier que ces institutions ont pris une décision adaptée à la situation. Ce serait l'affaire des institutions parce qu'elles seraient plus proches des problèmes, elles les connaîtraient mieux, elles seraient plus spécialisées, tout en respectant un certain nombre de principes qui sont ceux d'une bonne justice, impartiale, contradictoire. Les juges ne seraient plus juges que du respect des libertés publiques et les sujets de fond seraient jugés par des entités *ad hoc* spécialisées. Pour le divorce, par exemple, on peut commencer par s'inquiéter que des tribunaux religieux jugent de la question. On constate aujourd'hui que, dans certains pays, les tribunaux religieux ont de plus en plus d'importance.

En matière de droit des personnes, ce sont des prévisions à très long terme. Soit le juge reste seul compétent – et si vous interrogez des juristes 99,9 % d'entre eux vous le diront –, soit on peut envisager la création d'une institution qui regrouperait des citoyens, des professeurs, des sociologues, des psychanalystes, lesquels interviendraient pour essayer de résoudre les problèmes de personnes, dans le respect d'un certain nombre de règles que le juge serait là pour sanctionner si elles n'étaient pas respectées. Ces organes seraient des copies de ce que fait l'AMF dans le domaine des affaires, en quelque sorte des organes corporatifs, plus proches, plus représentatifs de la société, puisqu'un des défauts des juges est d'être très isolés de la société. L'idée serait d'avoir des structures plus professionnelles. L'autre solution, qui est plus normale, plus simple à mettre en place, est de réformer la formation et le recrutement des magistrats pour les rapprocher de la société, ouvrir leur formation, les obliger par des stages fréquents à aller travailler dans une entreprise, dans une administration, dans une institution, dans une ONG, s'ouvrir à la réalité des choses, et ouvrir leur recrutement à des personnalités de la société civile. Ce qui, aujourd'hui, est extrêmement difficile car le corps judiciaire est très fermé.

Quelles sanctions à l'avenir ?

Je crois qu'on peut distinguer les sanctions purement civiles et financières des sanctions pénales. Les sanctions financières sont déjà prononcées par l'AMF ou par l'Autorité de la concurrence. Pour les sanctions pénales, il est plus difficile d'envisager qu'elles soient déléguées à d'autres qu'à des juges. Tout cela évolue. La prison était déjà une idée de tolérance par rapport à la peine de mort ou à la torture. Alors, peut-on envisager de supprimer la prison ? Dans l'état des mentalités d'aujourd'hui, c'est difficile, car dans la sanction pénale il y a toujours l'idée de punir et d'isoler. Que la prison s'améliore, qu'elle puisse permettre d'améliorer le sort des détenus est sans doute absolument indispensable. Dans certains cas, on pourrait envisager aussi des règles d'isolement, comme on le fait aux États-Unis et déjà un peu en France, où les gens sont obligés de rester dans certains endroits qui ne sont pas des prisons, ou chez eux, avec des bracelets électroniques. On a aussi l'idée de confier à des entreprises privées la construction et la gestion des prisons, pour gérer ce que l'administration pénitentiaire et le corps médical ne sont pas à même de traiter. Ce sont des idées qui sont à l'étude, et appliquées dans d'autres pays.

En France, pour l'instant, on garde l'idée que tout cela ressortit au monopole public. Une commission devrait être mise en place sur ce sujet. Beaucoup d'études ont été faites, et l'opinion publique, il y a quelques années, était tout à fait préparée à une modification et une amélioration de la pénitentiaire. De nombreux rapports avaient été écrits, notamment sous l'égide du président de l'Assemblée nationale, tout le monde était d'accord, il y avait un consensus parlementaire, mais rien n'a été fait. Pourquoi ? Par manque de crédits. Je crois qu'en Grande-Bretagne le budget de la pénitentiaire est aussi important que l'ensemble du budget de la justice en France ! C'est donc une question de volonté politique et si on souhaite le faire, on peut y parvenir.

Vers une possible globalisation du procès politique ?

Plus largement, le sujet de la sanction nous conduit à celui de la justice pénale internationale, qui est extrêmement souhaitable, souhaitée, et qui fonctionne assez mal. Guantanamo, à l'inverse, a pu être mis en place et fonctionner pendant plusieurs années sans aucune surveillance, sans aucune tutelle. Finalement, la Cour suprême américaine s'est emparée du sujet. Ce sont donc deux mouvements divergents. D'un côté, un désir de droit international, un désir de punir des crimes qui sinon ne seraient pas punis ; et d'un autre côté des places vides de droit. En justice, il y a ce qui est souhaitable et ce qui se fait. Il est souhaitable qu'il y ait une justice internationale qui fonctionne, mais il existe un risque de voir naître des espaces de non-droit. Et les deux, malheureusement, se développent parallèlement. La justice internationale se développe, mais elle est faible. Les espaces de non-droit, eux, sont de plus en plus nombreux et de plus en plus dangereux.

L'avenir du droit

Jacques Attali

Jean-Michel Darrois a bien montré que le droit mondial est de plus en plus dominé par le droit des affaires, lui-même dominé par les actionnaires, surtout les actionnaires des grands fonds d'investissement. Ils sont en train de se construire, malgré, grâce, et au-delà de la crise financière, un droit conforme à leurs propres intérêts. Ces actionnaires sont même en situation, non seulement d'avoir un droit qui les serve, mais aussi d'avoir des institutions judiciaires à leur service. Les arbitrages privés et les organes comme l'AMF, parfaitement respectables, ont pour fonction de faire en sorte que ces actionnaires soient également traités, mais pas que les autres parties prenantes le soient. Si ses régulations s'harmonisent mondialement, le droit du capital, par le rôle qu'il tient dans l'organisation du monde, peut devenir plus puissant que les lois des États eux-mêmes.

Si les nations ne sont pas capables d'instaurer, non pas à la place du marché, mais à côté de lui, un gouvernement mondial, alors la gouvernance du monde sera assurée par les marchés et le droit sera celui du capital. Ce droit du capital, camouflé en droit international, en restera à des procédures d'arbitrage échappant à toutes législations. Et ce n'est pas le G20 de Londres en avril 2009 qui inverse la tendance.

Et naturellement, ceci créera un déséquilibre dans la société puisque seul un des acteurs, le capital, verra ses intérêts pris en compte. D'où les inégalités croissantes de revenus, la concurrence à la baisse des impôts sur le capital, l'épargne ou les transactions financières. Il est fascinant de voir qu'au moment où apparaissent tant de pouvoirs, ou de contre-pouvoirs, tant de besoins des hommes, de l'environnement, des consommateurs, des travailleurs, ou des plus jeunes, le droit lui-même évolue dans une direction inverse, et qu'il est entièrement soumis, régi, déterminé par les intérêts d'un seul des acteurs. Cela va poser un problème : une secousse, qui semble avoir commencé, conduira à prendre en compte, en matière de droit, les intérêts des autres acteurs de l'Histoire : les salariés, les consommateurs, les épargnants.

Il faudra aussi que le droit tienne compte des intérêts des autres générations, aujourd'hui absolument ignorés : le droit de la nature à être protégée tel un être vivant, le droit des générations passées, le droit des générations futures, le droit des enfants à avoir une enfance, le droit du corps, le droit à sanctuariser la vie et à faire en sorte qu'elle ne puisse pas devenir l'objet d'une transformation en artefact, en chimère. De plus, à côté de ces droits restant à inventer, il faudra traduire en droit réel ceux qui, officiellement proclamés, sont restés pour l'instant des vœux pieux. Par exemple, les pactes et les chartes ratifiés depuis longtemps par l'Organisation internationale du travail (OIT) pour empêcher le travail des enfants, réduire le temps de travail à des durées décentes, faire en sorte que l'esclavage soit définitivement interdit ne sont pas traduits dans le droit réel. De même restent encore à appliquer mondialement la Déclaration universelle, écrite par Eleanor Roosevelt et René Cassin, qui définit si parfaitement tous les droits de l'homme et celle de l'Unesco, qui protège la biodiversité et la diversité des cultures et des langues.

Le plus important n'est donc pas seulement de définir des droits, mais de trouver des moyens de les faire respecter. De ce point de vue, le Tribunal pénal international constitue une première, comme la Cour européenne de justice. Peut-on imaginer de telles institutions pour faire appliquer les chartes de l'ONU et de l'OIT ? Il faudrait alors qu'une police internationale soit capable de les faire respecter, qu'une inspection mondiale du travail soit en place... Sans cela, il serait illusoire de prétendre transformer ces règles de droit en droits réels.

V

MONDE

La démocratie

Christophe Aguiton et Marcel Gauchet

Qu'est-ce que la démocratie ?

Marcel Gauchet. – La démocratie est une notion très simple, à première vue : le gouvernement du peuple par le peuple. Je crois que tout le monde peut aisément s'accorder sur ces termes. Mais derrière cette notion apparemment transparente se dissimule toute une série de problèmes. Cela implique notamment qu'il faut établir la qualité de peuple de ce peuple, ce qui veut dire reconnaître la liberté de tous les individus qui le composent et leur capacité d'exprimer leur opinion d'une manière qui compte. Il suffit d'énoncer ces premiers principes pour voir que la définition de la démocratie, c'est le nom d'un problème, que la démocratie ne vit que du problème que pose sa propre définition.

Christophe Aguiton. – Il y a quelques années, toute une série de gens auraient pu dire la démocratie, c'est le vote. Le pouvoir du peuple par le peuple, c'est simplement l'élection de nos représentants par un vote majoritaire. Une définition dont on voit bien, aujourd'hui, les manques et les difficultés. Les marchés financiers, les questions sociales et, surtout, l'entreprise sont des domaines et des lieux qui échappent au « gouvernement du peuple par le peuple ». Et la liste des difficultés est longue : quelle démocratie au niveau mondial ? et peut-on accepter toutes les décisions qui émaneraient du suffrage universel et de la démocratie représentative ? L'Union européenne impose, par exemple, aux États postulants toute une série de conditions comme l'abolition de la peine de mort. Il y a des questions que l'on considère comme en dehors du champ de l'acceptable.

Les conditions préalables à l'exercice de la démocratie

Marcel Gauchet. – Ces conditions sont très complexes, aussi complexes que la définition de la démocratie. La démocratie ne se parachute pas par avion sous forme d'un texte qu'il suffirait d'appliquer. Elle suppose une maturation historique des sociétés. C'est d'une certaine façon tout le problème devant lequel nous sommes, aujourd'hui, à l'échelle mondiale. Il faut des conditions d'exercice de la démocratie. Une presse libre, par exemple, cela ne se décrète pas. La presse, les médias libres, c'est très difficile à faire fonctionner, cela suppose une société civile organisée. On voit bien que dans un certain nombre de pays du Sud, la société civile n'a tout simplement pas de consistance face à l'État. L'exercice de la démocratie suppose également un système judiciaire relativement équitable. Sans une justice qui fonctionne à peu près vous n'avez pas de démocratie viable. Et ainsi de suite, on peut encore en ajouter d'autres. La condition la plus importante, c'est un État qui fonctionne, faute de quoi la décision publique reste totalement vaine. On peut voter tout ce qu'on veut, si cela n'est pas suivi d'effet, si toutes les décisions se perdent dans les marécages d'une bureaucratie corrompue ou de l'inefficacité pure et simple, la démocratie reste un fantôme.

Faut-il attendre d'avoir une presse libre et une justice libre pour mettre en place des élections ou le contraire ? Historiquement, on est toujours obligé de tout faire à la fois et c'est ça la difficulté. Nous avons eu la chance en Occident de bénéficier d'une maturation longue de l'ensemble de ces conditions. On peut avancer en très gros que la démocratie en Europe s'est établie par un élargissement progressif d'un système libéral bourgeois plus ou moins censitaire. Un système fermé mais qui s'est petit à petit élargi. Les conditions préalables à la démocratie se sont affermies en même temps que la démocratie s'établissait. La difficulté extrême de la configuration du monde aujourd'hui, c'est qu'il faut établir à la fois le fonctionnement de la démocratie et les conditions de la démocratie.

flashcode

web

Sondage interactif : Pour ou contre l'entrée de la Turquie dans l'Union européenne ?

Christophe Aguiton. – Il faut une maturation, c'est sûr, mais l'exemple de l'Europe au XXe siècle est là pour nous montrer que, même dans un continent qui a connu cette maturation durant le XIXe et le début du XXe siècle, nous ne sommes pas à l'abri d'abîmes et de désastres !

Le vote est l'une des conditions préalables à la démocratie, il faut également des règles de droit et la constitution d'un espace public, tels que les définit Marcel Gauchet, mais j'y ajouterais une autre catégorie de droits fondamentaux, les « droits à... » : droits au logement, à des soins de qualité, au transport, à la communication, au travail... Les droits sociaux ou « droits positifs », souvent proclamés rarement appliqués, sont considérés à juste titre comme très importants par nos concitoyens. C'était tout le débat autour du projet de Constitution européenne.

Et puis, à nouveau, cette question : le modèle constitutif de la démocratie, qui est dans nos pays celui du vote majoritaire, est-il aujourd'hui suffisant ? Cette idée selon laquelle la volonté générale peut s'exprimer est-elle la seule manière de faire fonctionner nos sociétés ? À l'évidence, la mondialisation de l'économie et le poids tant des marchés financiers que des multinationales posent de nouveaux problèmes. Il faut également prendre en compte – mais Marcel Gauchet connaît cela beaucoup mieux que moi – la montée de sentiments particuliers, de la volonté d'autonomie, tout ce qu'on appelle l'individualisation. C'est un terme batcau, mais qui rend plus compliquée l'expression de cette volonté générale telle que la pensaient les philosophes des Lumières et telle qu'elle a été mise en œuvre avec plus ou moins de succès à partir de la fin du XIXe siècle.

Les nouvelles expressions de la volonté générale

Marcel Gauchet. – Si la démocratie est la dictature de la majorité, elle n'est pas très démocratique à mon goût. Je crois justement que la difficulté, c'est d'avoir une majorité qui gouverne sans être dictatoriale. Le premier problème de la démocratie, c'est la reconnaissance des droits de la minorité. De ce point de vue-là, nous avons encore beaucoup à faire. C'est en gros admis à l'intérieur de nos systèmes politiques, mais ça reste très diffus et mal compris, on a encore le sentiment que la majorité aimerait bien faire taire les minorités, ce qui n'est ni possible, ni souhaitable. La minorité doit compter. Mais comment ?

Par ailleurs, nos démocraties sont représentatives, ce qui ne va pas sans une double tension entre la représentation et la démocratie. D'une part, la qualité de représentants qui parlent au nom du peuple n'empêche pas qu'ils ont des comptes à rendre au peuple et ne peuvent pas le réduire au silence : comment faire entendre la voix du peuple par rapport à celle de ses représentants ? La démocratie participative est une tentative de réponse à cette difficulté. D'autre part, la représentation pose le problème du temps dans la démocratie. Les élections ont lieu à intervalles réguliers, variables d'une société à l'autre, mais est-ce que la démocratie consiste purement et simplement à s'en remettre tous les quatre ou cinq ans à une série de représentants désignés, tandis qu'entre-temps, on s'occupe d'autre chose ? Non, à l'évidence. On peut penser qu'une des grandes revendications du monde démocratique d'aujourd'hui, c'est d'assurer une espèce de présence continue de la volonté générale, à l'intérieur des institutions – des institutions qui restent par ailleurs représentatives pour des raisons de fonctionnalité assez évidentes.

Mais cette présence continue peut être aussi la pire des choses quand elle se manifeste comme aujourd'hui par des sondages qui incitent les hommes politiques à décider en fonction de leur popularité et non de leur conception de l'intérêt général. La « sondomanie » dénature la démocratie puisqu'elle conduit tout simplement les représentants à ne plus faire leur travail de représentants – ils sont à genoux devant un oracle qui ne délivre par surcroît que des informations erratiques. Il y a toute une domestication de l'opinion à opérer. Cela dit, je veux tout de même défendre les sondages dans leur principe : ils constituent un véritable progrès de la démocratie puisqu'ils rappellent aux gouvernants que les citoyens continuent de penser pendant qu'ils gouvernent. C'est une très bonne chose. La gestion pratique de ce principe, c'est un autre problème…

Et puis enfin, évidemment, les nouvelles technologies créent de nouvelles difficultés avec de nouvelles possibilités. Si la démocratie devient un processus chaotique permanent, la volonté générale s'égare dans une espèce de somme instable des volontés particulières – et tout le monde y perd son latin.

Christophe Aguiton. – La crise de la démocratie représentative soulève à mon sens plusieurs problèmes. Il y a en effet l'idée que les individus, qui sont de plus en plus cultivés, de plus en plus autonomes, n'ont pas envie d'être représentés par quelqu'un à qui ils délèguent tout pouvoir pour quatre, cinq ou six ans. D'où la réponse de la démocratie participative qui est l'idée qu'on peut voter plus souvent, qu'on peut être consulté sur toute une série de questions, que des conseils de quartier peuvent être organisés. C'est une bonne réponse, qui a du mal à s'appliquer dans notre pays, mais qui est fonctionnelle et qui a montré sa capacité à répondre au moins en partie à ce type de préoccupations.

Sur la question des sondages, je pense que le grand problème n'est pas tant que les hommes politiques s'y plient, c'est que le plus souvent ils ne s'y plient pas. Ils s'intéressent à une chose – qui, entre nous, est tout à fait secondaire –, ce sont les cotes de popularité. En revanche, quand on pose des questions aux Français sur leurs choix et sur ce qu'ils aimeraient voir faire dans ce pays, là en général il y a un grand silence… On sait tous que depuis douze ou quinze ans, il y a, en France, des exigences récurrentes de sécurité en matière sociale, de lutte contre la précarité, de défense des services publics… Les sondages, tous instituts confondus, le rappellent régulièrement. Les partis de gouvernement surfent allégrement sur tout ça et n'en tiennent plus compte une fois élus… D'où un zapping électoral où les citoyens sanctionnent ceux qui n'ont pas respecté ce pour quoi les électeurs les avaient élus.

flashcode

Les préoccupations prioritaires des Français

web

Mais il y a d'autres problèmes. Outre la question du temps, soulevée par Marcel Gauchet, il faut revoir la notion de « volonté générale », le fait que sur un territoire donné des hommes et des femmes sont capables d'exprimer quelque chose en commun. On a pu penser que les « nations » étaient le cadre adéquat, mais aujourd'hui l'évolution de nos sociétés rend plus compliquée la définition des niveaux de responsabilité, la nation, l'Europe, le monde ou le local. L'idée de la subsidiarité est intéressante, mais elle ne réglera pas tout.

Échapper à la tyrannie de la majorité : le consensus

Christophe Aguiton. – Le mouvement altermondialiste est intéressant à cet égard, car il a permis un changement total de perspective. Alors que le mouvement ouvrier et la gauche insistaient sur l'unité nécessaire – rappelons-nous du *« el pueblo, unido, jamas sera vencido »* latino-américain après le coup d'État de Pinochet –, une unité qui découlait de la notion de « volonté générale », le mouvement altermondialiste met l'accent sur la pluralité du monde. Une pluralité vécue comme une richesse à préserver et à faire prospérer. D'où toute une série de pratiques qu'on retrouve dans les forums sociaux, qui regroupent des acteurs importants comme le mouvement syndical international, des mouvements sociaux tels que les paysans de Via Campesina et de très grosses ONG. Ces acteurs essaient de travailler au consensus, de manière horizontale, dans des formes de représentation ou au contraire d'absence de représentation.

Il faut cependant distinguer deux types de consensus. Celui auquel on fait traditionnellement référence est le consensus de sociétés très homogènes où, même si les conditions de vie des membres de la communauté peuvent être inégales, les problèmes à régler sont similaires pour tous. Les zapatistes du Chiapas, par exemple, défendent le consensus dans des communautés mayas ou indiennes qui ont des conditions d'existence quasi équivalentes. Et cela est vrai pour beaucoup de sociétés paysannes ou de structures tribales. Un consensus où il s'agit de régler des problèmes qui se posent à tous, ce qui implique souvent de s'adresser aux « anciens » qui ont eu la possibilité de vivre des circonstances similaires... Mais aujourd'hui, c'est une forme très différente du consensus qui en train d'émerger : le consensus entre structures hétérogènes, entre acteurs très différents. Dans un forum social mondial, à Porto Alegre ou ailleurs, il s'agira de faire travailler ensemble des syndicats qui peuvent fonctionner sur un modèle assez vertical, avec des secrétaires généraux, des présidents, etc., des ONG qui peuvent être plus ou moins centralisées, et ce qui relève de simples mouvements d'action, de mouvements populaires, ou de tout petits groupes d'individus, le tout venant de tous les continents et d'espaces politiques et culturels très différents. Il s'agit de mettre tout ça ensemble et de voir comment produire du sens commun, des actions communes. La chose étonnante et qui m'a beaucoup marqué dans les forums sociaux de ces dernières années, c'est que des décisions peuvent être prises. Des décisions d'action. Je pense aux manifestations contre la guerre en Irak, toutes le même jour, dans le monde entier, qui ont été jugées, même par le *New York Times* à l'époque, comme le seul vrai contre-pouvoir face à la superpuissance américaine. Il s'agit de décisions d'action, mais aussi d'une évolution des consciences et des opinions publiques internationales sur les grands dossiers mondiaux, comme on peut le voir aujourd'hui sur les gaz à effet de serre et le changement climatique.

On pourra dire que les forums sociaux ne regroupent qu'une frange de la population, qui partage des idées proches, et que les pratiques ainsi décrites ne peuvent s'appliquer à des sociétés où doivent coexister des points de vue et des opinions très différents. Ce serait oublier les équivalences de formes et les emprunts réciproques entre le fonctionnement interne des mouvements sociaux, syndicats et partis et les pratiques gouvernementales ou parlementaires. Les « parlements » des partis politiques ou des syndicats utilisent ainsi souvent les règles parlementaires classiques, élection à la proportionnelle souvent assortie de seuils éliminatoires, et même constat pour leurs exécutifs, avec des équipes homogènes ou des coalitions… Dans le même sens, on va retrouver les pratiques et procédures expérimentées dans les forums sociaux dans des cas qui n'ont a priori rien à voir, si ce n'est la nouveauté de leurs émergences et l'impossibilité d'y appliquer les règles « habituelles » de la vie démocratique. Le fonctionnement du GIEC ou, plus largement, des négociations internationales sur le climat, est très proche de ce qui peut se faire dans les forums sociaux, et ce n'est pas un cas unique pour des structures internationales, si on pense par exemple aux organes de gouvernance d'Internet, ou même nationales.

Il y a là des pratiques émergentes qui me paraissent très importantes. Pas parce que cela supprimerait la nécessité de voter mais parce que vont se surajouter, se superposer des pratiques différentes de la démocratie, entendue comme outil de prise de décision. J'ai développé l'exemple des forums sociaux et de ce consensus moderne entre structures hétérogènes, mais il existe d'autres type d'expériences, par exemple à propos de questions scientifiques sur lesquelles les représentations parlementaires sont souvent désarmées. Il y a eu des expérimentations, dans les pays nordiques, de « conférences de citoyens » pour essayer d'éclairer les politiques par des conférences de citoyens tirés au sort, qui bénéficient d'une formation pour leur permettre de donner un avis sur des questions scientifiques complexes. Le retour du tirage au sort de la république athénienne...

Mais, une fois de plus, il faudra penser l'entrelacement de ces formes et pratiques bien plus que la substitution de l'une par l'autre.

La démocratie à tout prix ?

Marcel Gauchet. – La politique américaine sous le gouvernement Bush, et en particulier sa politique au Proche-Orient, a été typique à mes yeux d'un aveuglement doctrinaire. Elle était inspirée par un idéalisme sincère chez un certain nombre de gens, et, il est vrai, par des calculs moins clairs chez d'autres... En un sens, on ne pouvait qu'être d'accord avec le principe d'une telle politique : il faut exercer une pression dans le sens de la démocratie. Mais à quelles conditions cette pression est-elle efficace et opératoire ? Si elle se désintéresse totalement des questions de fonctionnement de cette démocratie, elle peut être suicidaire. Elle peut conduire à des situations de chaos pur et simple, voire d'établissement du pouvoir des islamistes, puisque c'est dans le monde arabo-musulman une des menaces permanentes. Elle peut aussi créer des situations très difficiles à gérer. Sans entrer dans le détail extraordinairement compliqué de la situation irakienne, on voit bien par exemple que les élections ont abouti à une communautarisation très forte dans un pays où le problème est précisément de mettre ensemble des composantes hétérogènes. Remplacer la dictature d'une minorité par une autre dictature d'une autre minorité n'est pas la formule idéale pour faire avancer la cause de la démocratie.

Je pense donc que l'idéalisme des buts doit se combiner avec une connaissance pragmatique des conditions d'exercice de la démocratie sur tous les plans, social aussi bien que politique, voire finement anthropologique – en l'occurrence des problèmes de partages religieux et des problèmes de minorités, qui sont l'une des clés du fonctionnement de cette société.

Il vaut parfois mieux, osons le dire, une dictature relativement bénigne qu'une démocratie illibérale instaurant la tyrannie d'une majorité sur une minorité. La démocratie peut être aussi, par exemple, le moyen de ramener un certain activisme islamiste à ses justes proportions, en permettant à celui-ci de se manifester, tout en laissant la majorité exprimer qu'elle n'est pas d'accord. La politique à conduire dans tous ces processus de démocratisation doit être très informée des réalités du terrain et très prudente, ce qui n'est pas une nouveauté en matière politique.

Christophe Aguiton. – Je partage la position de Marcel Gauchet sur le cas irakien, pas sur le reste. Les États-Unis, et dans une moindre mesure l'Union européenne, sont des évangélistes de l'ouverture des marchés plus que des institutions démocratiques ! Regardez leur politique vis-à-vis de l'Égypte, de la Syrie ou d'autres pays du monde arabe. Les États-Unis ont exigé un marché ouvert entre l'Égypte et Israël, c'était même une condition d'accès au marché américain pour les produits d'origine égyptienne. C'est ça, la vraie priorité américaine, plus que les élections. Et dans des pays comme la Syrie ou l'Égypte, les mouvements de la société civile se battent pour plus de démocratie. La démocratie, c'est un pari – on l'a vu en effet en Algérie – mais je pense qu'il n'y a pas d'autres voies possibles à partir du moment où la volonté démocratique est portée par les sociétés civiles de ces pays-là. En Égypte, en Syrie, des militants se battent pour ces droits, et je pense qu'il n'y a pas d'autre option que celle-là.

flashcode

L'invention de la démocratie dans le monde

web

Les nouvelles voies de la démocratie

Christophe Aguiton. – À la fin du XIXe et au début du XXe siècle, la gauche radicale et le mouvement ouvrier en général dénonçaient la démocratie bourgeoise accusée de n'être qu'une démocratie formelle. Cela revenait régulièrement dans le discours de ces partis et syndicats parce qu'il y avait l'idée, qui n'était pas fausse, que les conditions d'exercice de la démocratie n'étaient pas remplies et que les pouvoirs de l'argent, des notabilités, des réseaux d'influence étaient tels que ceux d'en bas, les pauvres et les couches populaires, n'avaient pas les moyens de peser. Il fallait donc imposer un autre type de démocratie, prolétarienne ou populaire, avec tous les problèmes que peuvent poser ces notions. Aujourd'hui personne, ou presque, ne tiendra un tel discours, tout simplement parce que, dans nos sociétés, se sont construits des espaces publics et des contre-pouvoirs, à commencer par les mouvements sociaux qui se multiplient en France comme dans le reste de l'Europe. Tout n'est pas parfait, loin de là, il suffit de rappeler une fois de plus le décalage, sur la question du néolibéralisme, entre les discours des partis de gouvernement et leurs pratiques, mais, malgré tout, l'espace public et surtout les contre-pouvoirs existent.

Au niveau mondial il y a, en revanche, un décalage important entre la mondialisation économique et financière et la constitution d'espaces publics et de contre-pouvoirs transnationaux. Prenez par exemple la presse au niveau international. Il n'y a qu'un journal qui puisse prétendre être réellement mondial, le *Financial Times* : il vend la moitié de ce que vend *Ouest-France* et un vingtième de ce que vend l'*Asahi Shinbum* au Japon. Du côté des mouvements militants, et c'est ce qu'on essaie de faire par les forums sociaux, se constituent des fragments d'espace public, mais seulement par intermittence. On a vu comment une société civile internationale a pu s'exprimer contre la guerre en Irak. Dans un autre contexte tout aussi dramatique, on a vu comment, au moment du tsunami en Asie, un mouvement de solidarité mondial s'est créé.

La difficulté – c'est pour cela que j'ai fait référence au débat de la fin du XIXe siècle sur la démocratie formelle –, c'est qu'aujourd'hui, comme l'espace public est faiblement structuré au niveau mondial, la démocratie planétaire serait surtout le pouvoir des grands. Le risque, c'est d'avoir un directoire, une espèce de G8 élargi à la Chine, qui dominera le monde. La constitution de cet espace public international est une priorité.

Marcel Gauchet. – En d'autres termes, le grand danger qui est devant nous, c'est celui d'une oligarchie mondiale. Regardez la façon dont, à l'évidence, la construction européenne a été une alliance entre les gouvernements pour faire passer des tas de choses dans le dos des peuples. C'est en partie le problème de l'Europe aujourd'hui, en tant que construction politique. À l'échelle mondiale, la contrainte sera démultipliée et il n'y a pas de quoi être optimiste quand on voit comment fonctionnent les grandes organisations internationales. Leur démocratisation, on ne voit pas très bien comment l'opérer, d'autant qu'il y a là une question extraordinairement complexe de technicité des dossiers. Les affaires qu'elles ont à traiter ne sont pas des problèmes simples auxquels on pourrait facilement associer les citoyens à une échelle mondiale. À quoi il faut ajouter que le défi d'obtenir l'expression d'une opinion publique éclairée est presque dans le principe impossible à relever à ce niveau.

Il faut sans doute imaginer d'autres voies. Une gouvernance mondiale démocratique serait bien plus – comme le rêvaient les philosophes de la démocratie du XVIIIe siècle – une gouvernance par des règles dont l'application serait dévolue à chaque communauté politique, qu'un gouvernement, au sens strict, avec des individus qui prennent des décisions pour les autres. On peut imaginer une délibération très large sur des règles générales nécessaires à l'échelle planétaire dans toute une série de domaines, puis des gouvernements, au sens classique, chargés de mettre en œuvre localement ces règles. C'est probablement dans une redistribution de ce genre, entre l'espace de définition des normes et l'espace de leur application, que se situe la possibilité d'une démocratisation effective de la gouvernance mondiale, impliquant les peuples sans les dissoudre. C'est en tant que laboratoire de cette formule que la construction européenne pourrait retrouver un sens en se réformant.

Christophe Aguiton. – C'est sûr, une série de règles sont en train de s'imposer. J'ai donné l'exemple de la peine de mort, au moins dans l'espace européen. C'est ce genre de règles qui pourraient faire tache d'huile et s'imposer à la totalité des pays du monde – comme l'interdiction de la torture. Il y a toute une série de choses élémentaires qui partent des droits de l'homme mais qui pourraient s'étendre.

Dans ce domaine, il existe aussi des pratiques qui me paraissent intéressantes, sur des dossiers comme celui des mines antipersonnel ou, même s'il est plus compliqué parce qu'il ne résout pas le problème de la légitimité du droit, sur celui du Tribunal pénal international. Sur ces dossiers les pays dominants, au premier chef les États-Unis d'Amérique, ont été contournés par des coalitions un peu étranges, un peu postmodernes, entre des États très faibles tels que l'Angola et le Cambodge, des ONG et des mouvements militants, et des « chevaliers blancs », souvent le Canada ou les pays scandinaves, qui portent ces campagnes dans les arènes internationales. Voilà qui a fait évoluer les choses et a permis d'avancer dans la définition de règles.

L'avenir de la démocratie

par Jacques Attali

La démocratie est, dit-on, un concept occidental. À la fois parce qu'elle serait née en Grèce et qu'elle aurait prospéré en Europe puis aux États-Unis. On pourrait même dire moins pudiquement que c'est, selon certains, un concept de l'homme blanc. En Occident, la démocratie a mis extrêmement longtemps à se développer. En fait, la Grèce n'était pas du tout une démocratie au sens où nous l'entendons aujourd'hui, mais plutôt le fruit d'une victoire des marins sur les paysans puis des paysans sur les marins. Le pouvoir restait extraordinairement limité à quelques hommes. Cela dit, on a pu voir aussi des débuts de réflexion démocratique – le grand économiste indien Amartya Sen l'a très bien décrit –, six siècles avant notre ère lors de l'émergence du débat sur l'application de la règle de la majorité dans les discussions dans des villages indiens.

flashcode

Amartya Sen, « Leçon de politique à l'indienne »

web

Les progrès de la démocratie dans le monde

La démocratie progresse. Le carcan intégriste ne résistera pas au désir de démocratie et de consommation de la jeunesse d'Islam et d'ailleurs. Partout, la liberté individuelle s'impose sur la planète comme la valeur dominante. Cela se traduira économiquement par la victoire du marché sur les systèmes totalitaires, et politiquement par celle de la démocratie. Elle entrera par différentes portes : la vie associative, la vie locale, les médias. Tout cela se concrétisera ensuite par une démocratie politique. En Chine, la plus grande nation encore totalitaire, on voit déjà apparaître, dans les collectivités locales, des dirigeants élus dans le parti unique de façon relativement démocratique. Dans les autres pays totalitaires, on voit poindre, avec la naissance des classes moyennes, une prise de conscience de la nécessité d'une presse libre, d'une ouverture au monde, d'une garantie de la propriété privée. Les nouvelles technologies, qu'il s'agisse d'Internet ou des satellites de télévision, malgré toutes les tentatives de censure, de blocage, fonctionneront comme une force qui conduira, sans aucun doute, à un désir et à une réalisation de cette liberté. Tout le monde en tirera profit si la démocratie n'est pas simplement un leurre institutionnel et devient une vraie pratique de l'égalité des droits et de la dignité partagée.

Les contradictions internes de la démocratie

La démocratie est un mécanisme de décision collective sur les sujets d'intérêt collectif permettant à chacun d'exercer sa liberté individuelle. Il s'applique uniquement aux sujets considérés comme collectifs (la santé, l'éducation, la protection, la justice, la culture) et sur un territoire donné, à des gens donnés. Une majorité voit sa décision l'emporter ; la minorité s'y résigne, parce qu'elle espère devenir un jour la majorité et parce que être une minorité dans une démocratie, c'est mieux que d'être une minorité dans une dictature.

Cependant, la démocratie contient quelques contradictions.

D'abord, elle s'exerce sur un territoire limité, alors que, on l'a vu, dans un très grand nombre de domaines, seules des décisions d'application mondiale sont efficaces. C'est pourquoi la démocratie est tentée d'accroître son champ : elle a commencé dans des communes, elle a atteint le niveau de la nation et maintenant elle veut tenter d'être continentale ou même mondiale comme l'est le marché. Ensuite la démocratie amène la majorité à imposer ses règles. Mais que se passe-t-il si la minorité refuse les règles de la majorité et décide de rompre avec la majorité ? C'est le cas des riches qui partent s'exiler fiscalement, des régions prospères qui se coupent des régions pauvres, des groupes sociaux favorisés qui refusent de financer la solidarité sociale ou la retraite des plus pauvres. Le grand risque propre à la démocratie, c'est alors la balkanisation des minorités puissantes.

La réversibilité

Il n'y a pas de démocratie sans réversibilité : qui dit liberté dit droit de changer d'avis et donc dit droit de vouloir autre chose. C'est ce que j'appelle « la tyrannie du nouveau » ; la démocratie est une machine à fabriquer du précaire ; y compris la précarité de la démocratie elle-même.

La démocratie, si elle s'entend comme la liberté d'exercer le choix des individus, ne peut pas être considérée comme illimitée, puisqu'il ne faut pas que les individus puissent remettre en cause par le vote les principes mêmes de la démocratie. D'où l'importance de la hiérarchie des textes, qui fait que le texte constitutionnel doit être plus important que le texte de la loi et que le peuple ne doit pas avoir le droit, sauf de façon très solennelle et dans certaines limites, de remettre en cause le texte constitutionnel.

La mondialisation du marché détruit la démocratie sans créer une démocratie mondiale. Elle est une fabrique d'individus de plus en plus autonomes, de plus en plus indépendants les uns des autres.

L'apologie de la liberté, c'est aussi l'apologie de la liberté à l'égard de la cellule familiale et du droit des autres à l'enfance. Pourtant, ce droit à l'enfance est essentiel. Sans lui, l'enfant devient trop tôt adulte. La démocratie, comme le marché, dans nos sociétés de l'éphémère, participerait ainsi de ce vieillissement anticipé des générations, fabriquant des gens trop mûrs et donc désabusés. Cela pourrait être là encore un chemin vers la fin de la démocratie.

Quelles conquêtes démocratiques restent à imaginer ? D'abord des conquêtes locales pour rendre à la démocratie beaucoup des moyens qu'elle a perdus : la démocratie participative, par les citoyens dans les quartiers, pour participer plus souvent en particulier à la mise au point des schémas d'urbanisme.

Ensuite une démocratie directe globale sur les sujets spécifiques, en utilisant des échantillons de citoyens qui représenteraient les populations. Un peu comme les jurys représentent les citoyens dans des procès.

Enfin, et dans certaines limites une démocratie technologique, avec des processus de vote instantané.

flashcode

Réagissez à ce chapitre !

web

Les nouveaux enjeux de la sécurité internationale

Marc Perrin de Brichambaut[1]

Le paysage stratégique mondial

Le paysage stratégique mondial d'aujourd'hui est marqué par de nombreuses ruptures, par la recherche de nouveaux équilibres. Les facteurs de régulation qui existaient du temps de la guerre froide ont disparu depuis quinze ans. Par ailleurs, la puissance américaine, qui s'est affirmée pendant la période antérieure, trouve ses limites du moins militaires, après s'être engagée en Irak. Des acteurs autonomes nouveaux et très variés s'affirment ou se manifestent. Il s'agit, d'une part, des acteurs non gouvernementaux, par exemple des groupes idéologiques, des groupes terroristes ou des puissances émergentes qui ont l'ambition d'acquérir tous les instruments de la puissance. Dans le même temps, on assiste à la résurgence de puissances traditionnelles qui entendent à nouveau se faire respecter en utilisant au mieux leurs atouts, le plus souvent l'atout énergétique. Dans un monde où pointe la rareté des sources d'énergie fossile à bon marché, chaque acteur qui dispose de ces ressources peut en tirer partie dans le jeu des puissances.

Les grands conflits non résolus persistent. À l'échelle planétaire, c'est d'abord le clivage Nord-Sud, le contraste entre la grande pauvreté qui affecte presque encore la moitié de l'humanité et le reste du monde qui a accompli des progrès remarquables dans la période récente. Les décennies qui viennent de s'écouler ont vu le progrès

1. Les vues exprimées ici ne sauraient engager en aucune façon l'OSCE et sont présentées à titre strictement personnel.

spectaculaire des pays d'Asie du Sud-Est et de la Chine, progrès accompagné par l'apparition de nouveaux pays émergents. Les effets de la crise économique et financière pourraient ralentir la marche de la mondialisation et le rattrapage des économies les plus défavorisées. Au niveau des perceptions et des psychologies, l'écart reste profond. Dans un monde où la communication diffuse largement les images du modèle de vie des pays les plus avancés, la frustration, le ressentiment sont souvent présents dans les esprits. Ils trouvent leurs racines dans la conscience qu'ont les individus des écarts qui existent entre populations ainsi que dans leur aspiration à se rapprocher du monde des privilégiés.

flashcode

Les pays « champions du monde »

web

La disparition de l'Union soviétique et les limites des États-Unis à faire fonction de gendarme du monde affaiblissent la gouvernance de la société internationale et créent les conditions d'un désordre croissant. Parmi les acteurs émergents, certains aspirent à se doter de capacités offensives qui pourraient représenter des menaces sérieuses pour les puissances dominantes. Mais le désordre est lié en grande partie à ce que beaucoup de problèmes lancinants n'ont pas été traités pendant la période précédente. Il est connu qu'il y a plus de cinquante ans qu'existent des problèmes entre l'État d'Israël, les États voisins et les Palestiniens. Il est également vrai que la périphérie de l'ex-Union soviétique nourrit toutes sortes de crises locales qui représentent un potentiel de conflit important. Des conflits d'origine ethnique ou religieuse peuvent se réveiller à tout moment dans de nombreuses régions du monde à l'image des conflits qui ont accompagné la dissolution de l'ex-Yougoslavie. On voit aussi apparaître de nouveaux types d'affrontements nés des inégalités entre États en matière d'accès aux ressources comme l'eau. Ces problèmes sont accentués par la remise en question actuelle des institutions globales et régionales de sécurité. Dans le contexte actuel, l'enjeu de bâtir un ordre multilatéral efficace est réel.

Les rivalités entre puissances

L'arsenal nucléaire des grandes puissances existe toujours. Même s'il est rarement évoqué, il reste substantiel : dix mille têtes ou plus pour chacune des deux grandes puissances, des chiffres difficiles à connaître pour les autres.

flashcode

L'armement en chiffres

web

Cependant, cet arsenal ne joue plus le même rôle que pendant la guerre froide. Il est à peu près acquis qu'il ne pourrait être utilisé que comme *ultima ratio* lorsque les intérêts vitaux des puissances en question seraient véritablement mis en cause. Aujourd'hui, la violence ordinaire fait usage d'armes plus ou moins sophistiquées et légères. Une arme automatique du XXIe siècle a une puissance de feu supérieure à un bataillon de l'armée de Napoléon ! Les armes simples, du type lance-roquettes, peuvent faire des dégâts considérables. De petits groupes d'individus armés, relativement entraînés et prêts à risquer leur vie, ont une capacité de nuisance immense. On a vu l'apparition de cette arme terrible qu'est la bombe humaine : c'est-à-dire le geste du terroriste qui avec une ceinture d'explosifs fait le sacrifice de sa vie, frappant des civils innocents. Complétons ce constat par le fait, peu connu, que des progrès tout à fait considérables ont été accomplis en matière d'armes non conventionnelles non nucléaires, c'est-à-dire dans les domaines du chimique, du bactériologique ou à la limite entre les deux catégories. Les possibilités ouvertes par l'utilisation de ces armes sont totalement effrayantes. Beaucoup des investissements qu'avait faits l'ancienne Union soviétique dans ce domaine se sont retrouvés dans des mains incertaines, au point qu'on peut se demander si elles n'ont pas déjà été utilisées, à l'occasion, à des fins spécifiques et criminelles. Si des mouvances terroristes devaient acquérir ces nouvelles capacités non conventionnelles, l'impact en serait tout à fait considérable.

Les puissances établies maîtrisent les potentialités de ces armements et s'efforcent de limiter leurs stocks par des négociations débouchant sur des accords de désarmement vérifiables. D'autres puissances cherchent à se procurer ces armements en dépit des obligations qu'elles ont souscrites dans des traités internationaux en matière de non-prolifération. Les difficultés que rencontrent certains gouvernements à assurer la gestion de la modernisation de leurs économies et de leurs sociétés peuvent les inciter à faire de la possession d'armes de destruction massive une compensation aux frustrations de leurs citoyens. Ainsi la recherche de l'acquisition d'un armement nucléaire peut constituer une diversion autour de laquelle le sentiment nationaliste peut être exalté et manipulé à l'occasion de confrontations à répétition avec la communauté internationale. La Corée du Nord est un exemple de ce type. Il s'agit d'un régime autoritaire, qui n'est pas en mesure d'assurer à ses habitants des conditions de vie normales et qui maintient son emprise sur sa population par une surenchère permanente dans ses relations avec ses voisins. Le régime de Pyongyang se sert du développement de missiles balistiques et de matières fissiles nucléaires comme d'un aiguillon à la conscience nationale, une arme de chantage permanent vis-à-vis de l'extérieur. D'autres pays pourraient être cités comme proches de ce modèle, qui est potentiellement très déstabilisateur pour la communauté internationale car il se nourrit de périodes de crise. Il comporte le risque de déclenchement d'un conflit par accident à l'occasion d'une confrontation suscitée par des gouvernants soucieux de préserver leur pérennité. L'échec de la gouvernance interne de ces sociétés devient un ferment d'instabilité dans la société internationale.

L'invasion de l'Irak par une coalition dirigée par les États-Unis en 2003 est un exemple de conflit provoqué en partie par la volonté d'un gouvernement de se doter d'armes de destruction massive pour assurer sa pérennité. Certains États disposent de moyens de pression efficaces pour faire valoir leurs intérêts. À tout moment, ils peuvent bloquer une voie de communication majeure, par exemple le golfe Persique, donc rendre le pétrole rare et cher, ce qui aurait des effets graves sur l'économie planétaire.

Les crises politiques régionales

Certains pensent que le conflit dit du Moyen-Orient, entre Israël et ses voisins, est un conflit fondamental qui est la condition de la solution des autres conflits qui existent dans la région. Ils laissent entendre que si ce conflit était réglé, d'autres pourraient l'être. Il s'agit effectivement d'un conflit spécifique qui a acquis, au fil des années, une valeur émotive et symbolique unique et qui a un retentissement très large dans l'opinion mondiale. Son impact se fait sentir à travers tout le monde musulman et il nourrit un vrai ressentiment dans la jeunesse de tous les pays du Moyen-Orient. Il est également vrai que la région du Moyen-Orient connaît beaucoup d'autres difficultés, que le processus de modernisation de sociétés en croissance démographique très forte est particulièrement difficile à maîtriser, que la pauvreté et les blocages sociaux et politiques sont réels. L'argent du pétrole a été bien souvent gaspillé. Tous ces facteurs contribuent à faire du Moyen-Orient et de la région du Golfe une zone de grands risques pour une période prolongée.

À Washington, on n'a plus l'ambition de tout gérer sur un mode unilatéral. Pour traiter chacun des conflits, la nouvelle administration du président Obama cherche des alliances, des coalitions afin de donner plus de poids à la voie diplomatique ou aux pressions exercées. Cela peut d'ailleurs amener quelquefois à des choix difficiles : pour traiter des problèmes posés par l'Iran, les Européens et les Américains ont besoin du soutien de la Russie. Ils rencontrent cependant des difficultés avec celle-ci sur d'autres dossiers comme la Géorgie, la Moldavie ou le déploiement de défenses antimissiles en Europe centrale.

Les contours du paysage européen ont beaucoup évolué au cours des deux dernières décennies. L'Europe a été transformée par l'assimilation progressive d'une partie de l'Europe centrale et de l'Europe orientale dans le cadre de l'OTAN et dans le cadre de l'Union européenne. Cette assimilation est accomplie dans les institutions, elle reste inachevée dans les sociétés car celles-ci ne se transforment pas en quelques années. Elle constitue un moteur de transformations puissant et un exemple attractif pour d'autres régions. Si les Balkans font actuellement un énorme effort pour éviter de retomber dans leurs errements anciens, c'est parce qu'ils ont la perspective d'entrer à terme dans l'Union européenne. L'Ukraine débat au sujet de cette question : a-t-elle comme perspective de se rapprocher de cet ensemble ou, sans cette perspective, fera-t-elle mieux de s'accommoder une vocation propre au côté de la Russie ?

L'Asie centrale, le Caucase sont un enjeu stratégique, les grandes puissances s'y affrontent pour contrôler l'espace, les voies de communication et les ressources. Ce sont aussi des espaces aux limites desquelles transitent de grands courants de trafics en tous genres : la drogue, les victimes du trafic des êtres humains, les porteurs de messages radicaux. C'est dans ces régions que se fait sentir la poussée entre des mouvements radicaux se réclamant de l'islam, les talibans par exemple, qui reprennent de l'autorité en Afghanistan. Ils s'opposent aux forces liées à la modernité, nouvelles élites soutenues par les États-Unis, l'Union européenne et la Russie. Les enjeux de ces rivalités sont multiples. Quel sera le visage de ces pays à l'avenir, compte tenu des aspirations légitimes de leurs populations et de la difficulté pour les gouvernants à sortir de l'héritage soviétique ?

Cette région est-elle un allié, un partenaire ou une frontière à défendre ? Elle compte en son sein des acteurs qui jouent de plus en plus leur jeu propre. Des pays comme le Kazakhstan ou l'Azerbaïdjan ont des ressources suffisantes, un appareil étatique solide, des leaders charismatiques ; ils mènent leur propre politique. Cette politique est bien souvent une politique d'équilibre où il s'agit de jouer alternativement de la Russie, de la Chine, de l'Union européenne, des États-Unis, de façon à éviter toute situation de dépendance à l'égard de l'un ou l'autre de ces acteurs.

Les grandes puissances, pour leur part, essaient d'avoir accès à des marchés, à des ressources naturelles en particulier le gaz naturel et à des positions stratégiques. Les bases militaires en Asie centrale servent à contrôler la situation en Afghanistan et constituent un élément clé du dispositif de guerre dans ce pays. La Géorgie n'est plus entre les mains de l'ancien parti communiste et a connu sa révolution démocratique inachevée. Elle est devenue un enjeu de première grandeur où la Russie et l'Union européenne sont désormais en contact direct.

Transformations sociales et conflits

La pauvreté et la violence sont deux dimensions indissociables du monde contemporain. Comme cela a souvent été le cas dans l'Histoire, certains individus qui parviennent à sortir de la pauvreté et à prendre place dans les catégories privilégiées gardent en eux une forte impression de cet écart qui persiste. Toutes les personnes impliquées dans les attentats du 11 Septembre étaient des gens capables de vivre et d'être actifs dans le monde moderne, de piloter des avions, de faire des études avancées. Ils semblent cependant avoir été animés par un ressentiment très profond qui les a amenés à commettre des crimes de masse. Une petite part des nouvelles élites remet ainsi en cause le statu quo.

Ces tensions se font aussi sentir au sein des pays en voie de modernisation eux-mêmes. Un exemple mérite d'être rappelé : le 12 mai 2005, dans une ville de la vallée de Ferghana, au cœur de l'Asie centrale, un petit groupe d'individus armés, dans des conditions encore mal éclaircies, prend le pouvoir par les armes. Au bout d'une journée d'incertitude, les autorités reprennent le contrôle de la ville en faisant usage de la force. Les victimes ont été nombreuses de part et d'autre. Il y a là un exemple de choc frontal entre deux groupes opposés, d'un côté, un groupe ayant de très fortes connotations religieuses et des liens supposés avec des mouvements radicaux, de l'autre, une force traditionnelle, un « État fort », sur le modèle soviétique. Nombreux sont les affrontements de ce type qui se produisent en Afghanistan et au Pakistan ou qui sont susceptibles de se produire. Dans le cadre géographique extrêmement complexe de l'Asie occidentale des groupes radicaux à forte connotation religieuse tentent de prendre le pouvoir et de reprendre un État existant, comme l'avaient fait les talibans en Afghanistan.

Le risque existe que des noyaux d'activistes utilisent des zones territoriales sous leur contrôle pour servir de point d'appui à des réseaux mondiaux, disposant de ramifications aussi bien en Afrique qu'en Europe, voire aux États-Unis. L'enjeu pour les États-Unis et leurs alliés est donc celui de la survie de gouvernements modérés capables de guider leurs populations vers la modernité et de contenir la poussée du radicalisme à consonance religieuse.

Les problèmes de migrations, une dimension nouvelle de la sécurité ?

Les flux migratoires sont le signe des difficultés dans le développement des pays d'origine, du déséquilibre entre l'offre et la demande d'emplois, de l'aspiration de la jeunesse aux avantages de la vie dans les pays les plus avancés. Ils sont aussi le signe de la difficulté qu'ont les pays d'accueil à définir leurs objectifs et leurs politiques d'accueil, d'intégration tant sur le marché du travail que dans les sociétés. Le besoin de main-d'œuvre devrait aller croissant dans les sociétés d'Europe et de certains pays d'Asie du fait de leur vieillissement mais la disponibilité de ces sociétés à accueillir des migrants et à leur fournir un cadre de vie adapté est problématique. La mobilité géographique, la mobilité des informations et la disponibilité des programmes télévisuels en tout lieu font qu'il existe maintenant, entre les pays d'origine et les pays d'accueil, des liens d'une incomparable intensité qui rendent plus difficile un processus d'assimilation qui n'est plus toujours recherché.

flashcode

Le solde migratoire dans le monde en 2008

web

Les pays d'Europe restent attractifs, en dépit du ralentissement de leur taux de croissance. Ils attirent à eux des flux en provenance d'horizons multiples, pourtour méditerranéen, Afrique sahélienne mais aussi Chine, Asie méridionale et Asie centrale. Les montagnes du Kirghizistan, du Tadjikistan ressemblent à celles de la Kabylie, s'agissant de la démographie. Leurs villages sont surtout peuplés de femmes et d'enfants ! Les hommes sont ailleurs, au Kazakhstan, en Russie, bien souvent plus loin, et envoient à leurs familles le fruit de leur travail. Ce phénomène n'est pas limité à l'Europe, il est commun à tous les grands pays ! La pression migratoire aux frontières des États-Unis, la remontée des immigrants en provenance d'Amérique centrale, d'Amérique du Sud, y a provoqué un débat sans précédent sur les conditions de protection et de régularisation de près de douze millions d'immigrants estimés présents sur le territoire et dépourvus de statut. Un grand pays, le Canada, pratique une politique d'immigration et d'intégration ambitieuse et systématique. Il n'en connaît pas moins les mêmes difficultés que ses partenaires du fait de l'apparition de petits groupes violents parmi les immigrants souvent présents de longue date.

Les phénomènes migratoires recèlent donc un potentiel très positif et également des difficultés comme en témoignent les risques que prennent des individus très nombreux pour arriver dans les pays d'accueil par tous les moyens. Les citoyens des pays d'accueil sont attachés à leur identité et peinent à s'adapter à un afflux soutenu et varié de migrants. Il existe une interaction permanente entre les groupes sociaux établis et ceux qui sont arrivés plus récemment, qui sont souvent issus de traditions culturelles différentes. Ces relations ont vocation à être harmonieuses, mais elles peuvent susciter des tensions et refléter des conflits qui viennent de l'extérieur des frontières. Le modèle français qui est fondé sur des valeurs laïques claires et une solide tradition républicaine est respecté. Il constitue une référence comme démarche d'intégration autour de valeurs et d'institutions communes de groupes provenant d'horizons très différents.

Les institutions de l'Europe, modèle de sécurité pour le monde ?

Les Européens sont bien placés, en raison de leur histoire, pour savoir que, lorsque les politiques ne trouvent pas de solution à une crise, le recours à la guerre apparaît, quelquefois, comme la seule issue. N'est-ce pas la situation qui s'est produite, il y a un siècle, au début de la Grande Guerre... Des gouvernements démocratiques existaient dans les deux coalitions et se sont trouvés emportés par un enchaînement de circonstances incontrôlables vers la guerre qui a été rejointe avec enthousiasme par les opinions publiques. Les conséquences de cette fuite en avant ont été graves. Après la Deuxième Guerre mondiale, les Européens se sont dotés d'institutions de sécurité collective comme l'OTAN puis d'institutions consacrées à la réconciliation et à la coopération économique, le Conseil de l'Europe, la Communauté européenne. Après la guerre froide, ces institutions ont connu des transformations et d'autres sont venues s'y ajouter comme l'Organisation pour la sécurité et la coopération en Europe (OSCE). Un tel ensemble d'institutions n'a pas de parallèle dans d'autres régions du monde qui en auraient besoin comme l'Asie du Nord-Est ou le Bassin méditerranéen. En Asie du Nord-Est, par exemple, il n'y a aucun endroit où régulièrement Chinois, Coréens du Nord, Coréens du Sud et Japonais peuvent se retrouver pour avoir un dialogue structuré sur leurs problèmes de sécurité partagés.

L'OSCE, Organisation pour la sécurité et la coopération en Europe, est d'abord un forum. À plus petite échelle que les Nations unies, elle compte cinquante-six États participants sur un pied d'égalité. Ils prennent leurs décisions par consensus et leurs cinquante-six représentants se réunissent au moins deux fois par semaine pour faire le point sur les questions de sécurité conçues au sens large (sécurité militaire et politique, sécurité environnementale et économique, sécurité humaine, comprenant les droits de l'homme, la démocratie et l'État de droit). Ces États participants ont adopté ensemble un certain nombre d'engagements et de traités dans tous ces domaines et ils se sont engagés à les mettre en œuvre en s'aidant mutuellement. Cette démarche se retrouve dans les autres institutions multilatérales européennes, elles aussi fondées sur un ensemble de valeurs très proches (OTAN, Union européenne, Conseil de l'Europe).

Des équipes de l'OSCE sont présentes dans dix-huit États participants afin de les aider à progresser dans la mise en œuvre des engagements partagés en matière économique, institutionnelle, sociale, policière et aussi en matière de transition démocratique et de droits de l'homme. Depuis l'acte final d'Helsinki, l'OSCE assure également un dialogue direct avec les forces vives de la société civile (entreprises, universités, médias, partis politiques...). L'aspiration à la démocratie est manifeste dans tous les États participants. Sa mise en œuvre est cependant un travail exigeant, qui demande du temps et un contexte propice.

Pour l'OSCE, la méthode la plus indiquée consiste à créer les conditions qui permettent de réduire les facteurs de tension et d'agir dans la durée. Il convient de favoriser une bonne gouvernance conforme aux valeurs de l'acte final d'Helsinki, la solidité des structures étatiques garantissant la construction d'une démocratie concrète. À chaque consultation électorale, le Bureau des institutions démocratiques et des droits de l'homme fait le point en profondeur sur le respect des engagements pris et indique les efforts prioritaires à consentir. Aucune démocratie n'est jamais achevée ni garantie ; toutes ont besoin d'un effort continu d'approfondissement et de consolidation pour répondre aux circonstances nouvelles qui ne cessent d'apparaître dans les sociétés contemporaines.

Les cinquante-six États qui coopèrent au sein de l'OSCE bâtissent la sécurité dans les trois dimensions : en se coordonnant avec les autres institutions internationales et avec chacun des États, en agissant sur les tensions qui se manifestent entre États et sur celles qui existent au sein de chacune des sociétés.

Les questions liées à la tolérance et à la non-discrimination participent aux deux espaces de coopération. Les différentes composantes de l'organisation s'efforcent de combiner le respect des croyances et des cultes avec le respect de la liberté d'expression. L'expérience de l'OSCE, au quotidien, conjuguée avec celle de nombreuses ONG, souligne l'importance d'un travail de fond, de connaissance réciproque, de respect mutuel, à travers l'éducation de la jeunesse. Les médias ont aussi leur rôle à jouer pour présenter, expliquer, faire comprendre le point de vue de chacun et créer un climat de retenue et de modération. La crise des caricatures parues dans un journal danois a rappelé l'aspiration au respect des symboles religieux au sein des communautés musulmanes et des pays de la rive sud et est de la Méditerranée. Que l'on s'adresse à des Égyptiens ou à des Algériens, la sensibilité est la même : les symboles doivent être estimés, respectés et toute manifestation qui pourrait être perçue comme une agression culturelle doit être bannie. Ces aspirations sont souvent mal comprises par ceux qui considèrent la liberté d'expression comme une liberté fondamentale et intangible. Un dialogue de fond est nécessaire, pour éviter tout nouvel événement qui risquerait non seulement de heurter profondément beaucoup de sensibilités, mais d'être instrumentalisé par des groupes radicaux qui attisent la sensibilité religieuse pour parvenir à des fins qui leur sont propres.

L'OSCE est ainsi un précurseur du rapprochement plus poussé qui est possible au sein des autres institutions européennes, au premier chef l'Union européenne qui va bien plus loin dans le partage des souverainetés. La réussite de l'UE représente une formidable source d'espoir, un phare vers lequel se tournent beaucoup de ses voisins, et dont ils attendent énormément. L'Union européenne peut leur offrir la générosité, dans l'aide et dans l'ouverture des frontières sur le plan du commerce, mais elle leur doit aussi la clarté : que les règles de l'élargissement, de l'immigration, du traitement des personnes, du respect des valeurs, de l'encouragement aux régimes démocratiques autour d'elle soient claires et prévisibles pour tous. Les règles peuvent être parfois sévères, elles gagneront à être incontestables car fondées sur des principes compris par tous.

La démocratie mondiale à venir

Jacques Attali

Aujourd'hui, le marché est, par sa nature, extraordinairement conquérant. Il devient global, tant géographiquement qu'en touchant des secteurs qui, jusqu'à présent, dépendaient de l'État : la justice, la police, la santé, l'éducation, parfois même la sexualité, ou la citoyenneté, deviennent des marchandises. Pour avancer efficacement, la libéralisation des marchés ne doit pas aller plus vite que la mise en place des institutions démocratiques. Soit – et ce serait le pire – en ralentissant l'expansion du marché, soit – ce qui serait le mieux – en mettant en place les instruments mondiaux de la démocratie.

Si nous ne mettons pas rapidement en place une sorte de gouvernance mondiale, la contradiction entre marché et démocratie entraînera une plus grande place du marché, y compris du marché a-légal, illégal et criminel, face à une démocratie trop faible pour résister. Le monde deviendra une gigantesque Somalie, dont le gouvernement est en exil au Kenya (et l'on ne peut pas imaginer un gouvernement du monde en exil sur la planète Mars).

La fin de la guerre froide a été une très bonne nouvelle, puisque cela a entraîné le dégel et la généralisation de la démocratie à l'Est, mais aussi une mauvaise nouvelle, au sens où le monde a perdu sa gouvernance fondée sur l'accord des deux superpuissances. L'Organisation des Nations unies, qui n'a jamais pu fonctionner au temps de la guerre froide, aurait pu prendre le relais des deux superpuissances et fonctionner comme une institution planétaire : tous les moyens, en particulier militaires et de police internationale, auraient pu être utilisés à l'ONU. Mais cela ne s'est pas produit : l'ONU reste une institution extraordinairement fragile, tenue en tutelle par ses principaux pays membres et en particulier tenue en lisière par les États-Unis. Les institutions financières internationales créées à Bretton Woods (la Banque mondiale, le Fonds monétaire) et toutes les institutions similaires ne sont pas sous le contrôle de l'ONU et sont plus directement encore sous le contrôle des États-Unis.

La crise financière internationale comme la récente pandémie poussent à une prise de conscience de la nécessité d'une gouvernance mondiale. L'expression « communauté internationale » est d'ailleurs très intéressante. Quand les gens demandent : « Que fait la communauté internationale ? », ils veulent dire en réalité : « Que fait le gouvernement mondial ? », qui naturellement n'existe pas. Il y en a cependant des amorces. Au sein des Nations unies, le Conseil de sécurité joue un rôle crédible et fort ; l'Organisation mondiale du commerce (OMC) est la seule organisation supranationale, dans une partie de ses compétences, puisque c'est là que se construit, via des tribunaux supranationaux, le droit du commerce international. Le Tribunal pénal international, début d'une justice internationale, est un outil de dissuasion à l'égard des dictateurs.

Le G7, devenu G8 depuis 2006, date à laquelle la Russie a eu le droit d'être le pays hôte du sommet, fut un premier embryon de gouvernement mondial. D'autres pays, non seulement frappent à la porte, mais viennent déjà assister à une partie de ce sommet. Et le G20, depuis sa réunion à Londres en avril 2009, pourrait remplacer le G8.

Par ailleurs, les accords de Kyoto, malgré leur insuffisance, constituent un véritable accord international sur l'environnement. De même, la taxation sur les billets d'avion (qui permet, on l'a vu, de lever une certaine somme affectée à l'achat de médicaments pour les pays du Sud) constitue un premier embryon d'impôt mondial. Le renforcement du rôle de l'Organisation mondiale de la santé (OMS) lors des grandes pandémies récentes et à venir va dans le même sens.

D'autres acteurs de la gouvernance mondiale, les ONG, vont jouer un rôle. Elles sont déjà de véritables instances transfrontières. Des fondations privées commencent aussi à jouer un rôle significatif, comme la fondation Gates. Cette fondation est aujourd'hui dotée de plus de moyens que les Nations unies et l'OMS réunies. J'encourage tous ceux qui s'intéressent à ces questions à lire l'extraordinaire lettre que Warren Buffet a écrite à Bill Gates pour lui confier la gestion de ses fonds, la lettre d'un véritable citoyen du monde qui considère que sa responsabilité, après avoir amassé des richesses, est de les mettre au service de l'humanité. C'est l'exemple même d'un début d'embryon de gouvernement mondial autoproclamé – les esprits chagrins diraient « une ploutocratie » –, avec la volonté d'être vraiment utile.

flashcode

Lettre de Warren Buffet
à Bill et Melinda Gates

web

Toute l'histoire du monde nous apprend que les institutions internationales naissent dans un après-guerre : c'est après la guerre de Crimée qu'est née la Croix-Rouge ; c'est après la Première Guerre mondiale qu'est née la Société des Nations ; c'est après la Deuxième Guerre mondiale qu'est né le système du traité de San Francisco (les Nations unies), puis le système de Bretton Woods. La seule organisation internationale née après la guerre froide est la BERD (la Banque européenne de reconstruction et de développement), créée après la chute du mur de Berlin.

Souvent, les hommes, dans leur vie privée comme dans leur vie publique, prennent conscience des enjeux par la peur. La peur liée au climat, aux famines, à la violence... C'est pourquoi l'unité des territoires, jusqu'à présent, ne s'est faite que par des unificateurs militaires. L'Europe a connu Jules César, Attila, Charles Quint, Napoléon, Hitler. Elle tente désormais, avec une série d'avancées et d'échecs, de se construire sans unificateur militaire.

Il faudrait aujourd'hui faire l'économie d'une guerre et qu'une prise de conscience planétaire de la nécessité d'agir ensemble permette de mettre en place un gouvernement mondial en toute sérénité. Cette prise de conscience ne doit pas se traduire par un recroquevillement, mais par la volonté d'assumer la globalité. Et c'est certainement là où les soi-disant élites, en tout cas les classes politiques, auront un rôle déterminant à jouer.

Ce que Teilhard de Chardin a appelé la « noosphère », l'esprit commun à tous les hommes, transcende l'esprit de chacun vers une globalisation. La conscience de cette noosphère est aujourd'hui en train de naître.

Il y a là aussi l'amorce d'une prise de conscience de ce qu'un gouvernement mondial est urgent et nécessaire. Légitimement, le Conseil de sécurité des Nations unies devrait constituer l'embryon de ce gouvernement mondial. Pour aller plus loin, il faudrait fusionner le G8 et le G20 avec le Conseil de sécurité et faire en sorte que les institutions financières internationales qui dépendent implicitement du G8, dépendent explicitement du Conseil de sécurité, qui lui-même répondrait devant l'Assemblée générale des Nations unies. Les fondations privées, les entreprises, les acteurs sociaux et les ONG seraient représentés dans une seconde chambre de l'Assemblée des Nations unies.

À terme, il faudra reproduire à l'échelle mondiale les institutions européennes, qui ont démontré que le libre échange ne peut fonctionner sans État de droit et sans monnaie unique. L'un et l'autre sont aujourd'hui nécessaires à l'échelle du monde.

flashcode

Réagissez à ce chapitre !

web

Peut-on imaginer un monde sans violence ?

Max Gallo et René Girard

Les causes de la violence

René Girard. – J'ai toujours pensé que c'est l'identité et non pas la différence qui cause la violence. Aujourd'hui, moins nous avons de différences entre les races, plus nous avons de racisme. Et c'est un mouvement général de l'Histoire, le mouvement de la démocratie, du monde occidental dans son ensemble, de penser que l'élimination des différences est ce qui va nous mener à la paix, à l'harmonie entre les peuples, entre les classes, entre les sexes. Et, bien sûr, c'est le contraire de ce que pensaient les sociétés archaïques ! Dans un système de castes, on rêve d'appartenir à une caste qui n'est pas la sienne, une caste au-dessus de soi, mais on ne peut agir, désirer, rivaliser, se concurrencer, qu'à l'intérieur de sa propre caste. Par conséquent, le désir est en quelque sorte diminué, contré ou déréalisé par le fait qu'on rêve ailleurs que chez soi. L'Inde, aujourd'hui, est le pays du cinéma par excellence, et non les États-Unis, parce que l'Inde reste le pays d'un rêve de ce type, d'un rêve d'extériorité, où il n'y a pas de violence parce qu'il n'y a pas de contact. Avec personne. C'est toujours une espèce de super don quichottisme, qui heureusement est en train de disparaître partout, mais très lentement.

Max Gallo. – Il y a une liaison aujourd'hui évidente, explosive, entre les phénomènes de racisme, de violence et l'écho médiatique qui en est fait. La médiatisation, que je trouve légitime, montre que d'une certaine manière nous n'acceptons pas, que nous regardons comme exceptionnels et scandaleux les faits de violence, mais en même temps, si nous nous plaçons dans la longue durée, cette médiatisation des faits de violence prouverait que nous arrivons à une situation où la violence nous devient à tous intolérable. Je pense à une ordonnance prise sous Louis XIV, en 1681, qui commande que tout bohémien, tout Égyptien (on appelle « Égyptiens » les bohémiens, les tziganes) soit, dès qu'il est repéré, mis aux fers, traité comme un forçat, envoyé aux galères ; les femmes et les filles sont rasées ; quant aux enfants, on les envoie dans les hôpitaux – des bagnes pour enfants – jusqu'à ce qu'ils aient l'âge d'être relégués dans les galères. Voilà une mesure à la fois raciste, de violence sociale, qui est une déclaration royale, parfaitement admise. C'est à peu près à la même époque que sera promulgué le *Code noir* sur l'esclavage.

Dans cette perspective de longue durée, on en arrive à se demander s'il y a aujourd'hui plus ou moins de violence qu'hier, même si la médiatisation nous donne l'impression d'une diffusion, d'une généralisation de la violence dans nos sociétés. Si nous prenons la première moitié du XXe siècle, entre 1914 et 1944, quoi de plus violent que la Shoah et que cette guerre de trente ans, de plus massacreur que ces guerres mondiales qui ont provoqué des dizaines de millions de morts ? Depuis les années 1950, malgré l'Indochine, la guerre du Vietnam, la guerre d'Irak, le génocide au Rwanda, on peut se demander s'il n'y a pas eu une transformation de la violence, mais en même temps un apaisement ? La nécessité de regarder le phénomène violence sur la longue durée me paraît impérieuse.

René Girard. – Notre monde est en effet moins violent qu'il ne le fut jamais, si on regarde les questions de police. Mais en même temps, le paradoxe de la violence est que plus on est contre, plus on pense finalement qu'il faut de la violence pour arrêter la violence. Dans la violence, on est toujours dans un moment paradoxal. L'indignation que cause la violence ne fait qu'une avec la violence. C'est le paradoxe du sacrifice qui est toujours un effort violent pour arrêter la violence, ou pour la détourner vers autre chose. Il faut bien constater que, dans l'Histoire, nous vivons une escalade absolument prodigieuse. J'ai utilisé la littérature pour le montrer, mais il faudrait recourir à un auteur comme Carl von Clausewitz qui disait : « La guerre, c'est un caméléon, c'est l'imitation, c'est la montée aux extrêmes, et la puissance grandissante de la technologie fait partie de cette montée aux extrêmes. » Nous sommes donc dans une espèce de guerre continue, qui dure certainement depuis la période de Clausewitz et de Napoléon, et s'aggrave constamment. Il y a quand même, aujourd'hui, quelque chose d'indéfinissable : nous sommes angoissés parce que nous savons que nous arrivons à la limite, à des risques qui menacent la vie sur la planète ; le côté apocalyptique de notre ère est en train, à mon avis, de devenir toujours plus manifeste. Jusqu'à nos jours, le problème de l'ethnologie est qu'elle n'osait pas parler de la violence. Pourquoi n'a-t-on jamais parlé de l'essentiel dans l'anthropologie moderne qui est pourtant très puissante dans son observation ? C'est qu'il n'est pas question de reconnaître qu'elle a quelque chose à voir, depuis toujours, avec la violence, qu'elle est une déviation sacrificielle vers des victimes de seconde zone.

Max Gallo. – Ce qui me frappe comme historien, ayant parcouru les différentes périodes de l'Histoire, c'est que – même si c'est une formule violente – l'homme mange de l'homme. Moloch, c'est toujours vrai ! C'est une violence suprême, puisqu'on mange de l'homme en permanence ! Il n'y a pas d'époque de l'Histoire où l'homme n'ait pas été la matière première de l'homme, qu'il consomme, qu'il détruit : cannibalisme fondateur, Moloch, la mythologie, Chronos et autres…

Il faut aussi faire des différences suivant les sociétés. On ne peut pas ne pas mettre en relation la violence et le rapport que nous entretenons avec la durée de la vie et la mort. Quand, au XVIIe siècle, une femme avait seulement deux enfants survivants sur dix ou douze naissances – ce fut le cas dans la famille de Louis XIV, pour prendre un cas emblématique –, le rapport à cette violence suprême qu'est la mort est évidemment très différent de ce que nous vivons aujourd'hui. Je dirais qu'actuellement le rapport à la mort est symbolisé par cette phrase désormais célèbre : « Nous voulons une guerre avec zéro mort. » Et réciproquement, décalage chronologique des sociétés, nous avons des kamikazes pour lesquels la mort n'a pas la même perspective… Je crois que notre sensibilité à la violence vient de ce que vous disiez, à savoir que nous avons tous conscience, soixante ans après Hiroshima, de la potentialité humaine d'une destruction totale, et en même temps d'un attachement de plus en plus grand à la vie, puisque notre longévité s'accroît. La mort devient un scandale, elle est dissimulée, ce qui nous rend extrêmement perméables à l'angoisse de la destruction et de la mort. On voit que ce problème de la violence est finalement tout à fait central, parce qu'il renvoie à cette destruction de l'homme par l'homme, à la longévité, à l'attitude à l'égard de la mort. Et à la technologie, puisque nous avons la possibilité de nous suicider.

Le bouc émissaire

René Girard. – C'est vrai, mais je pense que le problème est essentiellement religieux. Il y a des religions du bouc émissaire, de la crise résolue par une victime unique, laquelle est alors perçue comme responsable de tout. Lorsqu'elle meurt, cette victime unique devient, évidemment, celle qui absorbe toute la violence et chacun trouve en elle son ennemi. Donc, elle devient le sauveur, aussi bien que le destructeur. Nous sommes privés de cela par le judaïque et le chrétien. Si vous regardez les histoires bibliques, à la différence des mythes, il n'y a pas de gens comme Œdipe, toujours coupables de parricides, d'incestes ou d'autres crimes de ce type. La Bible montre que seuls les païens croient ces imbécillités ; nous, nous savons que ce genre de victime est innocent : Joseph est déjà innocent, Job est un innocent. Il est un tyran paisible d'un village archaïque qui, un beau matin, après avoir été adulé par tous, découvre en se réveillant que tout le monde veut le tuer, faisant de lui le bouc émissaire. Alors qu'un mythe qui se terminerait sur cette note cacherait l'innocence de la victime, serait totalement du côté des amis, le biblique met en question tout cela et laisse parler Job, lequel se défend énergiquement. D'une certaine façon, les gens ont raison d'incriminer le judéo-chrétien et ils ont complètement tort, parce que le judéo-chrétien leur dit : « Mes amis, les plaisanteries de bouc émissaire, c'est fini, la violence, maintenant, triomphez-en dans la lumière de la vérité ! Si vous n'en triomphez pas, vous êtes perdus, vous vous détruisez vous-mêmes. »

Je crois, donc, qu'il y a déjà un « retour du religieux » dans le livre de Job beaucoup plus profond que celui dont on est parti, qui est littéralement le retour du judéo-chrétien, et qui paraît très scandaleux évidemment. Si nous avions aujourd'hui une paix fondée sur le bouc émissaire, nous en aurions tous honte. Nous saurions qu'il s'agit d'une paix mensongère et, d'une certaine façon, criminelle. Nous, société occidentale, ne voulons plus de boucs émissaires. Nous sommes la seule société qui comprend « bouc émissaire » comme « victime innocente d'un groupe ». En japonais, il n'y a pas de mot pour « bouc émissaire », pourtant, au Japon, les gens utilisent ce terme, qu'ils empruntent à l'anglais. J'ai un ami ethnologue japonais qui reconnaît que les boucs émissaires sont partout dans la religion japonaise mais en tant que non perçus, en tant qu'implicites, en tant que coupables. La perte de cette illusion est ce qui nous prive de débouchés pour notre violence, donc elle nous met face à nos responsabilités, donc elle nous porte à la violence. Lorsque nous ne pouvons pas avoir de bouc émissaire, nous avons tendance à multiplier les violences, sans jamais réussir à obtenir la bonne violence qui nous refabriquerait une religion archaïque. Je pense que nous sommes toujours dans le judaïque et le chrétien, dans la mesure où justement nous ne pouvons déplacer notre violence, ni nous débarrasser d'elle sur autrui.

Dans l'histoire de Romulus et Rémus, on nous dit que Romulus, le meurtrier, est le roi et qu'il a raison. On nous dit que Rémus est coupable. Dans Caïn et Abel, on nous dit que c'est le meurtrier qui a tort : « Qu'as-tu fait de ton frère ? » Aucune religion n'a jamais dit la vérité : « Qu'as-tu fait de ton frère ? » La Bible est la première à dire cela.

Max Gallo. – Au XXe siècle, qu'on a souvent qualifié de « siècle des religions sécularisées », il y a pourtant eu des boucs émissaires collectifs, que ce soit le capitalisme, l'impérialisme, les Juifs, aujourd'hui les États-Unis, etc. Il y a eu une collectivisation du bouc émissaire…

René Girard. – Mais le fait même que nous en parlions montre qu'ils ne sont pas très sérieux ! Ils n'ont jamais réussi à établir un équilibre véritable. Évidemment, le nazisme se faisait fort de fonder une société sur le bouc émissaire, avec visiblement un désir d'archaïsme, mais il a échoué et cela a fait des millions et des millions de victimes, sans aucun résultat.

Max Gallo. – Ce qui est intéressant à observer dans la destruction, et je crois que c'est le grand tournant des religions sécularisées, comme le communisme ou le nazisme, c'est qu'on assiste à un retour du religieux, aussi bien vers l'islam que vers les religions chrétiennes. Et l'on voit reparaître la notion du bien et du mal, et donc ressurgir de façon tâtonnante et inquiétante l'idée d'entité géographique ou ethnopolitique qui serait « les pays du mal », puisque l'expression a été employée, avec tout ce que cela recèle comme violence, en tout cas comme violence potentielle.

René Girard. – Justement, ça ne fonctionne pas. Et ce christianisme du fondamentalisme s'est trompé sur la doctrine du Christ. Il s'imagine que l'apocalypse est la violence qui vient de Dieu, donc il déclare par là même son archaïsme. Il est bien clair que les Évangiles et le judaïsme rendent l'homme responsable de la violence ! Le fondamentalisme est un interprétation fausse, archaïque du christianisme.

La violence, au début d'un nouveau paroxysme ?

Max Gallo. – Parfois, je me demande si la guerre froide n'aura pas été une période où la violence aura été le mieux maîtrisée, rationnellement. Il y avait, alors, cet équilibre de la terreur qui faisait que, finalement, la gestion rationnelle, échiquéenne, des relations internationales s'imposait. Aujourd'hui, nous sommes dans un monde qui se décompose, une phase de transition encore, où effectivement la violence reprend ses aspects irrationnels – je suis croyant, donc je dis cela de façon distanciée –, où il y a à nouveau le bien et le mal, et où il y a des déséquilibres. Autrement dit, et c'est pour ça que je crains beaucoup la période dans laquelle nous sommes, qui n'est peut-être qu'au début d'un moment paroxystique, la globalisation et ses déséquilibres va peut-être produire non pas des conflits généralisés mais une balkanisation généralisée. Dans les heures qui ont suivi le 11 septembre 2001, j'ai pensé que nous entrions dans une phase « israélienne », c'est-à-dire une phase dans laquelle nous continuerions à vivre dans nos sociétés complexes et confortables mais, en même temps, avec la permanence du risque de l'attentat et donc de la réponse à l'attentat.

René Girard. – À mon avis, le seul religieux vrai, c'est le refus du bouc émissaire. C'est comprendre que l'essence du monde et de l'esprit qui nous mène, de l'épreuve que nous sommes en train de subir, est précisément destinée à nous débarrasser de ces paravents violents qui ont toujours servi aux hommes à se dissimuler leur violence. On voit bien aujourd'hui, en Amérique et en Europe, qu'il y a cette tendance, de chaque côté, à faire de l'autre un bouc émissaire. Elle semble inextirpable. Elle me paraît aussi présente en Europe vis-à-vis de l'Amérique, qu'en Amérique vis-à-vis de l'Europe. Mais en même temps, il y a de plus en plus de résistance. Par conséquent, nous ne pouvons plus retourner au système du bouc émissaire, il ne fonctionnera plus jamais. Pourtant, nous essaierons toujours. Parce que nous ne voudrons pas nous mettre en face de nos responsabilités. D'une certaine manière, les Américains ont raison lorsqu'ils disent que l'Europe éprouve une espèce de jalousie, d'envie, mais à nos yeux l'Amérique est tout à fait comparable. Il y a une espèce de jalousie de l'Europe qui est très frappante. C'est un phénomène que je constate des deux côtés et qui est en phase d'augmentation. C'est très inquiétant. C'est le phénomène franco-allemand qui se répète à ce niveau. Il ne faut pas se faire d'illusions là-dessus. Espérons qu'il sera désamorcé par le président Obama.

Max Gallo. – Après avoir circulé dans l'empire romain, ce qui m'a frappé c'est que les Romains mouraient sans craintes et tuaient sans remords. La révolution du christianisme, que je considère comme extrêmement positive, comme un tournant radical dans l'histoire de l'humanité, c'est que le Christ est la victime qui est Dieu, et qui nous renvoie à l'idée que l'autre est soi-même et porte une part de Dieu. Je ne suis pas un spécialiste de l'islam, mais pour des raisons de décalage chronologique, quand je lis par exemple saint Bernard, XIIe siècle, je suis inquiet car il y a des propos qui me font penser – même si je le dis avec prudence – à du Ben Laden, notamment quand saint Bernard rédige la charte des templiers et qu'il dit en substance : « Si tu tues le mal, tu commets un malicide et tu es deux fois sauvé, parce que tu as tué le mal et en même temps tu as agi pour Dieu. » C'est un propos qui nous renvoie mot pour mot à ce que nous entendons dans la bouche de certains musulmans intégristes ou fanatiques. Le péril d'aujourd'hui vient du fait de ce décalage chronologique.

flashcode

Saint Bernard, Louange de la nouvelle milice

web

Ce qui, d'une certaine manière, vide la démarche vers un bouc émissaire, c'est que nous avons aujourd'hui peur de mourir. Car, dans le bouc émissaire, il y a aussi l'acceptation de la mort, et aujourd'hui, la mort c'est la crainte : on veut bien tuer sans remords, mais comme on a peur de la mort, on a toujours du remords. Ce décalage chronologique entre différentes aires de civilisations est d'autant plus grave que ceux qui pensent comme au XIIe siècle, peut-être parce qu'ils ont un rapport au texte sacré qui évite la critique (c'est cela la grande différence à mon avis entre l'islam et le judéo-christianisme), ont à leur disposition les technologies du XXIe siècle. Voilà la vérité.

René Girard. – Huntington a prédit que la prochaine violence sera une alliance du confucianisme chinois et de l'islam contre l'Occident chrétien. J'ai l'impression que Confucius, s'il est bien compris, ne peut pas être interprété de cette manière. Mais je n'en sais pas assez pour dire ce qui va se passer du côté de Confucius et de la civilisation chinoise. Il est évident qu'en Chine aujourd'hui, l'affaire de Hong Kong l'a bien montré, il y a un nationalisme, un esprit de revanche à l'égard de l'Occident qui est intense. Évidemment, l'Occident doit faire son mea culpa, parce qu'il a suscité ceci, d'une certaine manière, partout dans le monde musulman. Tous ces gens qui se tuent pour tuer le plus de gens possible, c'est effrayant. Ça n'a aucun rapport avec les kamikazes japonais, qui sont une espèce de petit groupe très aristocratique. Ce qui m'étonne aujourd'hui, c'est que la technologie est impuissante face à eux. Max Gallo le disait, nous, Occidentaux, sommes incapables de faire ceci. Et nous ne comprenons pas psychologiquement qu'on puisse le faire. Le mystère essentiel est là. À quel degré de ressentiment d'horreur ? Toute cette jeunesse misérable est là, qui est une réserve inépuisable d'attentats-suicides. Et cela nous dépasse. Il faut s'incliner devant un fait historique, unique, et le méditer. Et c'est là, à mon avis, un niveau de violence jamais atteint encore dans le monde. Il nous interpelle et nous incite à la non-violence absolue sous peine de nous entre-détruire une fois pour toutes.

L'avenir de la violence

Jacques Attali

Nous sommes mortels ; donc la violence, la violence inévitable de la mort, est en nous. Nous pouvons nous en défendre, la retarder, lui donner du sens, nous en consoler, mais pas y échapper.

La violence sociale, elle, peut être contenue. C'est même la définition d'un ordre social que d'être capable de contenir la violence entre les membres d'une société. Dans les sociétés démocratiques, fondées sur l'apologie de la liberté individuelle, le marché et la démocratie sont en principe en situation d'équilibre, et la violence sociale y est, en théorie, absente. Elle est pourtant toujours bien présente et prend beaucoup de formes, d'une gravité très différente, de la séquestration aux prises d'otages, des attentats politiques à l'attentat-suicide, des tueries dans les lycées aux assassinats de masse sans raison, mais aussi du chômage à l'exploitation sexuelle. Si l'on en croit René Girard, l'identité créant la violence, l'uniformisation des désirs des citoyens, dans les démocraties de marché, est un facteur de violence. La violence gratuite, torture du faible par le faible pourrait prendre beaucoup d'ampleur, comme c'est le cas avec les violences domestiques, où l'homme faible se défoule sur sa compagne.

Pour en rester à la seule violence politique, celle-ci peut revêtir des formes particulières, de l'acte individuel à la révolution de masse et la guerre. Elle s'est récemment aggravée avec la montée de la criminalité liée à l'économie de la drogue et à celle de la piraterie internationale.

À la fin du XIXe siècle, des attentats politiques très violents ont été perpétrés, les attentats des nihilistes. À la différence des attentats d'aujourd'hui, ils touchaient les dirigeants et non les peuples. Vers

1910, les démocraties ont très bien résisté à ce mouvement, contrairement aux régimes dictatoriaux, comme la Russie tsariste.

L'attentat-suicide en est la manifestation extrême. Il est l'œuvre de gens pour qui la valeur suprême n'est ni la liberté, ni même la liberté de vivre, ni la révolution, mais l'au-delà ou la cause pour laquelle ils se tuent. Le kamikaze qui s'attaquait à la marine américaine en 1945 n'était pas à la recherche d'une vie éternelle personnelle, mais de la survie éternelle du Japon.

Aujourd'hui, le terrorisme suicidaire touche essentiellement les moyens de circulation du marché et de la démocratie. D'abord les avions, puis les bâtiments. À Beyrouth d'abord, des camions ont fait sauter des immeubles. À New York ensuite, il s'agissait d'avions contre des tours. Dans les deux cas, quelque chose qui bouge contre quelque chose de sédentaire ; un instrument civil, un avion ou un camion contre d'autres instruments civils, des immeubles. En Espagne, en Grande-Bretagne, en Inde, ils s'attaquent à des moyens de transport ou à des hôtels. En Irak, en Afghanistan et au Pakistan, à des marchés, lieux d'échange et de circulation.

En touchant les moyens de circulation, le terroriste touche au cœur, au fondement de l'exercice de la liberté individuelle : peut-on maintenir la liberté de circulation des hommes, des idées, des marchandises, quand cette circulation même est menacée. Autrement dit, peut-on rester une démocratie de marché quand le transport est lui-même une menace ?

Pourtant les démocraties semblent capables, aujourd'hui, de résister tant bien que mal à cette violence extrême. C'est évidemment le cas de la société américaine, qui n'a pas reculé. C'est aussi le cas de la société anglaise, qui a montré aussi qu'elle était capable de résister. C'est aussi le cas de la société espagnole tout au long de ces années, récemment confrontée à l'attentat-suicide après avoir été, comme la Grande-Bretagne, menacée par un terrorisme nationaliste. C'est aussi le cas de la société israélienne, qui tente de préserver sa démocratie malgré une menace terroriste permanente. C'est enfin le cas de la communauté internationale, qui par exemple se protège de la piraterie dans le golfe de Somalie en y envoyant toutes ses marines.

Toutes les formes classiques de violence existeront dans l'avenir : guerres civiles, violences domestiques, crimes et vols, violences civiles. Et ce même à l'intérieur des sociétés développées, pour en refuser l'injustice. De plus, l'absence d'un État de droit mondial laisse à craindre la montée d'une économie criminelle (pirateries, maîtrise de régions entières par des cartels de drogue) et de guerres entre nations non démocratiques.

On peut aussi s'attendre à ce que surgissent des formes de guerre nouvelles, bricolées, rudimentaires, utilisant des technologies civiles : des explosifs agricoles (comme lors des attentats commis par l'IRA et l'ETA), des produits chimiques ou bactériologiques venus de l'industrie pharmaceutique ou de l'ensemble du processus de contrôle des pathologies. Ou encore des « armes sales », radioactives (explosifs classiques mêlés à des produits radioactifs). Des armes bricolées. Des armes Lego.

L'expérience montre qu'aucune guerre formelle n'a jamais eu lieu entre deux démocraties : les nations démocratiques sont plus pacifiques que les autres, plus raisonnables. Mais on peut penser que les démocraties seront moins aptes que les dictatures à résister à ces menaces et qu'elles deviendront des sociétés policières : la surveillance et le contrôle y sera la règle. La planète tendra peut-être alors vers une sorte d'« israélisation » : il faudra vivre avec l'idée qu'un attentat peut avoir lieu n'importe où et n'importe quand.

Le risque serait que les États-Unis se replient sur eux-mêmes, que l'Europe se barricade face à l'immigration, et que chaque pays, chaque individu, cherche simplement à s'en tirer tout seul. Au fond, la logique de la liberté individuelle qui est la loi du marché, la loi de la démocratie, porte en elle-même une face noire, qui est que la liberté individuelle est l'apologie de l'égoïsme, du chacun pour soi, de la précarité, de la déloyauté. La démocratie et la fraternité seront nos ultimes remparts. Sinon qu'il n'y a pas de fraternité possible avec les terroristes.

Il faut être bien aveugle, aujourd'hui, pour ne pas voir que nous sommes déjà en guerre, une Troisième Guerre mondiale, des pauvres contre les riches et des riches contre les pauvres. Cette guerre se manifeste tous les jours, sous toutes les formes, économiques, culturelles, philosophiques ou militaires.

Soit nous aurons l'extrême ambition d'éviter qu'elle ne se transforme en une longue guerre barbare, soit elle aura lieu. Et il faut espérer alors qu'il y ait un après-guerre, espoir incertain vu les armes dont l'humanité dispose. Si guerre armée il y a, elle sera en effet infiniment plus meurtrière que les guerres du XXe siècle, qui elles-mêmes étaient plus meurtrières que celles du XIXe siècle, qui elles-mêmes étaient plus meurtrières que celles du XVIIIe. Nous en vivons peut-être aujourd'hui les prémices, un peu comme la guerre d'Espagne avait amorcé la Seconde Guerre mondiale.

Paix au Moyen-Orient, paix sur la planète ?

Boutros Boutros-Ghali et Jacques Attali

Le satellite et le minaret

Boutros Boutros-Ghali. – Pour parler du Moyen-Orient et de son avenir, j'aime emprunter la formule d'un de mes collègues aujourd'hui décédé, qui parlait de la « dialectique entre le satellite et le clocher », et l'appliquer au monde arabe pour en faire la « dialectique entre le satellite et le minaret ». Nous nous trouvons devant un conflit extrêmement important, avec, d'une part, la mondialisation, d'autre part, un repli identitaire qui peut prendre une forme ethnique « Tutsis-Hutus », religieuse fondamentaliste (que l'on retrouve dans les grandes religions) ou nationaliste. Reste à savoir lequel de ces deux courants supplantera l'autre. Le Moyen-Orient va, à mon avis, être placé devant la même contradiction. Il y aura d'une part un mouvement extrêmement fort, face aux problèmes de l'environnement, de l'eau, des grandes pandémies, du commerce ou des idées, et d'autre part ce repli identitaire qui prend une forme surtout religieuse au Moyen-Orient, ou parfois ethnique, comme c'est le cas au Darfour.

Jacques Attali. – La situation de l'ensemble du Moyen-Orient s'apparente un peu à ce qu'on disait du Liban il y a quelques années : ce pays ne serait pas le premier à faire la paix avec Israël, mais le deuxième. On a bien vu, par la suite, que le Liban n'a pas fait la paix avec Israël et sera sans doute le dernier à la faire ! On peut reprendre ce discours pour le Moyen-Orient dans son ensemble. Ce ne sera pas la première région du monde à être en paix, mais sans doute la dernière région du monde où la paix viendra. Pourquoi ? C'est un point de rencontre de tous les conflits imaginables : Nord-Sud, ethnique, religieux, pétrolier, sur l'eau, la terre et l'identité… Tout est là pour multiplier les conflits. Et les acteurs de chacun de ces conflits ne sont pas les mêmes ! J'ajouterais à cela une réflexion démographique. En 2050, la population du Moyen-Orient, si on compte les seuls pays riverains entourant Israël, dépassera les 400 millions. Israël, qui a aujourd'hui une population juive un peu supérieure à la population palestinienne, aura une population environ quarante fois inférieure. Et la population juive d'Israël représentera moins de la moitié de la population arabe d'Israël. Dans la paix ou dans la guerre, l'avenir est le même : si Israël fait la paix avec ses voisins et si nous arrivons, dans cette région, à l'Union de type européen (dont Shimon Peres parle souvent, avec des frontières ouvertes), l'État d'Israël perdra son identité : à terme, nous aurions une sorte de confédération globale, avec un président sans doute palestinien ou jordanien ; la population juive ne serait qu'une population parmi d'autres. À l'inverse, s'il n'y a pas de solution pacifique, on assisterait à l'aggravation des inégalités, à la difficulté pour le monde arabe d'accepter la démocratie et à une menace de destruction d'Israël. Le risque pour Israël est à la fois la mort par la paix, et la mort par la guerre. Je vois mal comment sortir de cette contradiction.

flashcode

Barack Obama, Discours du Caire, 4 juin 2009, extrait : « Mettre fin au règne de la suspicion »

web

Boutros Boutros-Ghali. – Je ne partage pas cette vision pessimiste. Je préfère comparer la situation du Moyen-Orient à celle de l'Afrique du Sud qui avait une minorité blanche et une majorité noire. Comme j'ai vécu la décolonisation ou la réconciliation dans cet État, en tant que secrétaire des Nations unies, j'ai vu ce qui a été fait. Par exemple, on a évité de condamner : il n'y a pas eu de jugements. Au contraire, il y a eu une réconciliation avec, à la présidence de ces tribunaux de réconciliation, l'archevêque Desmond Tutu. Le fossé était immense entre Blancs et Noirs, avec des Blancs qui dirigeaient le pays, utilisaient des méthodes coloniales pour maintenir leur suprématie, et qui sont parvenus à s'intégrer.

Ce pays est devenu aujourd'hui un État, qui est l'un des plus puissants de l'Afrique. Nous avons eu là une véritable coexistence.

Est-ce que cette même coexistence sera possible entre les Israéliens et les Arabes ? Je pense qu'il faut y croire : s'il y a une volonté politique et si on trouve des chefs qui ont l'imagination nécessaire et le courage qu'ont eu Nelson Mandela, Desmond Tutu, Frederik De Klerk ou Pieter Botha, nous y parviendrons. Vous avez pris deux positions véritablement extrémistes, la disparition par la paix, la disparition par la guerre.

La solution médiane serait la création d'un État israélo-palestinien avec une minorité israélienne agissante et une population palestinienne réconciliée. Il restera toujours des groupes extrémistes, mais ce melting-pot israélo-palestinien pourra circonscrire ce double fondamentalisme comme il fera s'écrouler le nouveau mur de Jéricho.

Vers la démocratie ?

Jacques Attali. – Aujourd'hui, la mondialisation, c'est-à-dire la généralisation de la loi du marché et de la loi des démocraties, fonctionne à peu près bien en Europe d'où elle est partie. Elle fonctionne aussi en Amérique du Nord, en Amérique du Sud, en Afrique et en Asie où l'Inde est une démocratie et où, progressivement, avec beaucoup de balbutiements, on assiste même à des amorces de démocratie dans la vie locale chinoise. La seule région du monde où la dimension démocratique ne fonctionne pas du tout est le monde arabe. Il n'y existe aucune démocratie, aucune. Il n'existe pas non plus beaucoup de démocraties musulmanes, même s'il y en a quelques-unes, approximatives, comme le Bangladesh. Peut-on imaginer alors que cette région pourra durablement espérer aller vers la paix, si elle n'est pas capable d'aller, dans sa partie musulmane, vers la démocratie ?

Boutros Boutros-Ghali. – Je ne suis pas d'accord. J'ai vécu et je suis en train de vivre la démocratisation de mon pays. Il y a aujourd'hui, en Égypte, une chose qui n'existait pas il y a encore dix ou vingt ans, il s'agit d'une vingtaine de journaux quotidiens d'opposition d'une extrême violence, dont il n'y a même pas l'équivalent en France ou en Grande-Bretagne. Une multiplicité de partis politiques se sont créés, ainsi qu'une Commission des droits de l'homme qui critique ouvertement le gouvernement... Il y a donc un progrès, même si cela demande du temps. On semble oublier la période démocratique de l'Égypte, entre 1922 et 1952. Comme on semble oublier qu'il y avait une démocratie au Liban extrêmement intéressante ! Donc, il est faux de dire qu'il n'y a pas une démocratie. Il y a une transformation dans les différentes parties du monde arabe. Une petite principauté comme le Qatar, avec sa chaîne de télévision Al Jazira, est révolutionnaire ! Je pense qu'un des effets de la mondialisation est d'imposer une ouverture dans le domaine politique, comme elle impose une ouverture dans le domaine commercial, financier ou dans le domaine de la protection sanitaire.

Jacques Attali. – Peut-on alors espérer que ce qui est arrivé en Europe de l'Est et en Amérique latine advienne dans le monde arabe ? Que ces monarchies, qui tiennent essentiellement grâce à leurs ressources pétrolières, céderont la place ? Que les inégalités – aujourd'hui de plus en plus scandaleuses entre quelques familles, très riches, et une majorité de la population, immensément pauvre – ne se traduiront pas par la montée d'un fondamentalisme religieux qui rejettera la démocratie et l'Occident ?

Boutros Boutros-Ghali. – Ces familles très riches cohabitent au côté d'une grande masse pauvre en Amérique latine aussi. Certes, la situation ressemble beaucoup plus à l'Amérique latine qu'à l'Europe. Il y aura une évolution, la globalisation va confronter le monde arabe à des problèmes qui ne pourront plus être résolus à l'échelle nationale, mais à l'échelle internationale. L'avion qui atterrit dans un aéroport du monde arabe observe une réglementation internationale et quand il y a un match de football, l'arbitre qu'on fait venir est italien ou français...

Qu'il s'agisse de la presse, du cinéma ou d'Internet, nous allons vers l'ouverture. Un nombre de messages très forts sont entendus grâce à Internet. Je ne veux pas sous-estimer la puissance du repli identitaire, mais à partir du moment où il y a la télévision à la maison, aussi pauvre que vous soyez, si vous regardez les programmes, vous captez cette ouverture qui conduit à un changement du système politique. Je ne dis pas que nous aurons une démocratie comparable à la démocratie occidentale, mais nous aurons certainement un système qui sera ouvert sur le monde occidental.

Je crois aussi que l'identité du Moyen-Orient passera par la jeunesse. Pour ne prendre qu'un cas, il y a entre deux et deux millions et demi d'Égyptiens qui travaillent hors d'Égypte ; ce contact avec l'étranger existe et il est beaucoup plus important qu'on ne le pense. Près de deux millions de Soudanais ont émigré en Égypte, et à cause de la guerre d'Irak, un million de réfugiés irakiens se trouvent aujourd'hui en Jordanie, dans une atmosphère totalement différente de l'atmosphère irakienne. Ce mélange des cultures donnera lieu à des transformations. Aujourd'hui, vous avez une importante diaspora égyptienne au Canada ou en Australie, et elle reste en relation avec son pays d'origine. Il y a de grandes discussions : les Égyptiens qui se trouvent au Canada ont-ils le droit de s'occuper de la politique ? Ne doivent-ils pas retourner en Égypte pour pouvoir participer au débat ? Il y a des changements extrêmement importants qu'il ne faut pas sous-estimer. J'aime bien cette définition de la mondialisation : « Le temps a éliminé la distance. » Il est aujourd'hui possible de communiquer en quelques minutes dans différentes parties du monde avec une véritable influence.

Le fondamentalisme des Frères musulmans (né en Égypte et qui a ensuite irradié à travers tout le monde arabe) continue certes à être présent, mais on retrouve un tel fondamentalisme dans les milieux juifs, hindous ou chez les *newborn Christians*. C'est une réaction à la mondialisation. Cela fait partie du repli identitaire.

Jacques Attali. – Oui ! Mais cela ne s'est pas encore traduit en Israël par une prise de pouvoir violente par un dictateur. Or là, ce qu'on voit dans la bande de Gaza, ou avec le mouvement de Ben Laden, ou ce qui se passe au Liban, en Irak, ce qui se joue au Caire avec les Frères musulmans, donne le sentiment que la menace est d'avoir, dans cinquante ans, dans cette région un ensemble musulman totalement théocratique.

Boutros Boutros-Ghali. – Je pense que c'est exclu. Comme vous n'avez pas dans le monde chrétien un christianisme mais différentes Églises, il y a le même phénomène. Vous ne pouvez pas comparer les wahhabites avec les yazidites ou les chiites avec les ahmadis…

L'équipe qui est au pouvoir en Syrie est une sous-secte chiite. La multiplicité d'islams nous protège contre les régimes autoritaires. Je reviens à cette idée un peu simpliste de la vague mondialiste, la vague de globalisation qui va s'imposer à toutes les parties du monde... Cette région est géographiquement ouverte, avec le canal de Suez, la Méditerranée, et nous sommes à une heure de vol de Chypre ou du sud de l'Europe. Vu l'appauvrissement de la population en Europe occidentale, entre quinze et vingt millions de musulmans vivront en Europe à l'horizon 2050. Ils vont vivre dans un milieu européen, seront influencés par ce milieu et influenceront leurs amis et leurs familles au pays. La globalisation, avec ces différentes formes, va ouvrir des perspectives intéressantes. Nous connaissons les effets de la globalisation dans le domaine de la maladie et d'autres, mais nous ne connaissons pas l'effet de la globalisation dans les rencontres des cultures, dans les rencontres des mœurs.

Un conflit insoluble ?

Boutros Boutros-Ghali. – À plusieurs moments, le conflit au Moyen-Orient a été sur le point d'être résolu : lors des dernières négociations entre Ehoud Barak et Yasser Arafat ou lors du traité de paix, nous avons commencé à négocier pour l'autonomie de la Palestine. À plusieurs moments de l'histoire de ces cinquante dernières années, nous avons été sur le point de le résoudre. Si vous admettez que vous avez eu besoin de trois guerres 1870, 1914 et 1939 pour résoudre un conflit entre deux peuples extrêmement civilisés, l'Allemagne et la France, laissez du temps au temps et le conflit arabo-israélien sera résolu. Vous avez eu la chance d'avoir de Gaulle et Adenauer, il nous faudra la chance d'avoir deux hommes dotés de la même imagination, du même courage, de la même volonté politique de trouver des solutions.

Jacques Attali. – En effet, en 1995, juste après la mort de Rabin, après avoir déjeuné chez Shimon Peres, alors Premier ministre israélien, j'ai pris une voiture et nous sommes allés, avec un ami israélien, passer en revue les troupes du président Arafat puis dîner avec lui, sans aucun barrage. Il y a eu un moment où donc c'était possible, un moment où les hommes l'ont souhaité. Mais, malgré tout, l'expérience a montré que cette paix n'était pas durable puisqu'ils n'ont pas trouvé d'accord sur les frontières. Il reste à définir, comme un accord vivable qui conduirait à imaginer une étape qui aboutirait ultérieurement à un marché commun dans la région… Est-ce l'accord tel qu'il avait été dessiné après la discussion de Clinton et d'Arafat à Camp David ? Est-ce le projet qu'Itzhak Rabin avait évoqué il y a trente ans ou encore le plan Allon ?

Boutros Boutros-Ghali. – Ou bien est-ce quelque chose de tout à fait nouveau, que nous ne connaissons pas et qui sera conditionné, justement, par des effets encore méconnus de la mondialisation ? Nous ne savons pas quels seront ces effets sur la culture d'un peuple à 50 % illettré, le peuple palestinien, confronté à des idées nouvelles à travers la télévision, le Net, différents instruments. On ne peut pas savoir ! Je pense que nous allons vers cette ouverture qui sera imposée. C'est une lame de fond.

Jacques Attali. – Votre optimisme, que j'aimerais tant partager, n'est-il pas contredit par des tendances de long terme, comme le fait que la bande de Gaza est maintenant entre les mains d'un mouvement fondamentaliste, dont les armes viennent d'Iran, pays qui se donne comme objectif ouvert d'avoir les armes nucléaires nécessaires pour détruire l'État d'Israël ?

Boutros Boutros-Ghali. – Non, parce que la superpuissance américaine surveille cette partie du monde et qu'elle a les moyens d'arrêter cela comme elle a les moyens d'imposer des solutions. Ensuite, rien ne nous dit que ce mouvement fondamentaliste va se maintenir à Gaza ou en Iran. Si je prends la politique de l'Égypte, je pourrais distinguer les périodes où le fondamentalisme était très fort et les périodes où le fondamentalisme était très faible. Nous avons eu les mêmes problèmes en Afrique du Sud, avec des oppositions jusqu'à la dernière minute au moment des élections. Certains chefs locaux étaient aussi puissants que les fondamentalistes dans certaines régions du monde arabe, et nous sommes pourtant arrivés à trouver une solution à un problème extrêmement aigu, dans la mesure où la minorité blanche détenait le pouvoir, possédait les richesses du pays et considérait les indigènes noirs comme des sous-développés.

Le Moyen-Orient en 2050

Boutros Boutros-Ghali. – Je vous rappelle qu'il y a trente ou quarante ans, il y avait une alliance entre les Perses et Israël. Et nous sommes passés d'un extrême à l'autre, donc il n'y a pas de raison pour que dans les dix, quinze ou vingt prochaines années la situation ne s'inverse pas de nouveau. Aujourd'hui, je partage votre pessimisme car le monde arabe est déchiré. Il y a un conflit au Sahara occidental, entre le Maroc et l'Algérie ; il y a un pays arabe qui n'existe plus, la Somalie ; il y a deux conflits au Soudan, le Darfour et le sud du Soudan ; il y a un conflit au Liban qui s'est divisé et une guerre en Irak… La situation est extrêmement grave. Il y a eu également une guerre entre l'Irak et l'Iran, une guerre civile au Yémen. On imagine, dans les cinq ou six prochaines années, des solutions durables à ces conflits. Il y aura des changements sous le poids de la mondialisation. Que ces changements aient lieu d'une façon pacifique ou à travers des petites révolutions, le résultat final sera le même.

flashcode

Le Moyen-Orient en 2025 selon la CIA

web

La démocratie moyen-orientale ne sera pas une copie conforme de la démocratie occidentale. Lorsqu'une démocratie existe dans un pays d'Afrique dans lequel il y a cinquante tribus, c'est la coexistence de ces tribus qui compte. Le gouvernement est composé de représentants de chaque tribu, ce qui constitue pour moi un vrai système démocratique. Nous risquons de rencontrer des systèmes analogues. C'est le cas au Liban : le président de la République est maronite, le président du Conseil musulman sunnite, le président de la Chambre chiite et toutes les autres communautés sont représentées par des ministres. C'est un système démocratique, qu'on le veuille ou pas. Et à travers une suite de compromis, à travers ces différentes tribus ou sectes religieuses, les pays trouveront des solutions. C'est une démocratie totalement différente de celle qui est installée en France ou en Grande-Bretagne, mais un système fondé sur un pluralisme religieux, tribal ou encore linguistique.

Jacques Attali. – Évoquons le destin d'Israël. Shimon Peres a l'habitude de dire qu'Israël a eu trois élites : une élite agricole (qui a fait les kibboutz), une élite militaire (qui a structuré la nation) et, aujourd'hui, une élite technologique. Pour lui, la différence entre ces trois élites est que les deux premières sont sédentaires, leur sort étant lié au territoire, tandis que la dernière, l'élite technologique, est nomade : elle peut exercer ses activités, développer ses recherches aussi bien à Tel-Aviv qu'à Los Angeles, Londres ou Sidney. Est-ce qu'il n'y a pas un risque pour Israël de voir l'ensemble de son élite ne plus s'intéresser à la vie publique ? La qualité de la classe politique israélienne s'est affaiblie, tout comme celle de son armée. Cela pourrait affaiblir cette nation et donner le sentiment aux peuples environnants qu'en donnant un dernier coup, on les pousserait à la mer.

Boutros Boutros-Ghali. – Ceci est impossible tant qu'il y a l'appui de la superpuissance. L'un des schémas que je vois dans les cinquante ans à venir est que l'arabisation d'Israël devienne plus importante qu'elle ne l'est aujourd'hui et qu'on assiste à un véritable effort pour enseigner l'arabe dans les universités israéliennes à côté de l'hébreu. Il y a une élite qui s'intéresse à l'arabisation. Et à partir du moment où il y a, de part et d'autre, un intérêt mutuel pour la culture israélienne et pour la culture arabe, alors s'établira l'infrastructure culturelle d'une réconciliation.

Plus du tiers des étudiants à l'université de Haïfa, le Technion, sont des Arabes palestiniens. Et la seconde langue en Israël devient l'arabe. On oublie l'Histoire. Le grand rabbin du Caire était membre de l'Académie arabe d'Égypte, qui était une imitation de l'Académie française. Il était un éminent spécialiste de la langue arabe. Il n'y a aucune raison de ne pas avoir une arabisation importante pour permettre, à l'avenir, une intégration des Israéliens dans cette partie du monde.

Il est très difficile de savoir ce que sera l'architecture politique de la région dans les vingt ou trente prochaines années. Je ne sais pas quels seront les effets de la mondialisation sur les structures étatiques, sur les institutions judiciaires (il y a de plus en plus de tribunaux internationaux), dans le domaine des transports ou des communications.

Je ne peux pas dire qu'en 2050 les gouvernements actuellement au pouvoir dans les différentes parties du monde seront les mêmes, s'il n'y aura pas de transformations majeures, si ne seront pas créés des « ministères de la Mondialisation ». Ce n'est qu'en créant ce type de structure que nous trouverons des formules nouvelles qui, elles, permettront des intégrations. Nous nous trouvons devant des phénomènes qui n'existaient pas il y a cinquante ans ! Nous vivons une mutation extrêmement profonde et nous n'avons pas assez réfléchi à ce qu'elle veut dire pour ensuite réfléchir à comment construire la paix. Nous commençons seulement à nous y intéresser.

Jacques Attali. – Je vous trouve bien optimiste… Pour me faire l'avocat du diable, j'avancerais que les accords de Camp David ont maintenant plus de trente ans. Ainsi, en trente ans on pourrait imaginer que les relations entre Israël et l'Égypte aient servi de modèle à des rencontres, à des projets communs. Pourtant il n'y a pratiquement pas de projets israélo-égyptiens.

Boutros Boutros-Ghali. – Parce que les accords de Camp David étaient basés sur un troisième volet, qui était la solution du problème palestinien. Et le problème palestinien n'a pas été résolu ! On a consacré plus de temps à Camp David sur le problème palestinien que sur les rapports entre l'Égypte et Israël. Pendant deux ans nous avons négocié sur l'autonomie de la Palestine. Tous les quinze jours, des sous-commissions se réunissaient à Herzlia et à Alexandrie. Ces négociations portaient uniquement sur l'autonomie de la Palestine. Elles n'ont pas réussi. Pourquoi ? Nous étions confrontés à l'opposition des Palestiniens et au refus de la majorité des États arabes.

La globalisation, facteur de paix

Boutros Boutros-Ghali. – Pour résumer ma pensée, nous vivons une mutation de la communauté internationale inédite depuis deux mille ans, avec de vraies transformations et l'élimination de la distance. Les impacts ne se feront pas sentir tout de suite, mais dans les prochaines années. Pour ne prendre qu'un exemple, chose impensable au début du siècle passé : il y a plus de mercenaires internationaux qui opèrent en Irak que de militaires américains. De nouvelles armes sont utilisées, qui n'existaient pas auparavant. De même qu'il y a de nouvelles solutions au règlement des conflits qui n'existaient pas auparavant. Le concept de « prévention » des conflits, un peu à la manière d'un vaccin, n'existait pas il y a trente ans. Autre phénomène nouveau : une fois le conflit terminé, on avait l'habitude de retirer immédiatement les Casques Bleus, ce qui était une grave erreur. Désormais ils restent en place, parce que la période de la convalescence est souvent plus dangereuse que la maladie. Il s'agit de construire la paix pour éviter une rechute.

La globalisation va offrir aux hommes de bonne volonté des formules nouvelles qui pourraient permettre de préserver la paix. Cela dit, si les hommes de bonne volonté n'existent pas, si nous n'avons pas la chance d'avoir de grands leaders prêts à négocier, prêts à se sacrifier pour la paix, toutes les nouvelles techniques, tous les nouveaux concepts n'y feront rien.

Ce qui est important, c'est l'ouverture au monde extérieur. La télévision et l'Internet y contribueront de manière décisive.

Jacques Attali. – Essayons de comparer à cinquante ans d'ici le Moyen-Orient à l'Europe. Imaginons qu'on ait, à l'échelle du Moyen-Orient, quelque chose qui ressemble à l'Union européenne, avec d'anciens ennemis réconciliés mettant en commun leurs ressources, peut-être l'eau (comme nous, les Européens, avons mis en commun notre charbon et notre acier), avec une autorité politique commune…

Boutros Boutros-Ghali. – J'aurais pu l'imaginer s'il n'y avait pas cette accélération de l'Histoire qui va changer la donne. Si nous avions le même rythme d'évolution qu'aux XVIIIe ou XIXe siècles, à cette condition seulement, j'aurais pu dire que nous connaîtrons, dans les cinquante prochaines années, un phénomène identique à ce qui s'est passé en Europe occidentale. Mais, d'après moi, il y aura quelque chose de nouveau, de totalement différent, parce que nous ne connaissons pas encore les mutations politiques et sociales qui résulteront de la mondialisation.

Les femmes, enfin, auront un rôle à jouer pour la démocratie. Le monde arabe s'est rendu compte de l'importance de leur rôle dans la vie politique, dans l'éducation des enfants, notamment lors des toutes premières années de la vie, qui sont les plus importantes pour la formation de l'intelligence. Un effort extrêmement important a été fait de la part de l'ensemble des pays. Quand j'ai commencé à enseigner à l'université du Caire, en 1949, il n'y avait pas une seule femme dans le département. Lorsque je l'ai quittée, il y avait 70 % de femmes, dont la directrice du département, et il y a aujourd'hui une présence féminine dans les milieux les plus importants. Actuellement, le doyen de la faculté de sciences économiques et politiques de l'université du Caire est une femme ; la vice-présidente de la Chambre est une femme et elle fait partie de la Commission nationale des droits de l'homme que je préside au Caire. Prenons le cas de la principauté de Mascate, la Cheikha Mozah y joue un rôle extrêmement important, tout comme la Cheikha Lubna à Dubaï, ou la sœur du roi Hussein en Jordanie ou l'épouse du président Moubarak en Égypte.

Comparons la situation actuelle du monde arabe à celle des années 1920. La colonisation ottomane avait été remplacée par une colonisation franco-britannique. Aujourd'hui tous les États arabes sont indépendants, à l'exception de la Palestine, et siègent au sein des organisations internationales.

Je voudrais terminer par un sujet qui concerne tout le Moyen-Orient, et singulièrement l'Égypte. Je veux parler de l'eau. Toute l'histoire de l'Égypte tourne autour de l'eau, facteur clé de la paix ou de la guerre au Moyen-Orient. J'ai toujours été obsédé par le problème de l'eau. J'y ai consacré quinze ans de ma vie, en vain. J'ai voulu créer une association des pays riverains du Nil (85 % des sources du Nil viennent d'Éthiopie et 15 %, qu'on appelle le Nil Blanc, viennent du Kenya, de l'Ouganda, de la Tanzanie, du Burundi, du Rwanda et du Congo. J'ai appelé cette association *Undugu*, ce qui veut dire « fraternité » en swahili. Malgré tous mes efforts, j'ai échoué. La perception des Égyptiens est que le Nil c'est l'Égypte, ils n'imaginent pas que le Nil appartient à huit autres États, qui sont en amont, et que leur pays est menacé parce que situé en aval.

Je pense que l'eau est un problème appelé à s'aggraver dans les années à venir. Alors vous me permettrez, pour conclure, de rêver d'hommes d'État soucieux d'associer les peuples et les tribus qui se partagent les eaux du Nil, de l'Euphrate et du Tigre dans une organisation nouvelle, qui aurait en charge de gérer les eaux de ces fleuves internationaux, d'en assurer une répartition équitable, de construire de nouveaux barrages, de relier les centrales électriques par-delà les frontières. En d'autres termes, de rêver d'hommes d'État soucieux de bâtir la paix hydrique et notre communauté de destin à travers une coopération fondée sur le partage de notre bien commun : l'eau et l'énergie.

L'avenir du Moyen-Orient

Jacques Attali

La mondialisation du marché, des médias, des aspirations à la liberté et l'émergence dans tous les pays de cette région, comme dans le reste du monde, d'une classe moyenne peuvent permettre aux plus optimistes d'imaginer que les pays du Moyen-Orient deviendront, eux aussi, à leur rythme, des démocraties.

Mais, à l'inverse, on peut aussi craindre, comme l'a évoqué Boutros Boutros-Ghali, que les régimes les plus corrompus, les plus instables de cette région tombent sous la coupe de fanatiques religieux et que le Moyen-Orient devienne, à l'image de ce qu'est la bande de Gaza aujourd'hui, un chaos théocratique. Cela est loin d'être invraisemblable : l'économie de marché produit des inégalités intolérables, aggravées par l'absence d'État de droit. Par exemple, en Égypte, une dizaine de familles possèdent chacune près de 1 milliard de dollars à titre privé, tandis qu'un professeur de lycée ne gagne pas 100 dollars par mois. On peut donc prévoir un jour une crispation identitaire ou une révolution remettant en cause très profondément les structures de ce pays.

La démocratie est pourtant la clé du développement et de la stabilité de cette région. L'Histoire a montré, partout dans le monde, que seules les démocraties ne se font jamais la guerre. Il ne peut y avoir de paix véritable et durable autrement qu'entre pays démocratiques.

La croissance, dont parlait très justement Boutros Boutros-Ghali, entraînera la naissance dans la région d'une classe moyenne, qui voudra la démocratie : elle commence à avoir un petit peu de propriétés, un certain désir de liberté, de voyages, de culture, et ne se contente pas d'une vie dans la dictature.

Le pays le plus prometteur, le plus annonciateur de changement, est paradoxalement l'Iran. Parce que y vit une classe moyenne de très haut niveau et parce que la jeunesse, on l'a vu en juin 2009 lors des élections, montre une vraie volonté d'échapper à ces carcans. Derrière le vernis d'une dictature théocratique, une véritable puissance démocratique va se mettre en marche. Cela prendra peut-être encore vingt ans, ce qui n'est rien au rythme de l'Histoire.

La démocratie peut être imposée de l'extérieur, comme ce fut le cas au Japon. Elle peut naître dans un pays qui prend son destin en main, en particulier contre les Occidentaux, lors du mouvement de décolonisation. C'est arrivé en Amérique latine, en Afrique, en Asie ; même si l'on est trop souvent passé, dans ces cas-là, par une phase de dictature où le libérateur est devenu le nouveau tyran. Presque toutes les démocraties d'Amérique latine et d'Europe (mis à part la Grande-Bretagne, l'Allemagne, la Pologne, la Tchéquie et les Pays-Bas) refusent la domination américaine. Aujourd'hui, le monde arabe vit cette évolution : ceux qui ont participé à sa libération à l'égard des puissances occidentales ou soviétique se sont installés en tyrans.

Si les pays du Moyen-Orient prennent l'Amérique latine pour modèle, ils s'éloigneront de l'orbite américaine. Des démocraties s'établiront donc dans le monde arabe avec des gouvernements de gauche puis de droite, dont une partie sera certainement hostile aux États-Unis.

Aucune paix n'est possible sans la création d'un État palestinien, qui est de l'intérêt d'Israël, beaucoup plus que d'aucun pays arabe. Les plus extrêmes dans les deux camps espèrent pourtant que la nation palestinienne ne deviendra pas un État. Les extrêmes israéliens souhaiteraient renvoyer la Cisjordanie à la Jordanie et Gaza à l'Égypte. Les extrêmes arabes espèrent laisser le problème pourrir pour que les classes moyennes arabes ne se focalisent pas sur leurs problèmes intérieurs.

Le projet de « grand Moyen-Orient » prendra alors son sens : il s'agira d'un marché commun, où toutes les nations anciennement ennemies se rassembleront dans un concert de nations démocratiques allant à terme de la Libye jusqu'à l'Afghanistan, de la Turquie jusqu'au Yémen. Cet ensemble possédera une formidable puissance économique, culturelle, énergétique et politique.

Mais avant que cela soit possible, avant que la démocratie ne s'installe dans chacun de ces pays, il faudra que beaucoup d'eau coule dans le canal de Suez.

flashcode

Réagissez à ce chapitre !

web

Le sida
Une affaire de solidarité internationale

Michèle Barzach

Le sida dans le monde, état des lieux

Le pourcentage de personnes vivant avec le sida dans le monde s'est stabilisé au cours de ces dernières années, mais à un niveau inacceptable. Selon les chiffres du Rapport de l'ONUSIDA sur l'épidémie mondiale du sida en 2008, 33 millions de personnes dans le monde vivent avec le VIH. Nous sommes dans une phase initiale : c'est le début de l'épidémie, pas la fin. Le nombre de personnes atteintes augmente de façon très, très rapide en Asie, notamment en Inde et en Chine, dans une méconnaissance absolue de l'exact état des lieux. Car si l'on connaît bien l'état des lieux du sida en Afrique aujourd'hui, on le connaît mal en Asie et en Europe de l'Est. Des pays comme l'Ukraine et la Russie sont aujourd'hui certainement très atteints…

flashcode

Le sida dans le monde, prévalence en 2008

web

Les politiques de réduction des risques de contamination se polarisent aujourd'hui sur les traitements ; il faudrait aussi se concentrer sur la prévention. Car il y a des préventions efficaces.

Parmi les deux plus importantes, citons d'abord la distribution de seringues propres, dans les pays soumis à une contamination importante liée à la toxicomanie. Les pays, en effet, n'ont pas tous les mêmes raisons de contamination : l'ex-Europe de l'Est, la Russie ou certaines régions de la Chine ou de l'Inde, par exemple, sont beaucoup plus touchées par une contamination liée à la drogue injectable et aux conduites à risques qui en découlent (relations sexuelles non protégées par exemple).

Deuxième élément de prévention : on sait protéger presque à 100 % l'enfant de la transmission du VIH par la mère, et ce, en traitant la mère pendant la grossesse ou au moment de son accouchement et en évitant l'allaitement maternel.

Dans nos pays, la contamination liée à la transmission de la mère à l'enfant est de 1 à 2 %. En Afrique subsaharienne elle atteint encore 30 à 50 %. Le problème des moyens financiers est évidemment incontournable, mais ce n'est pas qu'une question financière. Il faut, en priorité, une mobilisation politique internationale, c'est-à-dire une prise de conscience internationale des efforts à accomplir pour vaincre le fléau. Il faut de l'argent, mais aussi des mobilisations de ressources humaines. Il s'agit de mettre des structures de santé à niveau, de trouver des modes d'accompagnement de ces pays et de leurs populations, qui sont par ailleurs extrêmement vulnérabilisées par beaucoup d'autres problèmes.

Du fait de leur statut, les femmes sont particulièrement touchées par le sida dans les pays du Sud (mariage précoce et forcé). En Afrique, aujourd'hui, la population de 15 à 25 ans nouvellement contaminée est composée à 75 % de jeunes filles. Cela s'explique par le fait qu'elles vivent dans une espèce de vulnérabilité, sexuelle d'abord, mais aussi physiologique (les femmes exposées au virus sont cinq fois plus infectées que les hommes) et économique, car beaucoup d'entre elles, analphabètes, ont un statut de dépendance absolue. Une fois atteintes, elles sont soumises à des stigmatisations familiales, de village, extrêmement fortes. Elles sont rejetées, n'osent rien dire, donc elles ne se soignent pas. Comme elles ne sont pas indépendantes financièrement, elles ne peuvent pas avoir accès aux traitements. Souvent même, elles ne savent pas qu'elles sont infectées, puisqu'elles ne peuvent pas accéder au dépistage.

Il y a vraiment un effort particulier à fournir pour la prise en charge des femmes. Il existe à ce titre des solutions qui ne sont pas si compliquées qu'on le croit. Le microcrédit, en particulier, peut être un outil tout à fait efficace et adapté qui peut redonner à ces femmes un peu d'autonomie et leur permet alors d'assumer leur santé et celle de leurs enfants.

Le sida n'est pas seulement une maladie, un drame sanitaire et humanitaire : ses conséquences sont aussi économiques, sociales et sécuritaires. Beaucoup de déséquilibres de régions et de conflits naissent des déséquilibres qu'il engendre. Ces conséquences économiques peuvent être très lourdes dans un certain nombre de régions du monde, pour les entreprises qui peuvent avoir jusqu'à 30 %, parfois plus, de leurs salariés contaminés. Dans les pays du Sud, le sida décime des secteurs économiques entiers, tels que l'enseignement, l'agriculture, le secteur des matières premières.

L'un des Objectifs du Millénaire de l'ONU est l'éducation de l'ensemble des populations de la planète, mais la contamination des instituteurs et des éducateurs est si rapide dans certains pays qu'on pourra très difficilement atteindre cet objectif. Il faut rappeler que les Objectifs du Millénaire ont pour finalité de réduire de moitié la pauvreté dans le monde d'ici à 2015. Quatre de ces objectifs recouvrent des questions de santé, dont le sida.

Dans le contexte actuel d'interdépendance économique mondiale, la sensibilisation à ces problèmes, au-delà des analyses éthiques ou morales, pourrait émerger si l'on expliquait les conséquences directes de ces fragilités sur l'économie mondiale et sur la sécurité internationale notamment.

Le Fonds mondial et la solidarité internationale

Il faut savoir qu'aujourd'hui 90 % de la population du Nord profite des avancées de la recherche scientifique, contre seulement 10 % de la population du Sud. C'est là que tous les efforts sont à concentrer. Il n'y a aucune raison que le Sud ne profite pas de la recherche du Nord. En la matière, la mobilisation financière est primordiale. Le Fonds mondial de lutte contre le sida, la tuberculose et le paludisme a été créé en 2002. Principale source de financement de lutte contre ces pandémies, il répond à un concept de solidarité internationale, nouveau paradigme allant avec la globalisation. Il crée un rapprochement du secteur privé et du secteur public pour la prise en charge d'un concept novateur, un bien public mondial : la santé. Le Fonds mondial est une organisation multilatérale, financée à 90 % par les États et à 10 % par le secteur privé c'est-à-dire les entreprises, les grandes fondations mais aussi par des individus. Il permet un partenariat entre secteur public et secteur privé. Cela constitue une nouvelle piste, un nouveau mode d'expression d'une sensibilité mondiale à l'idée d'un bien public mondial. Il y en aura d'autres parce que le même raisonnement va devoir, sans doute, s'appliquer à l'éducation, à l'environnement, à des domaines dont on considère qu'ils ne sont la propriété de personne mais qu'ils sont l'intérêt collectif et la nécessité d'une mobilisation collective.

L'association que je préside, les Amis du Fonds mondial Europe, soutient le Fonds mondial. Il s'agit, avec les Amis du Fonds États-Unis et les Amis du Fonds Asie ou d'autres continents, de faire converger des fonds publics et privés et de soutenir la mobilisation internationale pour lutter contre les pandémies, le sida mais aussi le paludisme et la tuberculose.

Mais le Fonds mondial ne peut pas tout à lui seul : il faut trouver des modes de financement additionnels. C'est toute la question qui est posée aujourd'hui : de nouvelles formes de financement international pourraient aboutir à une mise en commun de contributions internationales de solidarité. Les nouvelles taxes, sur les billets d'avion notamment, sont une piste à suivre puisqu'on ne peut pas lever un impôt international qui entamerait la souveraineté des États. Nous avons besoin de 14 à 18 milliards de dollars par an, d'ici 2015, pour avoir un impact réel sur le problème du sida et permettre l'accès aux traitements à 8 millions de personnes en 2015. Ce n'est pas grand-chose au regard du PNB mondial ! On pourrait de la même manière envisager de nouvelles taxes, comme par exemple la taxe Tobin, qui fait aussi partie de la réflexion internationale. La prise de conscience et la mobilisation politique croissent d'année en année, mais leur puissance n'atteint pas encore le bout de la chaîne.

Le pire a-t-il été évité ?

Nous commençons à trouver les moyens d'éviter le pire. Mais le problème central reste l'accès aux soins. Comment apporter des traitements à des prix accessibles aux pays du Sud ? En

France, les dépenses de santé s'élèvent à 2 500 euros par an et par personne. En Afrique subsaharienne : 2,5 euros par an et par personne !

flashcode

Les dépenses de santé dans le monde

web

Comment fait-on avec mille fois moins par personne ? Comment fait-on pour répondre à des besoins aussi compliqués ? Aujourd'hui, les laboratoires donnent un accès aux soins pour les pays les plus pauvres par le biais des médicaments génériques. Cela revient, d'une certaine façon, à faire payer par les gens du Nord les produits pharmaceutiques des habitants du Sud. C'est grâce aux prix élevés qu'ils pratiquent dans les pays du Nord que les laboratoires peuvent se permettre, aujourd'hui, de vendre au Sud des médicaments 95 % moins chers.

Il faut absolument maintenir et protéger ce système. Il faut même l'accentuer, et ce de deux façons.

Premièrement, le Fonds mondial, qui permet dès aujourd'hui l'accès aux traitements antirétroviraux, traitements du sida, à 2 millions de personnes dans le monde, doit pouvoir augmenter son impact. Il faudra un jour prendre en charge 10 millions, ou plus, de personnes sous traitement à des prix acceptables pour les populations et les gouvernements du Sud. Et faire en sorte que ces produits soient, à l'arrivée, gratuits pour la population car pris en charge par des financements nationaux ou internationaux.

Deuxièmement, il faut mener une réflexion autour d'une assurance santé pour les pays du Sud. Lorsque nous l'évoquons, nos interlocuteurs s'écrient : « C'est impossible ! » Mais c'est exactement ce qui est arrivé dans les années 1930 et 1940 en Europe. On a créé *ex nihilo* des systèmes de protection sociale destinés à lutter contre la pauvreté. Et on a réussi. Il n'y a pas de raison que l'on n'y arrive pas, progressivement, pour ceux qui en ont le plus besoin aujourd'hui.

L'aide publique au développement est un élément clé. Et il faut dire que depuis les années 1970, elle a baissé, en % du PIB, pour arriver aujourd'hui à une moyenne de 0,4 % du PIB des pays riches. Certains pays vont arriver à 0,5 %. Les objectifs sont de

0,7 % en 2010. Et si nous étions capables collectivement d'arriver à 1 %, nous résoudrions une grande partie des questions ici soulevées. La santé est un bien public mondial, elle va de pair avec le développement. Il n'y a pas de développement sans prise en compte de la santé et, en particulier, de ces pandémies. Il est impossible d'accompagner la globalisation, et en particulier la globalisation de la pauvreté, si elle n'est pas accompagnée d'une réflexion autour des modes de solidarité internationale. C'est une question de volonté politique internationale.

Pandémies, pauvreté et nomadisme

Jacques Attali

Parmi les sept milliards d'habitants de la planète aujourd'hui, un milliard et demi vivent sous le seuil de pauvreté.

Aucun des objectifs du Millénaire visant à réduire la pauvreté de moitié d'ici 2015 ne sera atteint. En Chine et en Inde, la naissance d'une petite classe moyenne, significative, ne suffira pas, vu la croissance démographique, à compenser la montée de la pauvreté.

flashcode

La pauvreté dans le monde

web

La pauvreté sera de moins en moins rurale, pour devenir urbaine : dans les trente prochaines années la population mondiale va augmenter de 50 %, et la croissance des villes de 100 %. Et aucune muraille de Chine, aucun bunker, aucune fermeture de frontières ne tiendra face à leur mouvement. En matière de santé, les villes présentent deux inconvénients : les risques de contamination y sont plus grands, et la solidarité y est relativement moins forte que dans les campagnes. Les villes sont d'abord le lieu de la solitude. Un autre chiffre : aujourd'hui, cent cinquante millions de gens vivent dans un autre pays que celui où ils sont nés. Avec l'extraordinaire développement des moyens de communication et de la liberté, il est presque certain qu'au moins un milliard et demi de gens, dans trente ans, vivront dans un autre pays que celui où ils sont nés. Cela impliquera des mutations immenses.

Pour mettre les pays pauvres en situation de créer des richesses, il faut utiliser quatre instruments à la fois. La démocratie d'abord, parce qu'il n'y a pas de lutte contre la pauvreté dans des pays totalitaires. Le financement, ensuite, des grandes infrastructures (l'eau, l'air, etc.), par des fonds internationaux gérant idéalement environ 1 % du PNB mondial – mais il faudrait évidemment qu'une structure de gouvernement mondial évite que cela ne se termine dans divers paradis fiscaux... Troisièmement, le Nord doit accepter de payer le vrai prix des produits du Sud.

Enfin, le microcrédit doit fournir aux pays pauvres les moyens de réaliser leurs rêves, non pas sous forme de dons, mais sous forme de prêts, pour devenir des entrepreneurs. Sur les cinq à six cents millions d'adultes qui pourraient sortir de la pauvreté, c'est-à-dire gagner plus de 2 euros par jour, cent soixante-dix millions de personnes ont déjà accès au microcrédit. Sans offrir de garantie, puisqu'ils ne peuvent pas le faire, ils sont tous en situation de réussir un petit métier, souvent extrêmement sophistiqué, qui va de l'agriculture à l'élevage, à l'artisanat, à la restauration. Ces individus stabilisent ainsi leur situation à un niveau qui leur permet de se soigner, d'envoyer leurs enfants à l'école, d'avoir un toit sur la tête et de commencer à financer une vie décente. Les enfants de ceux qui sont ainsi devenus entrepreneurs entrent dans la classe moyenne. Sur les sept milliards d'habitants de la planète, deux à trois milliards de gens pauvres, capables d'apporter leur part de richesse à l'humanité n'ont absolument pas les moyens de donner une quelconque garantie à ceux qui leur prêtent. Cependant, si on leur fait confiance, toutes les expériences montrent que cette confiance est largement justifiée par les extraordinaires richesses créées, pour le bien de tous, par ceux à qui on a fourni les moyens de démarrer. Il y a dix ans, ils étaient vingt-cinq millions à utiliser les services de trois ou quatre mille institutions qu'on appelle « banques des pauvres ». Ces institutions sont aujourd'hui de l'ordre de dix mille à travers le monde. Malheureusement, leur rythme de croissance est insuffisant par rapport aux besoins. Et les moyens dont elles disposent sont, encore aujourd'hui, très faibles.

La pauvreté est donc encore là pour longtemps. Et les maladies avec elle. La désarticulation de l'État et les pandémies qu'évoque

Michèle Barzach s'entretiennent réciproquement. Une pandémie démarre en général dans un pays pauvre, puis s'étend dans les pays du Nord par la liberté de circulation des marchandises, des capitaux et des personnes.

Face à une pandémie mondiale, une politique de cantonnement sera immédiatement imaginée. Dans l'Histoire, elle a eu lieu chaque fois que la mondialisation avançait trop vite : aux XVe, XVIIIe, XIXe et XXe siècles. Au lieu de mettre en place une prévention mondiale de certaines maladies, on a instauré (comme pendant la peste noire ou les grandes maladies de la fin des XVIIIe et XIXe siècles) un protectionnisme soit purement économique, soit racial, identitaire, qui a abouti au nationalisme et au refus du partage.

Aujourd'hui, encore une fois, les riches rêvent de se bunkeriser. Et si le XXe siècle a été celui de la décolonisation, c'est-à-dire le siècle où les pauvres se sont libérés des riches, politiquement, le XXIe siècle sera celui où les riches tenteront de se protéger des pauvres, pour éviter de payer le prix nécessaire à leur intégration à l'économie mondiale. Évidemment, ce sera une politique à très courte vue parce que jamais une pandémie ne sera contenue par des frontières. Jamais les riches ne pourront tenir face à l'immensité des masses humaines et aux conséquences de la pauvreté. Et d'abord le retour du nomadisme.

Tous nomades et sédentaires

Le nomadisme est à l'origine de l'histoire humaine et c'est par le mouvement, par le nomadisme, que l'homme a découvert le monde – qu'il se soit agi d'un nomadisme matériel, « je bouge », ou d'un nomadisme intellectuel, « je découvre ». Mais le nomadisme, clé de la survie et du progrès de l'espèce humaine, peut, s'il est mal géré, être source de grandes maladies. La peste noire est venue de Chine, en tout cas d'Asie, et s'est répandue en Europe par les bateaux. Aujourd'hui, l'intérêt des riches est d'ouvrir les frontières et d'aider les plus pauvres à lutter contre les maladies et la pauvreté.

Le grand enjeu de demain sera donc de concilier la dimension sédentaire de chacun d'entre nous (parce qu'elle est nécessaire à la démocratie : « Je suis citoyen d'un lieu et j'y exerce mes droits ») avec notre dimension nomade (« Je suis libre, donc j'ai le droit de voyager »). La conciliation permet à la fois de rendre compatibles le marché et la démocratie, tout en maintenant à la fois l'identité de chacun et la liberté de bouger, l'intégration sans assimilation. Ce qui veut dire, en termes d'éthique, que le sédentaire n'oublie pas qu'il a été, ou sera un jour nomade, qu'il doit bien accueillir les nomades, être tolérant à l'égard de leurs idées et les aider. Et lorsque le sédentaire est lui-même amené à être nomade, il ne doit pas oublier qu'il a été, qu'il sera un jour sédentaire et qu'il doit bien se comporter dans les lieux où il habite, en particulier accepter de vivre selon les coutumes du lieu où il se trouve. Cette dualité, être à la fois nomade *et* sédentaire, ce dépassement du conflit fondateur de l'histoire humaine, cet enracinement sans perdre son désir de voyage me paraît la seule façon d'imaginer que l'humanité pourra survivre à la globalisation. Pour y parvenir, il faudra simplement faire en sorte que la démocratie respecte la liberté des autres et soit consciente que l'exercice de la liberté passe par le fait que personne ne peut être heureux si l'autre ne l'est pas. Idéalement, il faudrait prendre conscience que le bonheur de chacun dépend du bonheur de ceux qui nous entourent plus que de notre simple satisfaction égoïste.

flashcode

web

Réagissez à ce chapitre !

Les enjeux du climat

Nathalie Kosciusko-Morizet et Cedric du Monceau

Que sait-on de l'évolution du climat ?

Nathalie Kosciusko-Morizet. – La connaissance sur le climat progresse très vite et de façon continue depuis dix ans. Nous savons que le changement climatique est en cours et qu'on ne pourra, de toute façon, pas l'éviter complètement. Au XXe siècle, la température est montée au niveau mondial de 0,6 °C et en France de 1 °C, compte tenu de sa latitude. La question est de savoir à quel niveau nous réussirons à stabiliser nos émissions de gaz à effet de serre et dans quels délais. Et donc, jusqu'où ce changement ira. Ce qui est certain, c'est qu'il va se poursuivre. Le problème est de savoir comment, quand et à quel niveau on le limite. Savoir ce que sera le climat en Europe dans vingt, cinquante ou cent ans est très difficile, car les processus climatiques sont assez chaotiques. On a des fourchettes d'élévation de la température qui dépendent naturellement des actions que nous mettons en œuvre et des efforts que nous faisons. Nous savons par exemple que nous allons vers environ + 2 à + 6 °C d'ici la fin du siècle ; + 2 °C c'est maîtrisable, + 6 °C c'est catastrophique !

Nous ne savons pas du tout à quoi ressemblera la planète avec 6 °C de plus. On sait également qu'il s'agit d'une moyenne et qu'il y a des territoires qui seront plus exposés : en gros, plus on se rapproche des pôles, plus le réchauffement sera fort. On sait encore que le réchauffement est une manière un peu simple de résumer le changement climatique. Il y a d'autres processus associés, comme la multiplication des événements extrêmes tels que les tempêtes, les cyclones, en tout cas la sévérisation de ces événements : des cyclones de plus en plus forts, des cyclones qui touchent l'Europe ou encore l'augmentation du niveau des mers, qui se fait plus rapidement que prévu. En outre, il faut tenir compte, le cas échéant, des événements qu'on appelle les « surprises climatiques », qui surgissent par exemple du fait des équilibres entre les masses d'eaux chaude et fraîche, ou d'équilibres entre les masses d'eau très salée et les masses d'eau douce. Un déplacement du Gulf Stream pourrait avoir un effet paradoxal qui ferait qu'au lieu de nous réchauffer, en France, nous nous refroidirions… Tous ces phénomènes ont un impact multiple sur l'économie, sur les migrations, sur l'agriculture, sur la santé, puisque les zones de certaines maladies endémiques vont se modifier et remonter vers le nord. Ce dont nous avons la certitude, c'est que le changement climatique est bien là, qu'il est probablement le défi majeur du XXIe siècle, et qu'il est urgent de se mettre en ordre de bataille pour y faire face, car tout se jouera dans les quinze prochaines années.

Cedric du Monceau. – Notre développement ne prend pas en compte le fragile équilibre qui permet à la vie d'exister sur terre. Au contraire, aujourd'hui il participe à la destruction de notre « patrimoine génétique », la biodiversité qui est en déclin rapide. À titre d'exemple, il faut savoir qu'en France, 50 % des zones humides ont disparu depuis la Seconde Guerre mondiale, du fait de l'activité humaine. C'est comme si vos veines devenaient non poreuses à 50 % ! Il y a moins d'échanges, donc moins de richesses. L'homme fait partie intégrante de l'écosystème terrestre. Cet appauvrissement de notre capital génétique, c'est aussi notre appauvrissement et, à terme, le risque d'une rupture de la chaîne de la vie. Il est vrai qu'il y a toujours eu des changements climatiques, mais ils se passaient sur de très longues périodes. Cette fois-ci, tout se déroule sur quelques années, avec subitement une accélération due véritablement à l'activité humaine car nous consommons des fossiles qui ont mis des millénaires à s'accumuler dans la terre, soit sous forme de pétrole, soit sous forme de charbon, nous les brûlons et relâchons plus de CO_2 que la terre ne peut en réabsorber. Les arbres captent ce carbone et l'on voit très bien, lorsqu'on regarde les émissions de CO_2 sur un graphique temporel, que la Terre respire entre l'été et l'hiver, entre le moment où il y a des feuilles et celui où il n'y en a plus. Oui, la Terre est comme nous, un organisme vivant ! Vue de l'espace, la Terre est si belle et probablement unique dans l'univers. Pourtant, la vie qui la rend ainsi ne tient qu'à une toute fine couche protectrice que nous sommes en train de perturber. C'est cela l'enjeu des changements climatiques ; prendre conscience que notre vie, celle de l'humanité, dépend du fragile équilibre de l'écosystème terrestre que nous perturbons de plus en plus.

Nathalie Kosciusko-Morizet. – Il existe une relation entre l'effet de serre et l'émission de gaz carbonique. L'effet de serre, à l'origine, est un phénomène naturel. Un équilibre thermique se fait autour de la Terre dans lequel l'effet de serre joue un rôle indispensable. Il y a un certain nombre de gaz, comme le dioxyde de carbone essentiellement, qui font que la température moyenne est ce qu'elle est autour de la Terre. Le problème du changement climatique est que nous faisons ce qu'on appelle un « forçage climatique » : nous émettons énormément de ces gaz, beaucoup plus qu'il n'en existe à l'état naturel. Et nous les émettons depuis la révolution industrielle ! C'est-à-dire que nous multiplions par plusieurs facteurs leur concentration dans l'atmosphère. Ces gaz forment un stock et ne se détruisent pas tout de suite (une molécule de dioxyde de carbone vit au moins cent ans). Donc, l'atmosphère se densifie de ces gaz, comme si, dans une serre normale, vous mettiez, tout à coup, du double vitrage partout et fermiez tous les orifices. La chaleur ne cesse de monter, et les plantes meurent ! Voilà ce qui se passe avec l'effet de serre. C'est un phénomène naturel, mais la façon dont nous l'accélérons, dont nous le renforçons, n'est pas naturelle : elle est dangereuse.

flashcode

Les émissions mondiales de gaz à effet de serre dues aux activités humaines, 1970-2004

web

C'est pourquoi le 12 avril 2006, j'ai remis ce rapport qui abonde en propositions concrètes pour lutter contre l'effet de serre. À la demande du président de l'Assemblée, Jean-Louis Debré, une mission d'information composée de trente députés, de tous horizons politiques, a été formée avant de travailler pendant plus de six mois de façon très intense. Nous avons auditionné plus de deux cents personnalités ; des scientifiques, pour faire le point sur la réalité du phénomène ; des observateurs, comme Nicolas Hulot ; des explorateurs, comme Jean-Louis Étienne, et des industriels. Nous sommes arrivés au constat partagé par les députés, membres de tous les partis politiques, que ce qui est déjà en train de se passer est grave, urgent, et qu'il fallait agir maintenant. Si le constat est partagé, les solutions ne le sont pas nécessairement et il est légitime que nous ayons tous un regard différent sur ces solutions. Mais ce qui distingue ce rapport, c'est d'exposer un constat partagé par des députés de tous les partis politiques.

À tous ceux qui, aujourd'hui, comme le professeur d'économie Lundborg de l'université de Copenhague, défendent le point de vue consistant à dire : « L'énergie ne manque pas, la température augmente peu, seul le progrès technique permet de faire disparaître la pollution », je crois que nous ne pouvons faire qu'une réponse, celle du consensus scientifique. Une démarche extrêmement originale a été faite sur le changement climatique à la fin des années 1980 avec la mise en place du GIEC, le Groupement intergouvernemental des experts du changement climatique. On a demandé aux experts du climat de tous les pays du monde de se former en réseau et de travailler sur le sujet pour aboutir à un consensus. Ce groupement, qui n'est pas contesté, rend tous les cinq ans un rapport scientifique. Le dernier d'entre eux annonçait : « Tout se passe de façon encore plus rapide que ce que nous avions prévu. »

Cedric du Monceau. – L'important est de mettre la société face à ses responsabilités ! Pour la première fois, dans l'histoire de l'humanité, nous avons un défi commun planétaire. Tout le monde est en effet d'accord pour reconnaître qu'il y a réchauffement climatique en partie dû aux activités humaines et à notre mode de fonctionnement. C'est cette prise de conscience qui va permettre à la société de se dire que nous sommes une collectivité humaine mondiale et qu'il nous faut inventer une civilisation pacifique afin que nous puissions vivre en harmonie avec la nature sur ce petit vaisseau spatial « Terre ». L'homme a souvent, dans l'histoire de l'humanité, participé à la perturbation d'équilibres naturels mais elle était toujours circonscrite au local. L'île de Pâques en est probablement l'un des meilleurs exemples, il y avait des habitants sur cette île mais à force de surexploitation des ressources naturelles et principalement d'une érosion due au déboisement, la vie humaine a disparu ! Souvent des civilisations disparaissent parce qu'elles ont épuisé les ressources naturelles autour d'elles. Sommes-nous suffisamment intelligents pour saisir l'ampleur et l'urgence du problème, pour faire bouger les consciences et enclencher une réelle volonté de changement ? La réponse est, j'en suis convaincu, oui.

Nathalie Kosciusko-Morizet. – En cela, le protocole de Kyoto est un formidable espoir parce que, pour la première fois, des pays prennent ensemble des engagements, comme celui de réduire leurs émissions de gaz à effet de serre. Cela implique des intérêts économiques importants même si, à l'échelle d'un siècle, c'est très insuffisant par rapport à tout ce qu'il faudrait faire et même si de nombreux pays concernés, que nous avons besoin d'associer à la lutte contre le changement climatique – les pays émergents d'une part, les États-Unis d'autre part –, n'y participent pas. Mais c'est un formidable premier pas qui demande à être poursuivi. C'est tout l'enjeu de la période des négociations dites post-Kyoto, post-2012, le protocole de Kyoto couvrant la période 2008-2012. Nous commençons à négocier ce qui se passera après. Le véritable enjeu est là !

Le point de vue américain

Nathalie Kosciusko-Morizet. – Au sein de la mission des trente parlementaires que j'évoquais, nous nous sommes demandé si les États-Unis n'étaient pas en train de nous refaire ce qu'on a appelé « le coup du protocole de Montréal » sur la couche d'ozone. On s'est rendu compte, dans les années 1980, qu'on perdait de l'ozone aux pôles. Au début, les États-Unis ne voulaient absolument pas qu'on prenne des mesures afin de limiter les émissions notamment de CFC, ces gaz contenus dans les réfrigérateurs et les aérosols qui font un trou dans la couche d'ozone. Pendant ce temps-là, ils développaient les technologies et les gaz de substitution aux CFC. Le jour où les technologies ont été prêtes, ils ont alors tout fait pour qu'on adopte des mesures internationales pour aller vers la substitution de ces gaz ! Maintenant, le trou dans la couche d'ozone est au moins stabilisé. Voilà pourquoi on en vient à se demander si les États-Unis ne veulent pas nous refaire le même coup.

Il y a deux limites à cette façon de faire. La première est que, pour développer l'innovation, la recherche, les nouvelles technologies permettant de sortir de l'économie fondée sur le carbone et les énergies fossiles, il faut non seulement mettre beaucoup d'argent dans l'innovation et dans la recherche, mais il faut également créer des marchés. L'Europe serait bien inspirée de faire les deux : normaliser (s'imposer des contraintes environnementales, des contraintes en termes de réduction de gaz à effet de serre), mais aussi provoquer l'innovation en créant le marché et en incitant à la recherche. Elle préparera mieux les technologies de l'avenir, qui sont les technologies de la nouvelle compétitivité de demain, qu'avec une politique exclusivement fondée sur l'incitation à l'innovation.

Je me bats beaucoup contre l'idée qui a prévalu pendant plusieurs décennies, selon laquelle une politique environnementale se mesure en points de PIB en moins. Le monde entier est soumis à la contrainte du changement climatique. Ce sont donc de nouveaux marchés qui s'ouvrent, et une politique environnementale bien conçue peut se mesurer en points de PIB en plus ; elle peut se mesurer en emplois supplémentaires, en « économie positive ». C'est non seulement une question d'éthique, une question de responsabilité, mais c'est aussi une chance pour notre compétitivité !

Cedric du Monceau. – De la contrainte naissent souvent la créativité et l'efficacité. C'est en effet un fabuleux défi pour le politique que de mettre en œuvre un nouveau modèle de développement qui enrichisse la vie plutôt qu'il ne la détruise. Je suis toujours étonné par la perversité induite par notre mode de financement des biens publics et sociaux qui repose essentiellement sur une fiscalité qui pénalise le facteur humain. Cette fiscalité pénalisante pour le facteur travail encourage les acteurs économiques à le réduire chaque fois que possible, enclenchant ainsi la dynamique croissante du chômage. Alors que la vraie rareté sur terre n'est pas l'être humain dont le cycle de vie est relativement rapide mais les ressources naturelles et en particulier l'énergie fossile qui a mis des millions d'années à devenir du pétrole et du charbon ! Notre modèle fiscal induit des comportements qui vont à l'encontre de la dynamique de la vie sur terre et de nos objectifs sociaux. Il est, par exemple, aberrant et inacceptable au vu de ce que l'on sait aujourd'hui qu'un vol d'avion de courte distance soit moins cher qu'un billet de train, tout cela parce que le kérosène n'est toujours pas fiscalisé au moins autant que l'essence à la pompe !

Nathalie Kosciusko-Morizet. – Nous subissons actuellement une tendance vers plus de climatisation, alors que nous étions, jusque-là, un pays relativement épargné. Il y aura, à l'avenir, toute une réflexion à intégrer, notamment dans le domaine de l'architecture. Dans le temps, dans le Sud notamment, une maison comportait peu d'ouvertures au sud, parce qu'au sud il y a beaucoup de soleil ; et en face des ouvertures au sud, on plantait un arbre à feuilles caduques. L'hiver, ses feuilles tombent, la lumière entre, l'été, il garde ses feuilles, cela fait de l'ombre. Voilà du bon sens ! Depuis quelques décennies, on fait des constructions avec des grandes baies vitrées, y compris au sud. Il est certain qu'avec une grande baie vitrée, vous êtes obligé de mettre la climatisation. Éviter la climatisation, c'est éviter beaucoup d'émissions de gaz à effet de serre et faire des économies, car la climatisation coûte cher. Je crois que les gens se sentent de plus en plus concernés par ces questions mais qu'il faut leur donner les moyens de transformer cette prise de conscience en action.

Nous vivons une phase intermédiaire dans laquelle la prise de conscience se fait relativement vite, mais lorsqu'il s'agit de passer à l'action, les idées manquent. Il me semble que c'est la responsabilité de chacun, pouvoirs publics, collectivités territoriales, mais aussi associations, entreprises, que de proposer des actions, et à chaque individu de trouver des voies en fonction de sa consommation, en fonction de sa vie, pour que chacun puisse prendre ses responsabilités. Il faut faire monter le débat en puissance. Je l'ai beaucoup dit au moment des débats sur la Charte constitutionnelle de l'environnement. Je recevais énormément de contestations quant à ce qui était en train d'être fait, et je trouvais que les associations ne se mobilisaient pas assez.

Cedric du Monceau. – Sous mon impulsion, le WWF a publié *Planète attitude, les gestes écologiques au quotidien*, toutefois, il y a une limite à ce que les gens peuvent faire seuls ou en famille. On agit dans un supersystème où le collectif doit prendre le dessus. La politique énergétique d'un pays n'est pas du ressort de l'individu mais du politique. Jusqu'il y a peu, un individu qui souhaitait utiliser les énergies alternatives, par exemple des panneaux solaires sur son toit, avait toute l'administration et en particulier l'urbanisme contre lui. C'était très difficile et il fallait être vraiment « militant » pour voir son projet aboutir. C'est cette dynamique qu'il faut inverser. Au lieu d'un refus a priori au changement et à l'innovation, il faut l'encourager. C'est au politique à avoir de l'ambition pour changer la société et la faire passer du paradigme d'une illusion d'abondance des ressources et de pauvreté de l'information vers la situation actuelle qui est tout inverse, abondance de l'information mais rareté grandissante des ressources naturelles ! C'est donc une révolution « copernicienne » de notre modèle économique qu'il nous faut réaliser.

Lorsque j'étais étudiant en économie, on m'a enseigné que la base de notre modèle de développement reposait sur la théorie des avantages comparatifs, d'où l'importance de l'Organisation mondiale du commerce (OMC) pour favoriser les échanges. Plus tard, lorsque je travaillais chez le consultant McKinsey, nous avions pour message principal auprès des entreprises « Core Business » qui est un prolongement du taylorisme qui promeut l'organisation du travail par la spécialisation. Donc notre système repose, tant au niveau micro- que macro-économique, sur une dynamique de spécialisation. Or dans ma vie, c'est au contraire la diversité des expériences, des rencontres, et non pas uniquement la spécialisation qui m'a enrichi. L'être humain, comme l'explique très bien la pyramide des besoins de Maslow, tend vers un accomplissement personnel. Les hypothèses de base sur lesquelles repose l'ensemble de notre mode de développement vont donc à l'encontre du besoin de développement personnel recherché par l'être humain. Il nous faut donc revoir notre modèle de développement et ses mécanismes de fonctionnement ! Le développement durable ne veut rien dire, si ce n'est que le développement tel qu'on l'a toujours connu n'est pas durable !

Nathalie Kosciusko-Morizet. – Il faudrait instaurer progressivement une réforme fiscale, pour « verdir » en quelque sorte notre fiscalité. Actuellement, on fiscalise le travail et on défiscalise assez largement la pollution. Il s'agit de rétablir progressivement les valeurs et de basculer d'une fiscalité qui pèse lourdement sur le travail vers une fiscalité qui pèserait plus sur la pollution. C'est une idée parmi d'autres. Dans le même esprit, il faudrait modifier la TVA, la faire évoluer vers une TVE, taxe sur la valeur écologique. Actuellement, vous pouvez être très taxé quand vous achetez un équipement utile pour l'environnement, un équipement qui est économe en eau ou qui vous permet de fabriquer vous-même une partie de votre énergie. Et vous pouvez être sous-taxé lorsque vous faites des choses qui ne sont pas favorables à l'environnement. Il faudrait progressivement faire évoluer cette fiscalité de telle sorte qu'on soit incité, pour des raisons qui sont aussi économiques, à choisir des comportements vertueux pour l'environnement.

Quelles énergies pour le futur ?

Cedric du Monceau. – Lorsque le président de la République Jacques Chirac a demandé au WWF de participer à une réunion à l'Élysée qui officialisait le lancement du protocole de Kyoto, je cherchais une image forte pour le mettre en garde contre la facilité de poursuivre une politique du tout-nucléaire. Je lui ai dit : « Président, méfiez-vous du syndrome de la ligne Maginot. » Le nucléaire, c'est un peu la « ligne Maginot ». On croit qu'on a la solution incontournable, et tout le système, d'intelligence et de moyens financiers, d'un pays est orienté vers l'optimisation de cette solution. Toutefois, il faut savoir que l'électricité, ce n'est que 18 % de l'ensemble de l'énergie que nous utilisons. Il faut donc relativiser. De plus, le nucléaire, même si on l'utilise en France, ne peut pas être la solution globale pour les six milliards d'habitants. En effet et indépendamment de la problématique de la gestion des déchets qui n'est pas résolue, on a un terrible problème de prolifération de la gestion du nucléaire. On le voit bien avec la crise avec l'Iran, la Corée,… Comment peut-on concevoir que des démocraties dites fraternelles et humanistes puissent favoriser le développement d'une énergie dont elles refusent l'accès à tous ? Ça n'a aucun sens ! Et c'est porteur de tensions politiques extrêmement dangereuses, comme le montre la situation en Afghanistan-Pakistan.

Un système basé sur le nucléaire a besoin d'une stabilité dans la durée bien au-delà de cent ans, or les démocraties sont fragiles ! Sur les cent dernières années, nous avons connu quand même plusieurs ruptures de démocratie et des guerres. Par ailleurs, on découvre aujourd'hui des dépôts de munitions de la guerre de 14-18, comme quoi, la gestion dans la durée de déchets toxiques n'est pas facile, que dire alors de la gestion des déchets nucléaires qui exigent une sécurité bien au-delà d'un siècle ! Enfin, et pour avoir travaillé pour des grands groupes industriels, je ne connais pas d'entreprise qui gère bien la dimension-temps et encore moins lorsqu'elles sont sous tension de performance boursière à très court terme ! Croyez-vous vraiment que les actionnaires d'aujourd'hui prendront toutes les mesures et les frais de la gestion des déchets sur plus de cent ans ainsi que le coût du démantèlement des centrales au-delà de leur viabilité ?

Tout cela conduit à être très prudent et à dire que la solution n'est forcément pas là, qu'elle est dans une politique volontariste en faveur des énergies alternatives, où la France a pris un réel retard tant elle est confiante que la « ligne Maginot » est *la* solution du futur. Parfois, l'objection aux énergies renouvelables est que le coût de l'électricité est plus élevé. Mais on ne peut pas raisonner comme cela lorsqu'il s'agit de la santé humaine et de l'équilibre pacifique de la planète. Sans compter qu'un grand nombre de coûts du nucléaire, comme la sécurité au niveau national et international, ne sont pas pris en compte dans le prix de l'électricité et que le coût des énergies alternatives baisse au fur et à mesure que leur utilisation s'intensifie. Quand il y a une volonté politique, ce n'est pas le coût qui doit être déterminant mais son utilité sociétale. Le WWF pousse pour que la France se lance dans ce combat pour les énergies alternatives et ne se lie pas les mains par le nucléaire. Prenons l'exemple de l'éolien. Il aurait fallu commencer par développer l'éolien marin, c'est là où il est largement plus puissant ! Or la France, qui est le deuxième pays au monde en termes d'espaces maritimes, n'a toujours pas d'éolien marin. Pourquoi ? Parce que ça ne sert pas le nucléaire qui utilise l'éolien juste comme un moyen de mieux répartir la charge des centrales. Il faut sortir de ce syndrome de la « ligne Maginot » et développer avec audace les nouvelles technologies. Dans le domaine de l'habitat, imaginez que tous les bâtiments, sur les cinquante prochaines années, aient une obligation d'avoir 100 % d'énergie alternative, que ce soit du photovoltaïque, des pompes à chaleur, des puits canadiens, de la géothermie, etc. ! Voilà des solutions qui nécessitent une volonté politique. Je suis convaincu que la France en a les moyens.

Nathalie Kosciusko-Morizet. – Je suis convaincue pour ma part que nous avons besoin de développer de nouvelles générations de centrales, que nous devons être innovants en matière d'énergie nucléaire. Toutefois, il faut considérer l'importance du parc électronucléaire en France comme une chance, dont nous disposons pour pouvoir déployer de l'énergie utile à résoudre d'autres problèmes. Il faut aller plus loin, poursuivre toutes les voies, et la France peut tirer avantage d'avoir largement résolu le problème de la décarbonation de la production d'électricité pour investir son énergie sur des enjeux qui concernent le monde dans son ensemble, comme la libéralisation des transports de l'énergie fossile.

Le principe de précaution

Nathalie Kosciusko-Morizet. – Le principe de précaution a été victime de son succès. Il a été mis à n'importe quelle sauce. Or il signifie des choses très précises, très encadrées dans la Charte constitutionnelle de l'environnement. Il veut dire qu'en présence d'un risque de dommages graves et irréversibles, un risque véritablement systémique tel que le changement climatique, et en présence d'incertitude scientifique sur le risque, les autorités publiques, et elles seules, sont responsables de deux choses. D'une part, de prendre les mesures conservatoires pour que ce risque systémique ne survienne pas. D'autre part, de tout faire en matière de recherche et d'innovation pour lever le doute ou l'incertitude. C'est du simple bon sens.

Je crois que l'enjeu d'avenir n'est pas celui de la cohabitation pacifique et harmonieuse entre l'homme et la nature. La question de la cohabitation est hors de propos. La nature, c'est l'écrin dans lequel l'homme vit, se développe, prospère. La cohabitation désigne le fait de vivre côte à côte, fût-ce pacifiquement. Nous vivons tous ensemble avec la nature. D'ailleurs, je souhaite que nous puissions en finir avec ces dialectiques vaines, qui supposent des affrontements, des chocs frontaux : hommes-nature, croissance-décroissance… Il n'y a pas ceux qui sont pour la croissance d'un côté, et ceux qui sont pour la décroissance de l'autre. Il y a tout simplement des citoyens qui sont en train de prendre conscience que, pendant des décennies, notre société a été basée exclusivement sur une quête totale de quantités. Ça avait du sens, notamment en matière d'agriculture, après la guerre : il fallait être autosuffisant, on recherchait la quantité et l'on avait raison. Mais maintenant, nous entrons dans une nouvelle phase de notre histoire dans laquelle nous avons besoin, certes, de quantité, mais aussi de qualité. On le voit en matière d'alimentation, mais c'est également vrai dans les relations humaines, dans les relations au travail, dans l'environnement. Voilà qui reste un peu conceptuel, mais qui est porteur de sens et permettra de résoudre les contradictions profondes qui traversent nos sociétés.

Cedric du Monceau. – Dans un très beau livre qu'il écrit à son arrière-petit-enfant, le scientifique Albert Jacquard suggère que le vrai défi pour la prochaine génération va être de bien gérer tout ce que la science a inventé. Ces dernières années, la science nous a appris à maîtriser ce que nos ancêtres attribuaient aux puissances divines. Nous avons aujourd'hui au bout de nos doigts, à la fois la capacité de créer la vie (par la génétique) et celle de la détruire ! Toute l'intelligence de l'homme, maintenant, doit être l'intelligence du cœur afin de bien utiliser toutes ces découvertes scientifiques… Malheureusement nous avons un grand défaut de formation contre lequel il va falloir lutter : pendant des millénaires, notre cerveau a appris à combattre la nature, à la voir comme un danger ! Aujourd'hui, nous devons nous réconcilier avec elle, chercher l'harmonie afin de réenchanter le monde. Ce n'est pas la planète qui est en danger car elle survivra aux changements climatiques et à la perte de biodiversités, mais l'espèce humaine qui l'est ! C'est cette prise de conscience qui doit être recherchée, elle doit sans doute passer par une intériorité beaucoup plus riche et un autre modèle d'éducation au développement personnel et sociétal.

L'avenir du climat

Jacques Attali

Toute l'évolution qui conduit à l'*Homo sapiens* et l'*Homo sapiens sapiens* tient aux mutations climatiques : ayant fait disparaître la grande forêt, elles ont poussé l'homme à se mettre progressivement debout pour voir au-delà de la savane et guetter l'arrivée des ennemis. En se mettant debout, il pouvait porter un cerveau plus lourd.

Depuis, les mutations climatiques ont été considérables, réchauffement et glaciation, sans aucun lien à une activité humaine. Aujourd'hui, il semble qu'il y ait une corrélation entre l'émission de CO_2 par la combustion d'énergies fossiles et l'évolution du climat. Quelles qu'en soient les causes, les conséquences sont aujourd'hui à peu près connues.

L'évolution du climat entraînera aussi la disparition progressive de la banquise du pôle Nord et une modification très profonde de l'Arctique. Cela pourrait contraindre des populations entières à l'exil. Des sources d'eau douce seraient dégagées. Des réserves d'énergie fossile deviendraient accessibles. Et surtout, le passage du Nord-Ouest serait facilité, ce qui raccourcirait énormément la route maritime de la Chine à l'Europe et de l'Europe à la Californie. Une grande bataille se jouerait entre les huit pays riverains, dont le Canada, la Norvège, les États-Unis et la Russie. Cela conduirait aussi, comme l'a écrit Nathalie Kosciusko-Morizet, à un refroidissement des mers du Nord, donc à un refroidissement du Gulf Stream, donc à un refroidissement de l'Europe.

Cela conduirait aussi à l'inondation de tous les pays de basse altitude. Le premier serait les Maldives. Le Bangladesh, qui aura bientôt trois cents millions d'habitants et dont le point culminant aujourd'hui est à 47 mètres au-dessus du niveau de la mer, coincé entre les montagnes de l'Himalaya, les trois grands fleuves que sont le Gange, le Brahmapoutre et la Meghna, et le golfe du Bengale, serait en grande partie rayé de la carte. D'autres pays seraient touchés, en particulier toute l'Afrique subsaharienne. Cela entraînerait des « éco-migrations » que certains évaluent entre deux cents millions et deux milliards de personnes.

flashcode

web

Les conséquences du réchauffement climatique

Si le climat se transforme et si la température monte, les besoins d'eau (pour l'agriculture, les hommes, les animaux, la nature, l'industrie) vont augmenter. Et la quantité d'eau disponible par habitant de la planète baisse. Parce qu'il y a plus d'habitants, parce qu'on utilise de plus en plus d'eau pour l'agriculture (plus de 70 % de l'eau utilisée actuellement), parce que les ressources n'augmentent pas, parce qu'on ne consomme plus les produits agricoles en direct mais qu'on les transforme en viande. La quantité d'eau nécessaire augmente par calorie consommée. De même pour l'industrie. Il faudra donc passer par une meilleure gestion de l'eau pour l'agriculture, comme on sait bien le faire dans certains pays, en particulier en Israël, et par des techniques de dessalement. Le problème ne sera, alors, plus le problème de la disponibilité de l'eau, mais de la solvabilité des populations qui en sont privées. Cela rejoint un autre problème : celui du gaspillage des ressources maritimes. Dans la mesure où nos terres agricoles sont exploitées au maximum, une très grande partie des ressources alimentaires humaines nécessaires aux trois milliards d'habitants qui vont arriver dans les quarante prochaines années viendraient de la mer. Or, avec l'exploitation désordonnée des océans, les cent millions de tonnes de produits consommables qu'on y pêche chaque année sont en train de décroître, en particulier par la disparition des grands poissons des mers, à cause de l'exploitation industrielle. Plus grave encore, cette destruction se fait par l'atteinte, au fond de la mer, de ce qui assure l'essentiel de l'équilibre : le corail, condition de survie du tiers environ des espèces marines. (Les espèces vivantes terrestres ne peuvent pas vivre si la mer est morte !) La surexploitation des baleines par l'industrie japonaise a montré que nous sommes encore très loin d'avoir une vision raisonnable de ce qu'il convient de protéger. Nous le faisons maintenant assez bien en Europe avec les forêts. Nous avons réussi à trouver un équilibre qui permet à la fois de les maîtriser, les consommer, les utiliser, mais aussi de les valoriser.

Certains pays seront bénéficiaires d'un changement climatique. Ce n'est pas un hasard si un Danois, le professeur Lundborg, est sur ces sujets un des derniers optimistes. La Sibérie pourrait, si la mutation climatique est vraiment significative, devenir, selon certains, une terre cultivable et habitable entre une Chine surpeuplée et une Russie sibérienne sous-peuplée ! D'autres, au contraire, imaginent que le réchauffement de la terre sibérienne, en libérant du méthane, aurait des conséquences catastrophiques sur la survie même de l'humanité. Ce réchauffement pourrait aussi provoquer un conflit militaire dans cinquante ou cent ans entre la Russie et la Chine. Les populations musulmanes de l'Asie centrale en sont déjà en partie l'enjeu.

Pour réduire l'impact de l'émission de gaz carbonique sur l'évolution du climat, une taxe sur l'émission de CO_2 pourrait être levée, soit nationalement, soit mondialement, et financer de grandes infrastructures mondiales. Elle n'aurait de sens que si elle était prélevée aussi sur l'économie américaine qui pollue comme consommateur, et sur l'économie chinoise, qui pollue comme producteur. Les Européens doivent réclamer de voir cesser cette connivence américano-chinoise, tragédie dans laquelle l'un et l'autre gaspillent et organisent cette artificielle croissance mondiale, dont l'un et l'autre sont les principaux bénéficiaires. Une croissance extraordinairement dangereuse pour les finances, le climat et les ressources de la planète !

Concernant les nouvelles énergies à trouver, comme l'a écrit Cedric du Monceau, quoi qu'il arrive, dans trente ans, 20 % à 30 % seulement des ressources énergétiques dont nous aurons besoin seront sous forme d'énergies nouvelles. Et encore ! Il faudrait vraiment polluer visuellement notre paysage marin pour mettre toutes les éoliennes marines dont il a parlé.

Nous avons donc le choix entre la pollution de l'air par le gaz carbonique, ou celle du sous-sol par le stockage des déchets nucléaires.

Le risque est de voir une démocratie accepter le nucléaire puis devenir une dictature et transformer l'usage du nucléaire civil en usage militaire. Tous les pays stables du monde ont droit à l'énergie nucléaire civile. Personne ne peut s'opposer à cet usage. On peut, en revanche, espérer, souhaiter, organiser, le renforcement du pouvoir de l'Agence internationale de l'énergie atomique pour empêcher le basculement du nucléaire civil au nucléaire militaire.

À terme, les technologies solaires représenteront, à cinquante ans d'ici, la vraie substitution à l'ensemble des autres formes d'énergie. Avec les technologies actuelles on peut déjà fournir en énergie toute l'Afrique en mettant des panneaux solaires sur une partie significative du Sahara ; avec des coûts dix fois plus élevés que les ressources énergétiques actuelles. Le progrès technique permettra une réduction massive de ces coûts. À terme, il y aura là une source d'énergie quasi infinie. Cela permettra aussi de dessaler l'eau de mer et produire de l'eau potable à très bas coût.

Ce ne sont pas des problèmes insolubles. Cent milliards de dollars par an seraient nécessaires pour que tous les habitants de la planète ait accès à l'eau potable dans quinze ans. Et cent milliards ne sont pas une somme inaccessible, représentant un peu moins de 0,2 % du PNB mondial et si peu en regard de l'aide accordée aux banques.

Pour Nathalie Kosciusko-Morizet il faut cesser de parler en termes de combat entre l'homme et la nature et construire les choses ensemble. Pour moi, d'une certaine façon, à l'inverse, la nature est aussi un ennemi. La nature c'est la sauvagerie et la sauvagerie est dangereuse pour l'homme. Je pense que l'homme, au contraire, doit pouvoir maîtriser la nature, non pas la dominer ou l'écraser, mais l'intégrer dans une conception civilisée. Par exemple, je suis de ceux qui préfèrent les jardins aux forêts vierges. Et d'ailleurs, les vraies forêts ne sont durables que si elles sont des jardins : la forêt française est un jardin. Et l'Amazonie ne pourrait rester le poumon dont nous avons besoin que si elle devient un jardin protégé, contrôlé, mis en valeur par l'esprit humain pour l'humanité tout entière.

LES AUTEURS

Chistophe Aguiton

Militant syndicaliste et associatif, il est responsable des activités internationales d'Attac France (Association pour la taxation des transactions pour l'aide au citoyen), dont il est l'un des fondateurs.

Claude Allègre

Ancien ministre de l'Éducation nationale, de la Recherche et de la Technologie, il est membre de l'Académie des sciences et professeur à l'université Paris VII. Il a reçu le prix Crafoord, l'équivalent du Nobel pour la géologie, ainsi que la médaille d'or du CNRS.

Henri Atlan

Docteur en médecine et docteur ès sciences, professeur émérite de biophysique aux universités de Paris VI et de Jérusalem, directeur du Centre de recherches en biologie humaine à l'hôpital Hadassah de Jérusalem, il est aussi directeur d'études à l'École des hautes études en sciences sociales à Paris. Il fut pendant dix-sept ans membre du Comité national d'éthique pour les sciences de la vie et de la santé.

Jacques Attali

Économiste, écrivain et conseiller d'État, il est président de PlaNet Finance, organisation de solidarité internationale spécialisée dans le développement de la microfinance. Auteur d'une cinquantaine d'ouvrages, dont les deux derniers sont *La crise, et après ?* (Fayard, 2007) et le *Dictionnaire amoureux du judaïsme* (Plon/Fayard, 2008).

Michèle Barzach

Médecin, ancien ministre de la Santé, elle est présidente des Amis du Fonds mondial Europe, une association qui œuvre en faveur du Fonds mondial pour la lutte contre le sida, la tuberculose et le paludisme.

Stéphanie Bonvicini

Journaliste, elle présente l'émission hebdomadaire « Conversation d'avenirs » sur la chaîne Public Sénat et coproduit avec Jacques Attali l'émission « Le sens des choses » sur France Culture. Elle est l'auteur de la biographie *Louis Vuitton, une saga française* (Fayard, 2004) et a cosigné avec Jacques Attali *Amours* (Fayard, 2007).

Boutros Boutros-Ghali

Professeur de droit, ancien ministre des Affaires étrangères de l'Égypte, ancien secrétaire général de l'ONU, président de la Commission nationale égyptienne des droits de l'homme.

Roland Castro

Architecte, urbaniste, il est président d'un rassemblement politique, le MUC (Mouvement de l'utopie concrète), « une tentative de refonder et rénover la politique autour de valeurs philosophiques ».

Vincent Champain

Administrateur de l'Insee, ancien directeur de cabinet d'Éric Besson à la Prospective, économiste, il est notamment l'auteur de *L'Homme et le Marché* (Plon, 2006) et *Crise de l'emploi, malaise au travail* (Fondation Jean-Jaurès, 2005). Il tient le blog <http://creeretrepartir.info>

Malek Chebel

Anthropologue des religions et philosophe, il est l'auteur de vingt-sept ouvrages sur tous les grands thèmes de l'islam. Dernières publications : *La Nouvelle Traduction du Coran* et *Dictionnaire encyclopédique du Coran* (Fayard, 2009).

Daniel Cohen

Médecin, mathématicien et biologiste, il est président de Pharnext. Il dirigea la réalisation de la première carte du génome humain en 1993.

Jean-Philippe Courtois

Président de Microsoft International, dont il dirige les ventes, le marketing et les services. Ce groupe couvre 100 filiales réparties dans plus de 240 pays (hors États-Unis et Canada).

Jean-Michel Darrois

Avocat d'affaires spécialisé dans le domaine des fusions-acquisitions, il dirige le cabinet Darrois Villey Maillot Brochier qu'il a créé il y a vingt-cinq ans.

Claude Durand

Ancien PDG des éditions Fayard, éditeur de Julien Green, Lech Walesa, Nelson Mandela, Ismail Kadaré, Jacques Attali, Hélène Carrère d'Encausse, Élisabeth et Robert Badinter, etc. Il est aussi, avec sa femme, le cotraducteur de *Cent ans de solitude*, de Gabriel García Marquez, et, depuis 1974, l'agent mondial d'Alexandre Soljenitsyne.

Xavier Emmanuelli

Médecin, fondateur et ex-président de Médecins sans frontières, ancien secrétaire d'État chargé de l'action humanitaire d'urgence, il est président fondateur du Samu social de Paris.

Max Gallo

Historien, journaliste, écrivain, membre de l'Académie française, il est l'auteur de plus de cent livres dont de nombreuses biographies historiques (*Le Grand Jaurès*, *De Gaulle*, *Victor Hugo*, *Napoléon*, *Louis XIV*, *Voltaire*) ou plus récemment d'une histoire de la Révolution française parue chez XO Éditions.

Marcel Gauchet

Historien et philosophe, directeur d'études à l'École des hautes études en sciences sociales et rédacteur en chef de la revue *Le Débat*. Auteur de nombreux ouvrages, son dernier livre paru est *L'Avènement de la démocratie* (2 vol., Gallimard, 2007).

Christophe Girard

Conseiller du président de LVMH et adjoint à la Culture du maire de Paris, Bertrand Delanoë, il est notamment l'initiateur de la Nuit blanche. En 2006, il a publié un essai, *Père comme les autres* (Hachette Littératures) et un roman, *La Défaillance des pudeurs* (Le Seuil).

René Girard

Philosophe, professeur de littérature comparée à l'université Stanford, membre de l'Académie française, son dernier ouvrage paru est *La Conversion de l'art* (Carnets nord, 2008).

Denis Kessler

Économiste, théoricien de l'assurance, ancien vice-président du Medef, président-directeur général du groupe de réassurances SCOR et président du comité France-Chine.

Nathalie Kosciusko-Morizet

Ancien secrétaire d'État chargée de l'Écologie, secrétaire d'État à la Prospective et au Développement de l'économie numérique, secrétaire général adjoint de l'UMP et maire de Longjumeau.

Éric Lecerf

Cuisinier, à la tête des Ateliers de Joël Robuchon auquel il se trouve associé.

William Lowenstein

Ancien PH-médecin des Hôpitaux de Paris, spécialiste des addictions, directeur général de la Clinique Montevideo pour la recherche et le traitement des addictions, à Boulogne-Billancourt, auteur de nombreux ouvrages dont *Ces dépendances qui nous gouvernent* (Calmann-Lévy, 2005).

Daniel Mesguich

Comédien et metteur en scène de théâtre, directeur du Conservatoire national supérieur d'art dramatique. Ancien directeur du Théâtre national de Lille, il est aussi l'auteur d'articles, d'essais, de spectacles et de traductions.

Dominique Meyer

Ancien directeur général de l'Opéra de Paris puis de l'Opéra de Lausanne, il est depuis onze ans directeur du Théâtre des Champs-Élysées. Il dirigera l'Opéra de Vienne à partir de 2010.

Bernard Miyet

Ancien ambassadeur puis secrétaire général adjoint des Nations unies, chargé du département des opérations de maintien de la paix, président du directoire de la SACEM (Société des auteurs, compositeurs et éditeurs de musique), et président du GESAC (Groupement européen des sociétés d'auteurs et compositeurs).

Cedric du Monceau

Directeur général de WWF France (le fonds mondial pour la nature), de 2000 à 2006, qui compte plus de quatre millions sept cent mille membres à travers le monde dont cent trente mille en France.

Erik Orsenna

Écrivain, conseiller d'État, ancien conseiller culturel de François Mitterrand, membre de l'Académie française où il occupe le dix-septième fauteuil depuis 1998, son dernier livre paru est *L'Avenir de l'eau* (Fayard, 2008).

Marc Perrin de Brichambaut

Secrétaire général de l'OSCE (Organisation pour la sécurité et la coopération en Europe), l'organisation de sécurité régionale qui regroupe cinquante-six États situés en Europe, en Asie centrale, en Amérique, et assure la sécurité d'une région géographique allant de Vancouver à Vladivostok.

Michel Rocard

Ancien Premier ministre et ancien député européen, il est l'un des dirigeants de la gauche européenne depuis plus de quarante ans.

Philippe Sollers

Romancier, essayiste, éditeur, fondateur de la revue *Tel quel* et de la revue *L'Infini*, auteur d'un *Dictionnaire amoureux de Venise*.

Jean-Claude Trichet

Inspecteur général des finances, ancien directeur du Trésor et ancien gouverneur de la Banque de France, actuel président de la Banque centrale européenne.

Simone Veil

De 1979 à 1982, Simone Veil est la première femme à présider le Parlement européen. Ancienne ministre d'État, ministre des Affaires sociales, de la Santé et de la Ville, ancien membre du Conseil constitutionnel, présidente d'honneur de la Fondation pour la mémoire de la Shoah, elle est élue à l'Académie française en novembre 2008.

Patrick Zelnik

Fondateur et directeur de Virgin France, il est depuis 1998 le président de Naïve, maison de disques, de vidéos et d'édition littéraire, et depuis 2008 président de la Gaîté Lyrique qui ouvrira en 2010 à Paris.

Remerciements

Tous nos remerciements vont à Laure Adler, qui est à l'origine des émissions sur France Culture ayant donné naissance à ce livre, à Gilles Davidas, pour son exigence et sa gentillesse lors de la réalisation de ces émissions, et à Dorothée Cunéo, qui a eu l'idée de faire naître un livre de ces conversations. Il existe désormais, grâce à leur enthousiasme et leur appui constant.

HYPER LIVRE

L'éditeur et les auteurs remercient vivement les équipes d'Orange innovation-tv, d'Orange Business Services, des Jardins de l'innovation et de la Direction contenus dont le professionnalisme a permis à cette innovation de devenir réalité.

Table

Introduction : Le sens des choses,
Stéphanie Bonvicini et Jacques Attali 7

I. Société

Le statut de la femme se dégrade-t-il dans le monde ?,
Simone Veil 13
Un XXIe siècle féminin ?, *Jacques Attali* 24

Le religieux, élément structurant de notre avenir ?,
Malek Chebel 26
La religion Lego, *Jacques Attali* 34

Les bouleversements de la famille et des relations amoureuses,
Christophe Girard et Philippe Sollers 38
L'avenir de l'amour, *Jacques Attali* 46

Le travail, nouvelles pratiques, nouvelles précarités ?,
Jean-Philippe Courtois et Vincent Champain 50
L'avenir du travail, *Jacques Attali* 66

La drogue, forme extrême du divertissement ?,
William Lowenstein 68
L'avenir des drogues, *Jacques Attali* 74

Le temps, *Jacques Attali* 76

II. Culture

Le génie français est-il en déclin ?,
Éric Lecerf et Erik Orsenna 85
L'avenir de la France, *Jacques Attali* 93

La musique en mutation,
Dominique Meyer et Patrick Zelnik 96
L'avenir de la musique, *Jacques Attali* 108

La littérature et le théâtre, art ou distraction ?,
Claude Durand et Daniel Mesguich 113
L'avenir du livre, du spectacle vivant
et de la distraction, *Jacques Attali* 124

La nouvelle place de la gratuité dans nos sociétés,
Bernard Miyet et Roland Castro 128
L'avenir de la gratuité, *Jacques Attali* 136

III. Science et technologies

Quelques réflexions impromptues sur l'avenir
de la Science, *Claude Allègre* 141
L'avenir de l'éducation, *Jacques Attali* 149

L'avenir de la vie, *Daniel Cohen* 151
L'avenir de la santé, *Jacques Attali* 160

Science : les avatars de la personne humaine, *Henri Atlan* ... 163
L'avenir de la reproduction humaine, *Jacques Attali* 171

IV. Économie et politique

Le rôle du politique, *Michel Rocard* 175
L'avenir du politique, *Jacques Attali* 185

L'argent, *Jean-Claude Trichet et Xavier Emmanuelli* 187
L'argent, *Jacques Attali* 198

L'assurance de demain, *Denis Kessler et Jacques Attali* 200

L'avenir du droit, *Jean-Michel Darrois* 209
Les mutations du droit, *Jacques Attali* 219

V. Monde

La démocratie,
Marcel Gauchet et Christophe Aguiton 225
L'avenir de la démocratie, *Jacques Attali* 236

Les nouveaux enjeux de la sécurité internationale,
Marc Perrin de Brichambaut 240
La démocratie mondiale à venir, *Jacques Attali* 251

Peut-on imaginer un monde sans violence ?,
René Girard et Max Gallo 255
L'avenir de la violence, *Jacques Attali* 263

Paix au Moyen-Orient, paix sur la planète ?,
Boutros Boutros-Ghali et Jacques Attali 267
L'avenir du Moyen-Orient, *Jacques Attali* 279

Le sida, une affaire de solidarité internationale,
Michèle Barzach 282
Pandémies, pauvreté et nomadisme, *Jacques Attali* 287

Les enjeux du climat,
Cedric du Monceau et Nathalie Kosciusko-Morizet 291
L'avenir du climat, *Jacques Attali* 303

Les auteurs 307
Remerciements 313

Composé par Nord Compo Multimédia
7, rue de Fives, 59650 Villeneuve-d'Ascq

Cet ouvrage a été achevé d'imprimer en septembre 2009
dans les ateliers de Normandie Roto Impression s.a.s.
61250 Lonrai (Orne)
Dépôt légal : septembre 2009
N° d'édition : 49806/01. - N° d'impression : 092824

Imprimé en France